煤炭分选加工技术丛书

选 煤 机 械

王新文　潘永泰　刘文礼　编著

北　京
冶 金 工 业 出 版 社
2017

内 容 简 介

本书共有4篇，讲述了几种典型的选煤机械设备。第1篇为破碎机械，第2篇为筛分设备，第3篇为离心脱水设备，第4篇为运输提升设备。每篇又分为多章，每章讲述该类机械的一种设备，共22章。本书本着由表及里、由浅入深、循序渐进的原则，分别讲述设备的用途、结构、工作原理和专门理论，使读者容易理解。另外，本书还介绍了近几年来我国选煤行业的新设备，讲述内容配有三维模型图，读者容易建立其力学模型，从而分析和推导出理论结果。

本书适合选煤（矿）本科专业教学用书，也可以作为选煤（矿）专业的研究生以及从事选煤技术管理和机械设备制造、营销人员的参考用书。

图书在版编目(CIP)数据

选煤机械/王新文，潘永泰，刘文礼编著．—北京：冶金工业出版社，2017.2
（煤炭分选加工技术丛书）
ISBN 978-7-5024-7458-4

Ⅰ.①选… Ⅱ.①王… ②潘… ③刘… Ⅲ.①选煤—选矿机械 Ⅳ.①TD45

中国版本图书馆CIP数据核字（2017）第028962号

出 版 人 谭学余
地 址 北京市东城区嵩祝院北巷39号 邮编 100009 电话 (010)64027926
网 址 www.cnmip.com.cn 电子信箱 yjcbs@cnmip.com.cn
责任编辑 李培禄 夏小雪 美术编辑 彭子赫 版式设计 彭子赫
责任校对 禹 蕊 责任印制 李玉山
ISBN 978-7-5024-7458-4
冶金工业出版社出版发行；各地新华书店经销；三河市双峰印刷装订有限公司印刷
2017年2月第1版，2017年2月第1次印刷
787mm×1092mm 1/16；16.5印张；397千字；248页
43.00元

冶金工业出版社投稿电话 (010)64027932 投稿信箱 tougao@cnmip.com.cn
冶金工业出版社营销中心 电话 (010)64044283 传真 (010)64027893
冶金书店地址 北京市东四西大街46号(100010) 电话 (010)65289081(兼传真)
冶金工业出版社天猫旗舰店 yjgycbs.tmall.com

《煤炭分选加工技术丛书》序

煤炭是我国的主体能源，在今后相当长时期内不会发生根本性的改变，洁净高效利用煤炭是我国国民经济快速发展的重要保障。煤炭分选加工是煤炭洁净利用的基础，这样不仅可以为社会提供高质量的煤炭产品，而且可以有效地减少燃煤造成的大气污染，减少铁路运输，实现节能减排。

进入21世纪以来，我国煤炭分选加工在理论与技术诸方面取得了很大进展。选煤技术装备水平显著提高，以重介选煤技术为代表的一批拥有自主知识产权的选煤关键技术和装备得到广泛应用。选煤基础研究不断加强，设计和建设也已发生巨大变化。近年来，我国煤炭资源开发战略性西移态势明显，生产和消费两个中心的偏移使得运输矛盾突出，加大原煤入选率，减少无效运输是提高我国煤炭供应保障能力的重要途径。

《煤炭分选加工技术丛书》系统地介绍了选煤基础理论、工艺与装备，特别将近年来我国在煤炭分选加工方面的最新科研成果纳入丛书。理论与实践结合紧密，实用性强，相信这套丛书的出版能够对我国煤炭分选加工业的技术发展起到积极的推动作用。

中国工程院院士
中国矿业大学教授
2011年11月

《煤炭分选加工技术丛书》前言

煤炭是我国的主要能源，占全国能源生产总量的70%以上，并且在相当长一段时间内不会发生根本性的变化。

随着国民经济的快速发展，我国能源生产呈快速发展的态势。作为重要的基础产业，煤炭工业为我国国民经济和现代化建设做出了重要的贡献，但也带来了严重的环境问题。保持国民经济和社会持续、稳定、健康的发展，需要兼顾资源和环境因素，高效洁净地利用煤炭资源是必然选择。煤炭分选加工是煤炭洁净利用的源头，更是经济有效的清洁煤炭生产过程，可以脱除煤中60%以上的灰分和50%～70%的黄铁矿硫。因此，提高原煤入选率，控制原煤直接燃烧，是促进节能减排的有效措施。发展煤炭洗选加工，是转变煤炭经济发展方式的重要基础，是调整煤炭产品结构的有效途径，也是提高煤炭质量和经济效益的重要手段。

“十一五”期间，我国煤炭分选加工迅猛发展，全国选煤厂数量达到1800多座，出现了千万吨级的大型炼焦煤选煤厂，动力煤选煤厂年生产能力甚至达到3000万吨，原煤入选率从31.9%增长到50.9%。同时随着煤炭能源的开发，褐煤资源的利用提到议事日程，由于褐煤含水高，易风化，难以直接使用，因此，褐煤的提质加工利用技术成为褐煤洁净高效利用的关键。

“十二五”是我国煤炭工业充满机遇与挑战的五年，期间煤炭产业结构调整加快，煤炭的洁净利用将更加受到重视，煤炭的分选加工面临更大的发展机遇。正是在这种背景下，受冶金工业出版社委托，组织编写了《煤炭分选加工技术丛书》。丛书包括：《重力选煤技术》《煤泥浮选技术》《选煤厂固液分离技术》《选煤机械》《选煤厂测试与控制》《煤化学与煤质分析》《选煤厂生产技术管理》《选煤厂工艺设计与建设》《计算机在煤炭分选加工中的应用》《矿物加工过程Matlab仿真与模拟》《煤炭开采与洁净利用》《褐煤提质加工利用》

《煤基浆体燃料的制备与应用》，基本包含了煤炭分选加工过程涉及的基础理论、工艺设备、管理及产品检验等方面内容。

本套丛书由中国矿业大学（北京）化学与环境工程学院组织编写，徐志强负责丛书的整体工作，包括确定丛书名称、分册内容及落实作者。丛书的编写人员为中国矿业大学（北京）长期从事煤炭分选加工方面教学、科研的老师，书中理论与现场实践相结合，突出该领域的新工艺、新设备、新理念。

本丛书可以作为高等院校矿物加工工程专业或相近专业的教学用书或参考用书，也可作为选煤厂管理人员、技术人员培训用书。希望本丛书的出版能为我国煤炭洁净加工利用技术的发展和人才培养做出积极的贡献。

本套丛书内容丰富、系统，同时编写时间也很仓促，书中疏漏之处，欢迎读者批评指正，以便再版时修改补充。

中国矿业大学（北京）教授 徐志强

2011 年 11 月

《选煤机械》前言

机械是实现人们意图的执行机构和物料的载体，选煤机械就是在煤炭分选过程中所涉及的机械，包括原煤运输机械、分选机械、脱水（干燥）机械、介质回收机械、水处理机械以及选后精煤、矸石等的运出机械。由于篇幅有限，本书包括了破碎、筛分、脱水和运输提升机械四大类机械设备。

过去的《选煤机械》一般讲述机械设备的用途、结构和理论，一般不涉及运输提升设备，讲述结构的配图为有限篇幅的平面图，理论讲的也比较少。随着科学技术的飞速发展和现代化教学效率的提高，要求我们的教学必须向面宽和点深两个方向发展，本书正是基于这个目的编写的。

新的《选煤机械》的特点是：在保留以往的经典设备及理论的前提下，增加了最先进的破碎机械、筛分机械和脱水机械，还增加了运输提升机械设备；增加了振动设备的振动理论和刮刀离心机的差速器理论；结构配图为三维立体图。

本书本着由表及里、由浅入深、循序渐进的原则，遵循用途、结构、原理和专门理论的讲述顺序，再加上直观的三维立体图形，理论联系实践，深入浅出、通俗易懂。

本书在编写过程中，中国矿业大学（北京）化学与环境工程学院矿物加工系主任黄波及同行们提出了许多宝贵的建议，在此深表感谢！

本书在编写过程中，从素材积累、文字校对到三维图的绘制等，得到了胡云龙、宋岳、孙鑫磊、桑冬一、宫三朋、于驰、魏红波、孙佳川、朱国辉等同志的大力支持和帮助，在此表示感谢！

由于编著者水平有限，书中难免存在不足甚至是错误，敬请广大读者批评指正。

编著者

2016 年 5 月

目　录

第1篇　破碎机械

第3篇 离心脱水设备

第4篇 运输提升设备

第1篇　破碎机械

1　破碎机械概述

1.1　破碎的基本概念

破碎是用外力克服固体物料各分子质点间的内聚力，使物料块破坏以减小其颗粒粒度的过程，而用于破碎的机械称为破碎机械。在选煤厂或选矿厂，为了使夹矸煤中的煤与矸石解离（选矿厂是有用矿物与脉石解离）、满足分选过程中对物料粒度的要求，以及用户对产品粒度的要求，需要对物料进行破碎。本章将对选煤厂中的各种破碎机械的工作原理、结构及使用维护作详细介绍。

在选煤厂中，破碎作业主要有以下用途：

（1）适应入选粒度的要求。选煤机械所能处理的煤炭粒度有一定的范围，超过这个范围的大块要经过破碎后才能洗选。例如，目前我国的跳汰机一般要求入选粒度在50mm以下，大于这个级别的块煤都要经过破碎。

（2）夹矸煤解离的要求。有些块煤是煤与矸石夹杂共生的夹矸煤，为了从中选出精煤，需要将它破碎成更小的粒度，使煤和矸石分离。选煤厂是把主选机选出的中煤破碎到13mm或6mm以下，然后送入再选机进行再次分选，以使煤中的矸石含量降低。

（3）满足用户对粒度的要求，把选后产品或块煤破碎到一定的粒度。根据破碎产品的粒度，破碎作业可以划分为粗碎（把物料破碎到80mm以上）、中碎（破碎到25～80mm）、细碎（破碎到1～25mm）、粉碎（1mm以下）。选矿厂中的物料粒度可以通过磨矿达到0.1mm以下，但在选煤厂中一般没有磨矿工艺过程，但需要将炼焦用煤破碎到3mm以下。

前面两种破碎一般处于选煤厂的前端，是为选煤工艺过程做准备的，或是为下一作业要求的粒度进行破碎的作业，因而称为准备破碎；而最后一种破碎是将煤破碎到商品煤要求粒度的作业，因此称为最终破碎。

1.2　煤的力学强度和可碎性

强度是固体的重要性质之一，它表现为对于外力破坏的抵抗能力，取决于固体内部质点间的结合情况。破碎矿石时，要受到矿石强度所引起的阻力。煤岩被破碎的难易程度，与这种阻力有关。破碎工作有两方面的要求：对于所用的机械，应当有足够的强度和可靠性；破碎矿石，要求容易和顺利。

可碎性反映煤岩被破碎的难易程度，它取决于煤岩的力学强度。同一破碎机械，在同一条件下，处理坚硬矿石与处理软矿石相比较，前一情况的生产率较低，功率消耗也较大。可碎性系数既能反映矿石的坚固程度，也能用来定量地衡量破碎机械的工艺指标。

$$\text{可碎性系数} = \frac{\text{破碎机在同样条件下破碎指定矿石的生产率}}{\text{某破碎机破碎中硬矿石的生产率}}$$

1.3 机械破碎的基本形式

物料破碎方法分为两种，即机械破碎法和非机械破碎法。机械破碎法是破碎机械的工作部件直接作用于矿块上，由于矿物内产生的应力超过其强度极限而发生破碎。非机械破碎法包括热应力方法、磁电应力方法、化学方法和核能方法等。机械破碎法是最古老的方法，尽管机械零件磨损严重，且破碎产物粒度组成质量不是很好，但由于其工作可靠及成本低，所以机械破碎是迄今矿物破碎最常用的方法。

机械破碎的基本形式有下列五种，如图1-1所示。

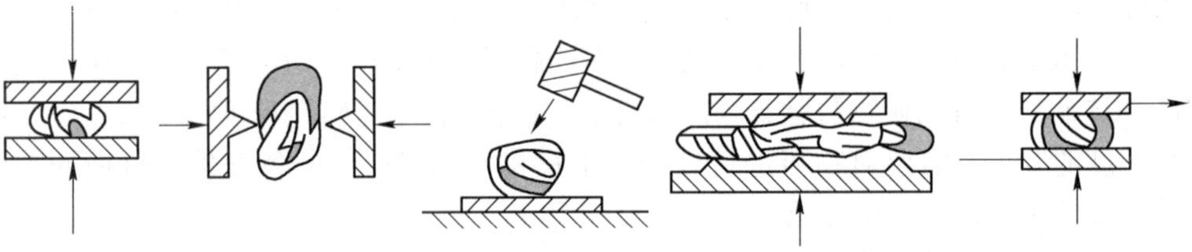

图1-1 机械破碎的基本形式

a—挤压破碎；b—劈开破碎；c—冲击破碎；d—折断破碎；e—研磨破碎

（1）挤压破碎。挤压破碎简称压碎，是利用两个破碎工作面靠近时，使夹在其间的物块受挤压而破碎。此法多用于脆性硬物块（如硬煤或矸石）的破碎。

（2）劈开破碎。劈开破碎简称劈碎，是将物块放在两个带有尖棱的工作面之间，两工作面靠近时，尖棱劈入物块，在物块内产生拉应力，当拉应力超过物料的抗拉强度极限时，矿石沿压力作用线的方向劈开。此法适用于脆而不太硬的物块的破碎。

（3）冲击破碎。冲击破碎也称为击碎，物块受到足够大的瞬时冲击力而破碎。矿石是不同矿物的聚合体，力学性质极不均匀，矿石中存在许多的力学脆弱面，抵抗冲击的能力很差，因而冲击破碎矿石能耗最低。这种破碎效率高、破碎比大、能量消耗小，主要用于脆性物料的破碎。

（4）折断破碎。折断破碎也称为折碎，是将物块放在两个齿板工作面之间，当齿板施力时，物块受力发生弯曲变形，当物块内产生的弯曲应力超过其强度极限时而被折断。此法适用于破碎脆而硬的物块。

（5）研磨破碎。研磨破碎也叫磨碎，使破碎工作面在物块上相对滑动，物块受到一定的压力和剪切力的作用，表面受到研磨，被逐渐磨剥掉而成碎末。此法用于要求破碎产品是粉末的情况，如球磨机的工作等。

在各种破碎机中，往往是以一种破碎方式为主，同时伴有其他破碎方式。物料破碎时采用哪种破碎方式为主的破碎机，则需根据物料的物理力学性质、粒度大小以及要求的破碎比来决定。

1.4 破碎效果的评定

破碎比通常是由物料破碎前的最大颗粒直径 D_{max} 与破碎后物料中最大颗粒直径 d_{max} 的比值来表示，即：

$$i = D_{max}/d_{max}$$

当物料进行多段破碎时，总破碎比为各段破碎比的乘积，即：

$$i = i_1 \cdot i_2 \cdot i_3 \cdots i_n$$

在选矿和选煤工艺中，破碎作业要求满足两个方面的条件：破碎产品粒度达到规定的要求，而排料中大于规定粒度的物料要尽量少；尽量避免过粉碎的发生，即要求排料中过细的物料含量要尽量少。

选煤厂破碎设备工艺效果的评定方法，是以评定破碎效率为主，细粒增量为辅，综合评定破碎效果。破碎机的破碎效率为：

$$\eta_C = \frac{Q(\beta_{-d} - \alpha_{-d})}{Q(1 - \alpha_{-d})} \times 100\%$$

$$= \frac{\beta_{-d} - \alpha_{-d}}{1 - \alpha_{-d}} \times 100\%$$

$$= \frac{\beta_{-d} - \alpha_{-d}}{\alpha_{+d}} \times 100\%$$

式中 η_C——破碎效率,%；

d——要求的破碎粒度，mm；

α_{-d}，α_{+d}——分别为入料中小于 d、大于 d 的含量,%；

β_{-d}——排料中小于 d 的含量,%；

Q——破碎机的处理能力，t/h。

细粒增量由下式计算：

$$\Delta_C = \beta_{-a} - \alpha_{-a}$$

式中 Δ_C——细粒增量,%；

α_{-a}——入料中的细粒含量,%；

β_{-a}——排料中的细粒含量,%。

由于13mm是我国选煤厂分级入选和脱水分级常用粒度界限，也是块煤商品煤的常用粒度下限，0.5mm是重选和浮选的界限，而 -0.5mm的煤粉的含量是选煤工艺和设备选型的依据，因此对于排料粒度 $d \geqslant 50$mm的粗碎，细粒是指13～0mm；对于排料粒度 $d \leqslant 50$mm的粗碎，细粒是指0.5～0mm。

1.5 选煤厂常用破碎机械的类型

选煤厂的破碎机械种类很多，常用的破碎机按结构特征可分为齿辊式破碎机、颚式破碎机、冲击式破碎机、选择性破碎机和强力分级破碎机等。

（1）齿辊式破碎机。齿辊破碎机在工作时是以劈开破碎为主，兼有挤压和折断破碎。齿辊破碎机按破碎辊数目可分为单齿辊破碎机、双齿辊破碎机和多齿辊破碎机。光面辊破碎机主要用于硬度较高的金属矿破碎，选煤厂一般不用此破碎设备。

（2）颚式破碎机。颚式破碎机的主要工作部件是固定颚板和周期运动的动颚板，一般定颚板和动颚板带有波状齿形破碎齿板，工作时以挤压破碎为主，兼有劈开和折断破碎。根据动颚板的运动轨迹，颚式破碎机分为简单摆动颚式破碎机和复杂摆动颚式破碎机。在选煤厂中，若原煤有较多的矸石和黄铁矿，或将矸石破碎作为沸腾炉的燃料，采用颚式破碎机比较合适。

（3）冲击式破碎机。冲击式破碎机包括锤式破碎机和反击式破碎机。这类破碎机有一个高速旋转的转子，上面装有冲击锤，当物料进入破碎机后，被高速旋转的锤头击碎或受到碰撞后飞速抛向壁板而被击碎。冲击式破碎机具有高频冲击特点，破碎比很大，适合于脆性物料的中碎或细碎，在选煤厂中多用于中煤和选矸的破碎。锤式破碎机又分为环锤式锤式破碎机和锤柄式锤式破碎机。

（4）选择性破碎机。选择性破碎机利用了煤与矸石的可跌碎性差异，由于煤炭比矸石易碎，靠圆柱形筒筛内侧的提升板将煤和矸石提升到一定高度后，使其自行落下受冲击而使大量煤炭跌碎，经过筛分获得所需粒度的煤炭。

（5）强力分级破碎机。强力分级破碎机主要适用于矿山、冶金、化工、煤矿等行业脆性块状物料的粗、中级破碎，其入料粒度最大可达1500mm，出料粒度最小可到13mm，抗压强度≤200MPa的物料进行破碎。特别是在选煤厂，使用分级破碎级破碎原煤，只要经过除铁、除杂，无须除矸，便可直接进行破碎，破碎出的物料，粒度均匀，过粉碎率低，从而简化了选煤工艺，降低了投资和生产成本。

1.6 选煤厂破碎流程

选煤厂的破碎作业有两种系统：开路破碎系统和闭路破碎系统，如图1-2所示。开路破碎系统用于对破碎产物的粒度没有严格要求，或是破碎时不产生过大块的情况。闭路破碎系统又叫循环破碎系统，用于破碎产物必须严格保证小于规定尺寸，而破碎机本身又不能达到这个要求的情况。在闭路破碎系统中，破碎产物要经过筛子检查，筛上的煤块则重新返回破碎机破碎，直到通过筛孔为止。由于闭路循环系统设备较多，选煤厂中多采用开路破碎系统。

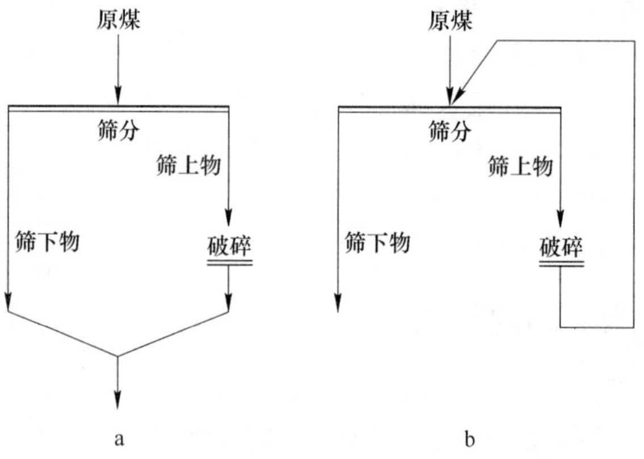

图1-2 破碎系统

a—开路破碎系统；b—闭路破碎系统

2 齿辊破碎机

2.1 齿辊破碎机概述

齿辊破碎机以劈开破碎为主，破碎的产物多呈立方体，过粉碎（粉化）程度小，结构简单，工作可靠，维护与检修方便，成本低廉，所以在许多工业部门都有应用。在选煤厂中，齿辊破碎机是应用最广泛的破碎设备。

齿辊破碎机是破碎煤和页岩的主要设备，主要用于原煤的粗碎和中碎。齿辊破碎机分为单齿辊破碎机、双齿辊破碎机和四齿辊破碎机。双齿辊破碎机是两个同速反向转动的圆柱齿辊，旋转的圆柱辊面上有齿、棱和槽。物料被齿面辊带到破碎空间后，因受到两齿辊的劈碎作用而破碎，经过破碎的物料经下面排料口排出。双齿辊破碎机的辊齿一般较短，适用于中碎。而单齿辊破碎机大都采用较长的辊齿，故主要适用于粗碎。

2.2 齿辊破碎机的工作原理

双齿辊破碎机工作时，两个齿辊同速相向转动，辊齿将上部给入的煤块钳住并带入破碎腔中加以劈碎，破碎后的产物随着齿辊转动从下部排出（图 2-1a）。单齿辊破碎机工作时，大块煤给到破碎板和齿辊中间，当齿辊作逆时针方向转动时，大块煤在破碎腔上部被辊齿破碎，破碎后的煤块继续落在破碎腔下部，进一步被辊齿轧碎，产物从破碎机下部排出（图 2-1b）。

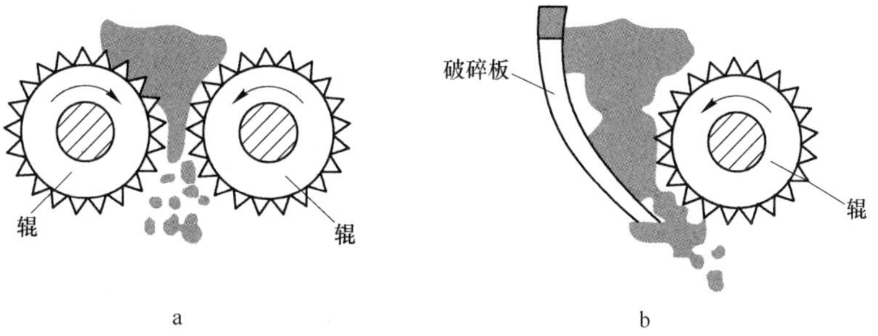

图 2-1 齿辊破碎机工作原理

a—双齿辊破碎机工作原理；b—单齿辊破碎机工作原理

2.3 齿辊破碎机的结构

2.3.1 双齿辊破碎机的结构

图 2-2 是双齿辊破碎机的结构示意图。它是由一对齿辊、一对外啮合长齿齿轮、弹簧保险装置、机架及胶带轮等部件所组成。机架 1 是由型钢焊接而成的结构件，固定齿辊 2

安装在机架的固定轴承3上。可动齿辊4装在可动轴承5上，可动轴承可以在固定于机架上的轴承座6上滑动，利用弹簧7将可动轴承压紧。电动机通过皮带轮8和传动齿轮9及10，使固定齿辊转动，利用长齿齿轮对11带动可动齿辊，使其与固定齿辊作同速反向转动。破碎物料从上方给入，经齿辊破碎后从下方排出。

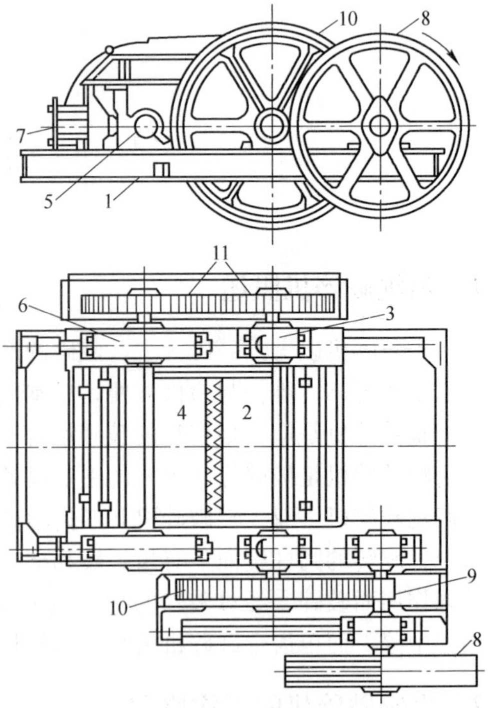

图2-2 双齿辊破碎机的构造

1—机架；2—固定齿辊；3—固定轴承；4—可动齿辊；5—可动轴承；6—轴承座；7—弹簧；8—皮带轮；9，10—传动齿轮；11—长齿齿轮对

2.3.2 单齿辊破碎机的结构

图2-3是单齿辊破碎机的结构示意图。轴1上安装着齿辊2，电动机通过胶带轮7和传动齿轮带动齿辊2转动。在齿辊对面安装有弧形破碎板3，在破碎板与齿辊之间是一个上宽下窄的破碎腔。破碎板下端用弹簧6通过拉杆4拉紧。单齿辊破碎机的破碎板通常有两种形式：一是整件无缝的破碎板；另一种是篦条状的筛板。采用篦条状的筛板，在破碎过程中可同时将已合格产品从筛孔排出，既避免了物料过粉碎，又提高了处理能力。实际生产中常用的是篦条式的破碎板。破碎板上端固定在铰链上，下端用弹簧拉紧，弹簧起保险作用。

由于有时大块煤落入破碎机中要产生强烈的打击，所以齿辊破碎机往往要装设较大的胶带轮，其作用是减速的同时起飞轮的作用。具有很大转动惯量的飞轮，可避免破碎机因破碎大块物料时速度损失过大，保持破碎机运转平稳。

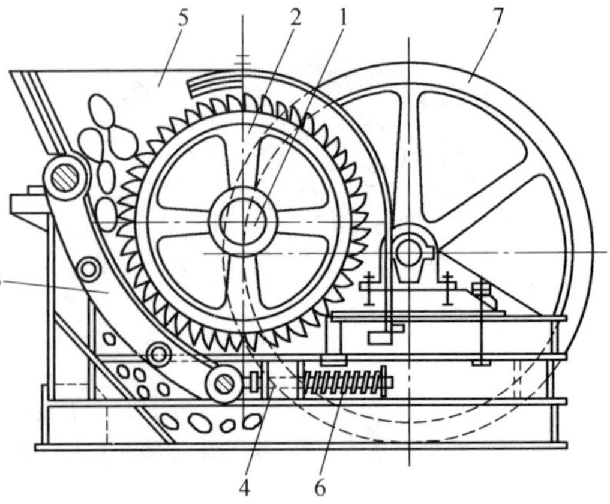

图2-3 单齿辊破碎机示意图

1—轴；2—带齿的辊子；3—弧形破碎板；4—拉杆；5—入料口；6—弹簧；7—胶带轮

2.3.3 齿辊破碎机的主要部件

（1）齿辊。齿辊的结构通常有两种形式：一种是在铸铁芯上套有用高锰钢（ZGMn13）铸成的齿圈，两端用螺栓紧固（图2-4a）；另一种是由高锰钢铸成的弓形齿板，装配在多边形截面的铸铁轴毂上（图2-4b）。第一种形式的齿辊结构可靠，但检修不方便，当更换齿圈时必须把辊子提升，以便把每个齿圈单独分解下来；第二种形式的齿辊制造和装配都方便，磨损后易于更换，若轮毂造成整体，则齿板与多边形表面接

合处面积较大，接合更牢固。目前，国产单齿辊和双齿辊破碎机多采用第二种形式。

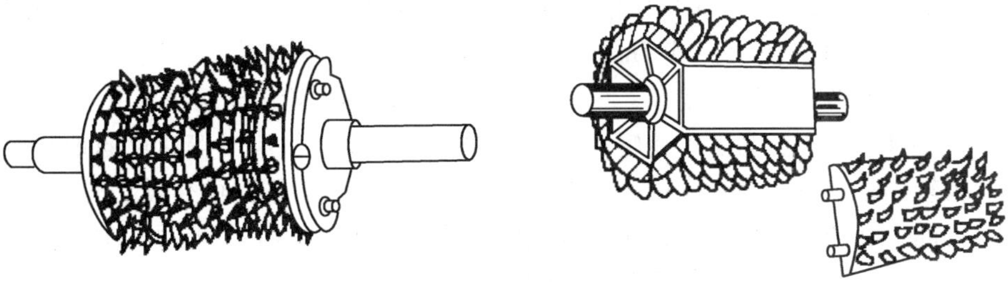

图 2-4 齿辊结构

a—铸铁芯和齿圈构成的齿辊；b—弓形板和轮毂构成的齿辊

辊齿的形式有如下几种：鹰嘴式、标枪式、刀刃式和矩形带式，如图 2-5 所示。粗碎时大部分采用鹰嘴式，齿的高度为 70 ~ 110mm。中碎时鹰嘴式和标枪式都可使用，齿的高度最低为 40mm，最高为 110mm。刀刃式辊齿在选煤厂中用得不多。矩形带式主要是用在四齿辊破碎机的第二段上。

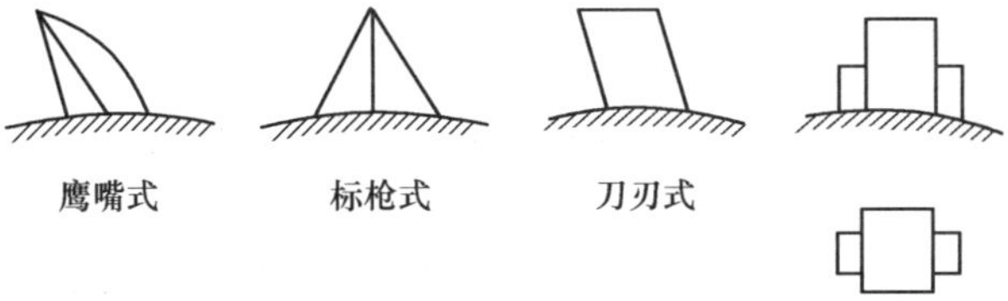

图 2-5 辊齿齿形

齿辊破碎机的破碎大多是长、短齿一起配合使用，长齿用以咬住并破碎特大块，大块进入内腔后，再用短齿进一步破碎。

最大给料粒度与齿辊的直径有关，一般最大给料粒度可达齿辊直径的 0.4 倍。破碎出料粒度的调整可以通过改变齿辊之间的间隙而实现，也可以更换不同的齿板来改变齿辊间隙的大小，单齿辊破碎机通过调整破碎板的位置改变齿辊的间隙。

以国产 600 × 750 双齿辊破碎机为例，更换不同齿板达到改变齿辊间隙即排料口宽度的目的。产物粒度与齿辊参数的关系如表 2-1 所示。在工作中，要求排料口尺寸比破碎机空载时一辊齿到另一辊面的间距大 1.5 ~ 2.0 倍。当辊隙 $e = 180$mm、齿高 $H = 100$mm 时，破碎机排料口尺寸等于 2.0 × (180 − 100) = 160mm，所以表 2-1 第一栏中产物最大粒度为 160mm。

表 2-1 产物粒度与齿辊参数的关系

产物最大粒度/mm	辊径 D/mm	辊隙 e/mm	齿高 H/mm
160	600	180	100
130	635	145	80
100	670	110	60
70	705	75	40

（2）传动装置。单齿辊和双齿辊破碎机的转速有快速和慢速两种。为了减少煤粉过多，现在一般使用慢速，齿辊的圆周速度约为1.2～1.9m/s（25～30r/min）；当粉煤对工艺影响不大时，采用快速2.8～4.7m/s，如炼焦前的破碎。快速传动装置简单，采用V带轮减速即可。慢速传动装置较复杂，一般采用V带传动和齿轮传动两级减速。

在双齿辊破碎机中，为了不使辊齿相碰而损坏，两个齿辊应当等速反向地相对回转；为了使两齿辊间距有±10mm相对位移时仍能正常咬合，两齿辊间的传动齿轮过去采用长齿齿轮。目前，有的破碎机采用万向铰链联轴器传动，或者采用一种专用小齿轮传动，都能达到两齿辊有一定位移时仍能正常啮合的目的。

（3）保险装置。在双齿辊破碎机工作过程中，当过大块物料或硬质物料落到破碎腔中不能被破碎时，齿辊受力变大，迫使可动齿辊向外移动，使保险弹簧的压缩量增加，增大可动齿辊与固定齿辊的距离，将不能破碎的物料排出。然后借弹簧的恢复力使可动齿辊再回到原来的位置，起到保险作用。

对于单齿辊破碎机，破碎板弹簧起到同样的保险作用，具有相似的工作原理，只是在保险的过程中它是被拉伸而已。齿辊破碎机还有用安全销保险装置工作的，当载荷增大到超过安全销的强度极限时，安全销被剪断，从而保护了重要工作部件。

2.4 齿辊破碎机的安装

齿辊破碎机是以整体形式供应的，所以破碎机是整体形式进行安装。安装中应特别注意以下几点：

（1）首先找平基础。设备安装在不平整的基础上，将使破碎机的机座扭曲变形，导致齿轮、齿辊的部件工作状况恶化，使用寿命缩短。

（2）为了缓冲破碎机对厂房结构的振动，可以在破碎机机架与厂房结构梁之间垫以木垫，起隔振作用。

（3）当电动机机架和破碎机机架不是一个整体，安装时应注意两机架的高度和平行度，齿辊的轴心线与传动轴中心线要平行。

（4）保险装置的弹簧要有一定的预压缩量，应根据破碎机及破碎原料的要求进行调整。如果是两个弹簧，正常工作时的弹簧松紧应该一样。根据经验，600mm×750mm的齿辊，弹簧压力约为120kN；900mm×1200mm的齿辊，弹簧压力约为180kN。这个弹簧压力是通过装配破碎机时顶紧弹簧来达到的。

（5）为使辊齿磨损均匀，安装给煤设备时，应使原料能够沿破碎机齿辊整个长度（破碎机入料口宽度）上均衡给入。

2.5 四齿辊破碎机

我国目前使用的四齿辊破碎机有两种，一种是美国产36DAM型破碎机；另一种是国产4PGC-380/350×1000型破碎机。下面以国产的破碎机为例介绍。

四齿辊破碎机的工作原理如图2-6所示。300mm以下的物料由入料口进入破碎机，并在重力作用下首先进入上段两个齿辊间。上段齿辊在机械传动系统的驱动下作相对旋转，利用两齿辊之间的挤压力对物料进行初碎。初碎后的物料由重力落下至下段两个齿辊之间，以同样的原理对物料进行再次破碎，破碎后的产物经排料口排出破碎机。四齿辊破碎机的破碎比可达6以上。

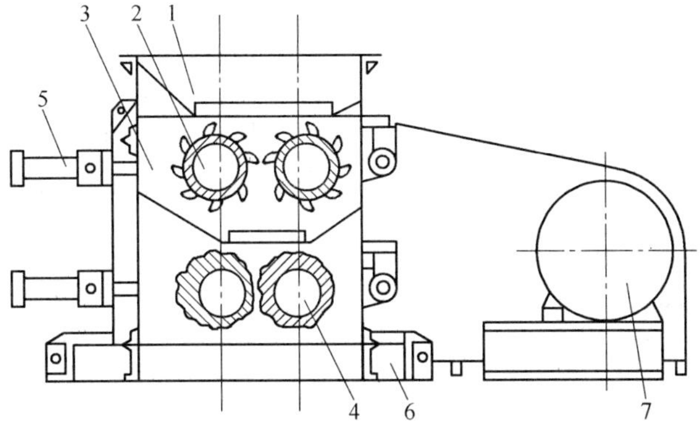

图2-6 四齿辊破碎机工作原理

1—入料口；2—上段破碎辊；3—机壳；
4—下段破碎辊；5—缓冲缸；6—机座；7—驱动电机

从图2-7可看出：四齿辊破碎机由主传动齿轮箱、副传动齿轮箱、机座、机壳、破碎辊、气/液缓冲缸及驱动电机等主要部件组成。在机座9上安装有主传动齿轮箱3、副传动

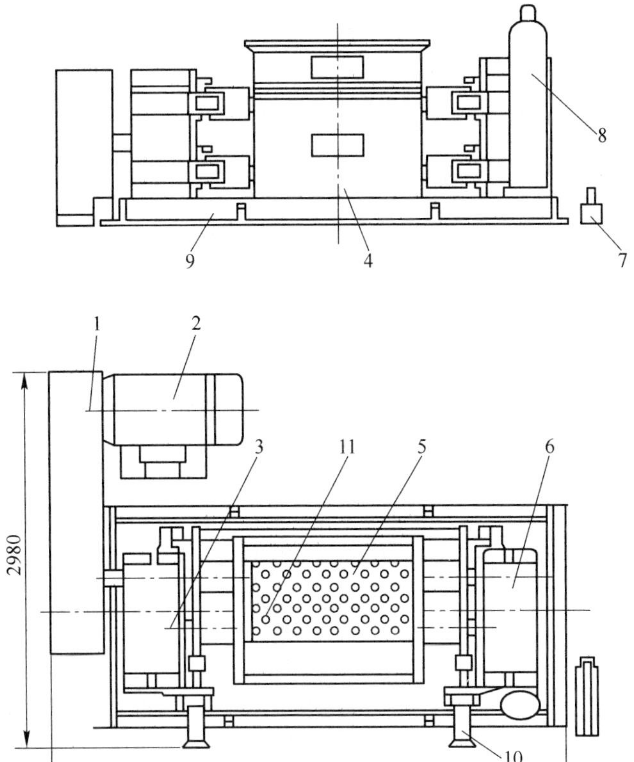

图2-7 四齿辊双段破碎机

1—胶带轮安全罩；2—电动机；3—主传动齿轮箱；4—机壳；5—上段破碎辊；6—副传动齿轮箱；
7—手动液压泵；8—氮气瓶；9—机座；10—气/液缓冲缸；11—可动齿辊

齿轮箱6、机壳4和氮气瓶8。电动机2安装在电机座上，上固定齿辊5和下固定齿辊分别通过固定轴承座安装在主、副齿轮箱内，上可动齿辊11和下可动齿辊通过活动轴承座安装在主、副齿轮箱内的滑行导轨上。可动齿辊的运动是固定齿辊通过副传动齿轮箱内的齿轮桥带动的。缓冲缸10装在机架上，通过活塞杆压紧可动齿辊。

四齿辊破碎机的传动装置较复杂。主、副传动齿轮箱，形成整体的齿轮传动装置。主传动系统是电动机经小带轮、大皮带轮和三角胶带带动齿轮箱的主动轴，主动轴通过齿轮分别传递给上段和下段破碎辊的固定辊，使固定破碎辊产生主动的回转运动。副传动系统是把上、下段固定辊的主动回转通过传动齿轮箱内齿轮桥带动可动齿辊转动（图2-8）。副传动齿轮箱内设有活动轴承座及其滑行导轨，以满足各段活动破碎辊调节间距，或破碎作业中遇到不可破碎物通过时辊轴轴承座滑行的需要。

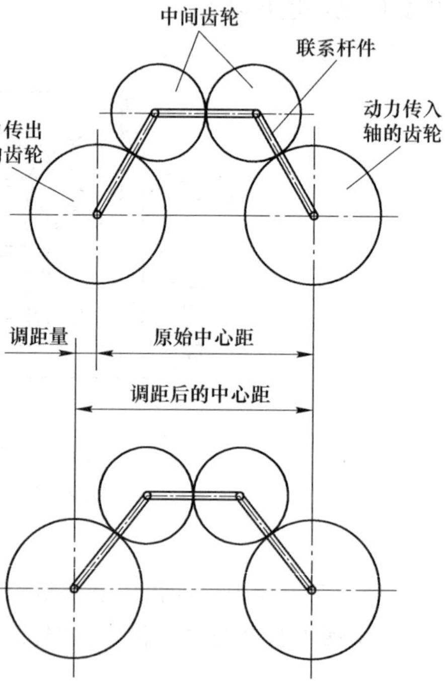

图2-8 齿轮桥示意图

2.6 辊式破碎机主要工作参数的计算

辊式破碎机参数主要有啮角、辊径与长径比、辊子转速、处理能力、电动机功率以及破碎力等。

2.6.1 啮角

破碎机啮角如图2-9所示，在该角度下，双辊破碎机能够咬住最大物料粒度。

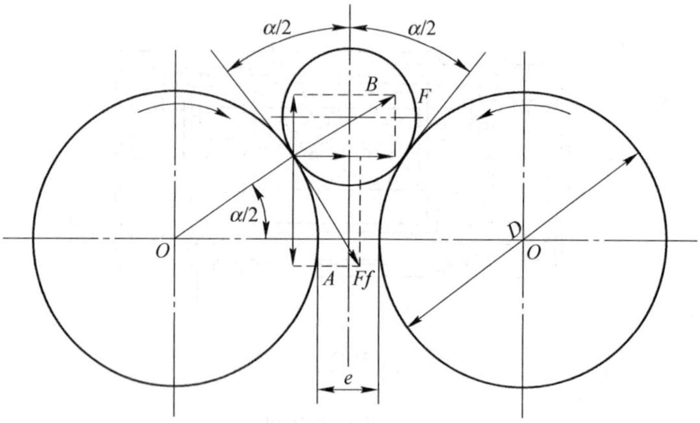

图2-9 辊式破碎机啮角

为计算方便，假设物料为球形并且忽略物料自重。如图作受力分析，作用于物料上的压力为 F 以及 Ff 的摩擦力，f 为物料与辊子之间的摩擦系数。

将作用力 F 及摩擦力 Ff 分解为水平分力和垂直分力，由图 2-9 知，物料能被两个运动辊子卷入破碎腔不上滑，必须满足以下条件：

$$2F\sin\frac{\alpha}{2}=2fF\cos\frac{\alpha}{2}$$

由上式可得，$\tan\frac{\alpha}{2}=f$。

根据静摩擦原理，摩擦角的正切等于摩擦系数，$f=\tan\varphi$，所以，$\alpha=2\varphi$。

2.6.2 辊径与辊长

啮角的大小取决于物料的摩擦特性，实际上，啮角所反映的本质是在一定的破碎机辊径下，入料的最大粒度，如图 2-9 所示，辊子直径为 D，辊间缝隙为 e，被咬住的最大给料粒度为 d。

由直角三角形 OAB 可得：

$$\cos\frac{\alpha}{2}=\frac{\frac{D+e}{2}}{\frac{D+d}{2}}=\frac{D+e}{D+d}$$

e 与 D 相比很小，可以忽略不计，则：

$$\frac{d}{D}=\frac{1-\cos\frac{\alpha}{2}}{\cos\frac{\alpha}{2}}$$

一般地，取煤炭与钢的摩擦角 $\varphi=\frac{\alpha}{2}=18°$，于是得到：

$$d=\frac{1}{20}D \text{ 或 } D=20d$$

由上可知，双辊破碎机的最大入料粒度，取决于辊子直径。光辊破碎机的辊子直径约等于最大给料粒度的 20 倍。所以，这种破碎机只能作为中、细碎设备。对于摩擦系数较大的物料，$D=10d$。

齿辊破碎机的 D/d 值比光辊式破碎机要小，齿形的 $D/d=4\sim6$，槽形的 $D/d=10\sim12$。故齿辊破碎机可以对煤炭进行粗碎。

当其他参数确定后，辊式破碎机的辊子长度与处理量成正比，因此，一般根据处理量确定辊子长度。

2.6.3 辊子转速

辊子的转速与辊齿的特征、被破碎物料的坚硬性和大小有关。一般都是根据试验来决定。它要保证高产、低能耗和得到均匀的产品，同时，也应使辊面磨损轻。物料粒度越大，转速应越低；辊子带槽和带齿的破碎机转速，应低于光辊破碎机；当被破碎软、脆性物料时，转速应大一些，而破碎硬物料时，转速应小一些。

提高辊子的转速，可使生产能力提高。但是转速的提高应有一定的限度。超过此限度，落在转辊上的料块在较大的离心力作用下，就不易嵌进转辊之间。这时，生产率不但没有提高，反而引起电耗增加，辊子表面的磨损以及机械的振动增大。根据物料在辊子上受的惯性离心力与各作用力的平衡条件，可得出当破碎比 $i=4$ 时，光辊破碎机的极限转速 n_j(r/min) 为：

$$n_j = 616\sqrt{\frac{f}{\rho dD}}$$

式中 f——物料与辊子表面间的摩擦系数；

ρ——物料的密度，kg/m^3；

d——给料粒度，cm；

D——辊子直径，cm。

实际上，为了减小破碎机的振动和辊子表面的磨损，取：

$$n = (0.4 \sim 0.7)n_j$$

辊子的合理转速一般通过实验确定。光面辊子取上限值，槽面和齿面辊子取下限值。

芬基（Finkey）提出光辊破碎机在破碎物料时，破碎比 $i=4$ 时，辊子表面的圆周速度 v(m/s) 为：

$$v = \frac{1.27\sqrt{D}}{\sqrt[4]{\left(\frac{D+d}{D+e}\right)-1}}$$

对于硬质物料，一般取 3 ~ 6m/s；而对于软质物料，可取 6 ~ 7m/s。

2.6.4 生产率的计算

双辊破碎机的生产率与辊子间距 e、辊子圆周速度 v 以及辊子规格等因素有关。假设在辊子全长上均匀填满物料，而且破碎机的给料和排料都是连续进行的。料带的宽度等于辊子长度 L，厚度等于辊子的间距 e，卸出速度等于辊子圆周速度 v。因此，破碎机的体积生产率 Q_T(m^3/h)：

$$Q_T = 3600Lev$$

实际上，喂入物料并未布满整个长度，同时卸出物料是松散的，故必须乘以系数 μ 加以修正，考虑到辊子的圆周速度为 $v = \frac{\pi Dn}{60}$，则实际生产率 Q(t/h) 为：

$$Q = 188\mu Len\rho$$

式中 D——辊子直径，m；

L——辊子长度，m；

e——排料口宽度，m；

n——辊子转速，r/min；

ρ——物料密度，t/m^3；

μ——物料松散系数，对于干硬物料 $\mu=0.2 \sim 0.3$，对于湿软物料 $\mu=0.4 \sim 0.6$。

2.6.5 电动机功率的计算

辊式破碎机电动机功率可根据经验公式计算。对光辊破碎机破碎中硬物料的电动机功

率 P(kW) 为:

$$P=0.8KLv$$

式中 L——辊子长度, m;

v——辊子圆周速度, m/s;

K——考虑给料和排料粒度系数, $K=0.6\dfrac{d}{d_0}+0.15$, d 和 d_0 分别是给料和排料粒度。

对齿辊破碎机破碎煤和焦炭时电动机功率 P(kW) 为:

$$P=KLDn$$

式中 D——辊子直径, m;

L——辊子长度, m;

n——辊子转速, r/min;

K——系数, 破碎煤时 $K=0.85$。

根据体积学说, 辊式破碎机电动机功率 P(kW) 的理论公式为:

$$P=1.695\times10^{-4}\times\frac{\sigma}{e}LDni$$

式中 e——排料口宽度, m;

σ——物料抗压强度, 对于煤 $\sigma=7\sim24$MPa。

其他符号同前。

2.6.6 破碎力的计算

设破碎物料的抗压强度为 σ(MPa), 物料与辊子接触面积为 A(mm^2)。当辊子给物料的破碎力为 F(N), 只有 $F=\sigma A$ 时, 物料才开始被破碎。如图 2-10 所示的 1/4 辊子, 啮角为 α 的范围内, 均布载荷 σ, 辊长为 L, 取微面积元 $dA=Ld\theta$, 在该微元上所受力为:

$$dF=\sigma dA=\frac{D}{2}L\sigma d\theta$$

$$dF_x=\frac{D}{2}L\sigma\cos\theta d\theta$$

$$dF_y=\frac{D}{2}L\sigma\sin\theta d\theta$$

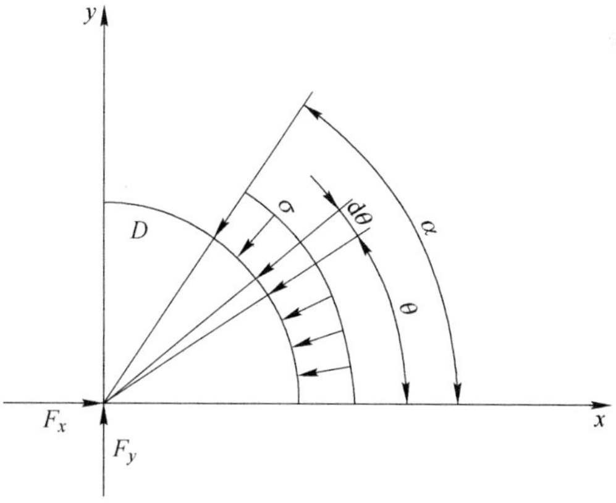

图 2-10 单元辊长上的微元截面

在水平方向的力为: $F_x=\int_0^{\frac{\alpha}{2}}dF_x=\int_0^{\frac{\alpha}{2}}\frac{D}{2}L\sigma\cos\theta d\theta=\frac{D}{2}L\sigma\sin\frac{\alpha}{2}$

在铅直方向的力为: $F_y=\int_0^{\frac{\alpha}{2}}dF_y=\int_0^{\frac{\alpha}{2}}\frac{D}{2}L\sigma\sin\theta d\theta=\frac{D}{2}L\sigma\left(1-\cos\frac{\alpha}{2}\right)$

总破碎力为：
$$F = \sqrt{F_x^2 + F_y^2} = DL\sigma\sqrt{\frac{1}{2}\left(1 - \cos\frac{\alpha}{2}\right)}$$

由于布料不均匀和齿形不同等原因，实际辊压力 F(N) 为：$F' = KF$。其中，K 为装填修正系数，对中硬物料 $K = 0.2 \sim 0.3$，对黏性或潮湿物料 $K = 0.4 \sim 0.6$。

破碎机的弹簧一方面起保险作用，另一方面又通过辊子对物料施加破碎力，单位辊子长度理论弹簧力，即水平方向的破碎力：

$$F_T = \frac{D\sigma}{2}\sin\frac{\alpha}{2}$$

3 冲击式破碎机

3.1 冲击式破碎机概述

冲击式破碎机包括锤式破碎机和反击式破碎机。反击式破碎机常用于脆性物料的中碎和细碎，也可用于粗碎；在选煤厂中，用于原煤和中煤的破碎。锤式破碎机是利用高速回转锤的打击作用进行破碎的，适于破碎脆性物料，它可将煤破碎到 13 ~ 3mm 以下，而且保证产物中不混入过大粒度的颗粒，故在选煤厂中多用于中煤的中碎和细碎作业。

3.2 锤式破碎机

与其他类型破碎机相比，锤式破碎机具有结构简单、处理能力大、破碎比大以及功率消耗少等优点，其缺点是物料含水量过高时易堵塞篦条而影响排料，另外锤头磨损较快。

锤式破碎机的规格用转子工作直径 D 和转子长度 L 表示，即 $D \times L$(mm × mm)。

3.2.1 锤式破碎机的工作原理

锤式破碎机的工作原理如图 3-1 所示。锤头铰接在转子上，静止时，锤头在重力作用下铅直下垂。工作时，高速旋转的转子带动锤头也做高速旋转，在离心力的作用下，锤头质心、铰点和转子旋转中心近似共线。锤头对给入的大块物料进行打击，并将其抛向机体内壁的破碎板上，在破碎板上物料被进一步冲击破碎后，落到下面的篦条筛板上，小于篦条缝隙的粒度排出，篦条内部的物料继续被锤头打击、挤压或研磨，直到全部透过篦条为止。由于锤式破碎机对物料的破碎以冲击作用为主，所以适用于脆性物料的破碎，而且能够保证产品中不混入过大粒度的颗粒。

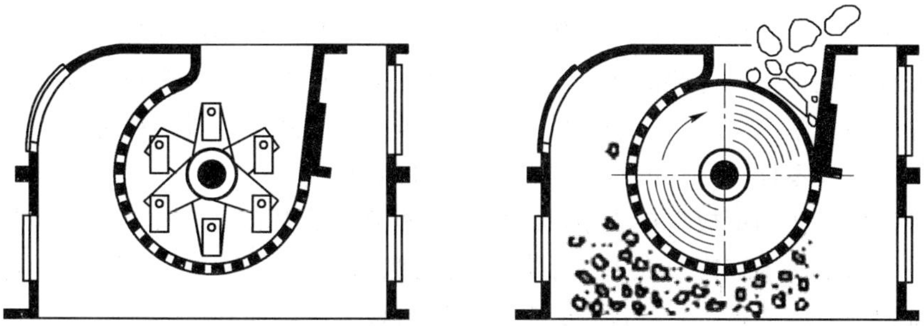

图 3-1 锤式破碎机工作原理图

3.2.2 锤式破碎机的结构

锤式破碎机主要由传动装置、转子、筛板、破碎板和机架等几部分组成。图 3-2 是锤式破碎机的结构示意图。大块物料给入破碎腔后，高速回转且与转子铰接的锤头打击物料，并把其抛向机体内壁破碎板上，在破碎板上进一步被冲击破碎后落入下面的筛板上，粒度合格的产物从筛板缝隙中排出，筛板上的大块物料继续被锤头破碎，直至全部透过筛板为止。

电动机通过弹性联轴器或皮带轮带动主轴旋转。主轴通过球面调心滚柱轴承安装在机架两侧的轴承座上，在主轴的一端装有飞轮，目的是为了避免破碎大块物料时，锤头速度损失不致过大和减少电动机的尖峰负荷。

转子由主轴、圆盘和锤头等组成，主轴上装有 11 个圆盘，并用键与轴刚性地连接在一起。

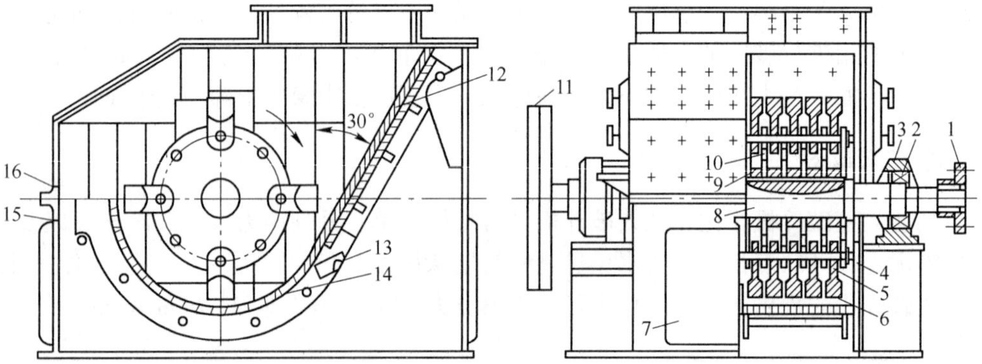

图 3-2　锤式破碎机结构图

1—弹性联轴器；2—球面调心滚柱轴承；3—轴承座；4—销轴；5—销轴套；6—锤头；7—检查门；8—主轴；9—间隔套；10—圆盘；11—飞轮；12—破碎板；13—横轴；14—格筛；15—下机架；16—上机架

圆盘间装有间隔套，以防止圆盘轴向窜动，两端用圆螺母固定。锤头用销轴铰接，销轴贯穿所有圆盘，每根销轴上有 10 个锤头，锤头总数是 40 个。圆盘上还配有第二组销轴孔，当锤头磨损 20mm 后，可将锤头及销轴移到第二组孔内安装，以继续利用锤头材料。

格筛设在转子下方，由弧形筛架和筛板组成。筛板由数块拼成，利用自重和相互挤压方式固定在筛架上，筛板的筛孔略呈锥形，以利排料，弧形筛架两端悬挂在横轴上，横轴通过吊环螺栓悬挂在机架外侧的凸台上，调节吊环螺栓可以改变锤头顶部与筛板之间的间隙。格筛左端与机架内壁有一间隔空腔，便于非破碎物从此空腔排出机外，防止非破碎物在机器内损坏其他零件，格筛的右上方装有平面形破碎板。

锤式破碎机机架用钢板焊接成箱形结构，机架沿转子中心线分成上、下两部分，彼此用螺栓固定。为了便于维修，在上、下机架的两侧均设有检查门。上机架的上方有给料口，在机架内与破碎物料接触的部位，装有锰钢衬板，以增强其耐磨性。

锤式破碎机的主要技术特征见表 3-1。锤头是锤式破碎机的最重要零件，多采用高锰钢或高碳钢制造，为增强其耐磨性，有时在锤头表面堆焊硬质合金。锤头的形状如图 3-3 所示。前 3 种形式主要用于粒度为 100 ~ 200mm 软和中硬物料的破碎，后一种形式适合于破碎粒度较大的中硬度物料。使用时应注意：安装在同一转子上的各个锤子重量应相等，相对称方向的锤子重量差应小于 100g，以使转子保证良好的动平衡。为此，更换时应注意按相对位置成对地更换。

表 3-1 锤式破碎机的主要技术特征

主要规格	型号			
	600×400	800×600	1000×800	1600×1600
转子直径/mm	600	800	1000	1600
转子长度/mm	400	600	800	1580
转子转速/$r \cdot min^{-1}$	1000	960	1000	585
给料最大粒度/mm	100	200	200	350
排料粒度/mm	<35	<10	<13	<20
生产能力/$t \cdot h^{-1}$	12~15	18~24	25~65	300
电动机功率/kW	17	55	115	480
外形尺寸（长×宽×高）/mm×mm×mm	1055×1020×1122	1940×1380×1390	2250×3514×1515	
重量（不包括电动机）/kg	1200	2530	5050	26600

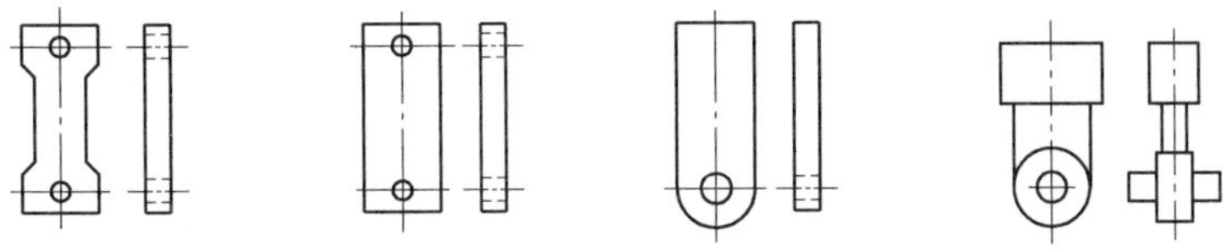

图 3-3 锤头形状

3.3 反击式破碎机

反击式破碎机也是利用冲击作用进行破碎的机器。反击式破碎机从结构形式看，有些像锤式破碎机，但有许多重要区别：

（1）反击式破碎机的锤头刚性地固定在转子上，破碎时能充分利用整个转子的能量，有利于破碎大块物料；

（2）有反击装置和较大的破碎腔，物料的破碎不仅靠锤头冲击，而且也利用物料与反击板的冲击以及物料在破碎腔内的相互碰撞；

（3）破碎机的底部没有篦条，破碎产物的粒度由反击板和锤子间的间隙决定，所以能够避免潮湿物料堵塞篦条的现象。

图 3-4 为国产 $\phi500\times400$ 单转子反击式破碎机，该机主要由上机体、下机体、转子和反击板等部分组成。电动机通过三角胶带带动转子高速回转，转子上固定着 3 个锤头。转子用键固定在主轴上，主轴两端借助滚动轴承支承在下机架上。反击板一端通过悬挂轴铰接于机架上部，另一端用吊环螺栓通过球面垫圈支承在机架上的锥面垫圈上。反击板呈自由悬挂状态，置于机体内部，调节吊环螺栓上的螺母，可以改变反击板和转子的间隙。当不能破碎的物料（如铁块）进入机器时，反击板受到较大的压力，使吊环螺栓向上及向后移开，并将铁块等物排出，以保护机器不被损坏。以后，反击板在自重作用下，又恢复到原来位置，以此作为保险装置。

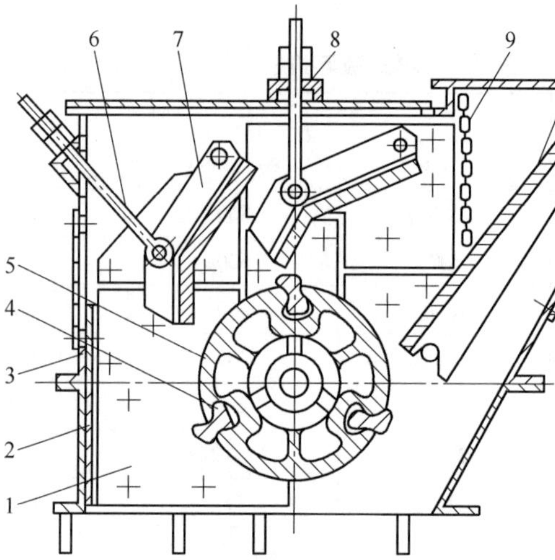

图3-4 反击式破碎机

1—防护衬板；2—下机体；3—上机体；4—锤头；5—转子；6—吊环螺栓；
7—反击板；8—球面垫圈；9—链幕；10—给矿溜板

反击式破碎机的破碎过程如下：物料由给料口给入破碎腔，受到锤头的冲击并以很大速度抛向第一反击板，再次受到冲击破碎，然后又从反击板弹回到锤头打击区，继续重复上述破碎过程。经过数次反复冲击后的物料就进入第二反击板与转子形成的破碎腔，再经过数次反复冲击。物料在锤头和反击板间的往返途中，还有相互碰撞的作用。物料在多次冲击下，破碎成小块，最后由机体下部排出。

这种破碎机的优点：(1) 利用冲击进行破碎，使物体沿脆弱面碎裂，破碎效率高，能量消耗少，产量大，产品粒度均匀；(2) 破碎比大，可将33mm的入料破碎到3mm以下；(3) 结构简单，制造方便；(4) 具有选择性破碎的特点，即密度大的物料破碎后粒度小，密度小的物料破碎后粒度大。反击式破碎机的主要缺点是锤头磨损较快，而且粉尘较大。

反击式破碎机可用作物料的粗、中、细碎，在选煤厂可用于原煤和中煤的破碎。

4 选择性破碎机

4.1 选择性破碎机工作原理

选择性破碎机机身主体的形状是筛板做成的圆筒，工作时利用旋转的圆柱形筒筛内侧的提升板将煤提升到一定高度，使其自行落下，根据矸石和煤的硬度不同，易跌碎的煤破碎后通过筛板落到筛下。不易跌碎的矸石、金属杂物及木块等由筛上排出，这样就使它们分开了。由此可见，煤和矸石硬度相差越是悬殊，即可破碎性差异越大，采用选择性破碎机越合适，所以，选煤厂能否利用选择性破碎机是有条件的，除了煤与矸石的硬度相差较大外，还有产物不要求保留大块。使用时一般不应有大于300mm的特大块矸石（以免砸坏筛板），大于入选上限粒级矸石含量占该粒级总量应超过30%。

滚动选择性破碎机的规格都是以滚筒直径 D 和滚筒的长度 L 来表示，即 $D\times L$，单位mm。

4.2 选择性破碎机的构造

国内外使用的选择性破碎机结构基本类似。其结构主要由滚筒、支承装置、托辊、传动装置及机架等部分组成（如图4-1所示）。下面我们就滚筒、托辊和传动装置三个主要部件的机械结构作简要叙述。

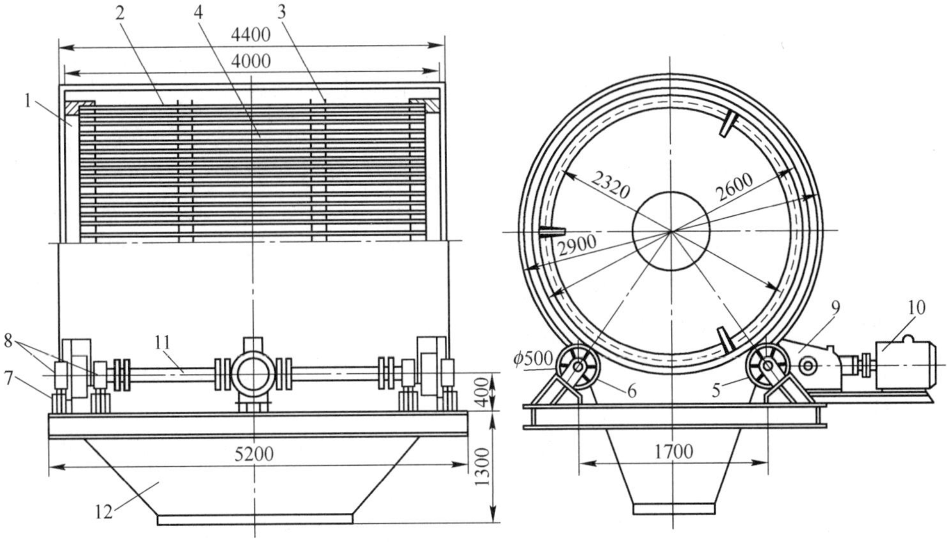

图4-1 选择性破碎机

1—滚圈；2—加固圈；3—钢轨；4—提升板；5—主动托辊；6—斜轴承座；7—轴承座；8—轴承；9—减速器；10—电动机；11—轴；12—漏斗

（1）滚筒。选择性破碎机的滚筒有两种结构形式：一种是由锥形的预筛段和圆筒形的碎选段组合而成，再一种是没有预筛段的选择性破碎机。碎选段的滚筒是由滚圈、型钢组合梁、筛板及提升板所组成。

滚筒的滚圈有两个，是整体铸钢件，沿两滚圈的圆周每隔30°用槽钢组合梁及角钢组合梁沿轴向交替排列，铆接在一起组成一个筒形框架。净筒形框架分为数等分，再用弧形角钢组合梁沿圆周与轴向组合梁焊接，组成一个固定筛板用的筒状笼形支架。弧形筛板与支架间衬以胶垫，并用埋头螺栓固定，构成圆筒筛。在圆筒筛内壁每隔60°（根据所需提升板数目而定）沿轴向装设6块提升板。由于采用齿轮传动，在滚筒末端装有大齿圈。滚筒的预筛段结构与碎选段相同，仅是呈圆锥形，内侧没有提升板而已。

第二种滚筒的滚圈是整体铸钢件，没有专用的筛板和轴向组合梁，而是用许多根钢轨作筛条，通过螺栓固定的滚圈和加固圈（槽钢圈）上构成一个圆筒筛。提升板呈螺旋形布置在圆筒内壁，并与钢轨成17°夹角。滚筒的回转是靠托辊的转动摩擦带动滚圈转动。滚筒上装设的筛板一般都用锰钢和高强度钢板制成，通常为12～30mm厚，筛孔在30～150mm之间。

筛筒内壁的提升板常用型钢制成，高度为300～350mm，排列形式和排列个数根据具体情况而定，为了使物料能顺着滚筒向前运动，调节物料在滚筒内落下次数以及改变物料在筒内停留的时间，提升板的安装有几种不同的形式：一种是提升板与滚筒轴平行；另一种是把提升板与筒体轴线按一定夹角安装，排列成螺旋状。物料在筒内的停留时间不仅与提升板的安装方式有关，而且也与筒体的转速有关，选择性破碎机转速一般在10～20r/min范围内选取。

（2）托辊。托辊是一个圆形而转动的滚子，用来支承滚筒。如采用摩擦传动，则托辊除起支撑作用外，还要担负传动任务。托辊固定在工字钢的支架上。有的滚筒倾斜角度可调，利用调整滚筒一端两托辊的轴线间距来实现。从图4-2可看出，要想改变滚筒的倾角，可用松紧两托辊之间调整螺杆3的办法进行。

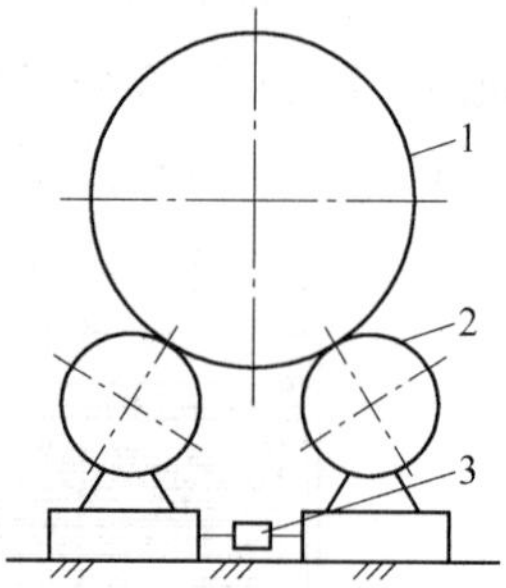

图4-2 滚筒角度调整
1—滚筒及齿圈；
2—托辊（小齿轮）；
3—调整螺杆

（3）传动装置。选择性破碎机的传动装置基本上有三种形式：

1）齿轮传动。电动机通过减速器带动小齿轮，小齿轮与装在滚筒上的大齿轮啮合，使滚筒转动（图4-2）。

2）摩擦传动。滚筒同侧两个托辊为主动轮，由一个电动机通过减速器及一长轴带动，与滚筒两端的滚圈接触，滚筒就坐落其上。主动托辊旋转产生的摩擦力带动滚筒转动。若滚筒较长，也可用两个电动机分别带动两个托辊产生摩擦传动，此时应考虑两传动的同步性，防止一个电动机出力过大，另一个电动机出力过小的问题。

3）链传动。电动机通过减速器带动小链轮，经链条再带动固定在滚筒上的大链轮一起转动。

上述几种传动形式比较，以摩擦传动系统较为简单，易于加工制造。齿轮传动运转可靠，但齿轮（尤其是大齿轮）加工制造较难。国内使用的选择性破碎机两种传动形式都有。

选择性破碎机的结构参数和运动参数都是根据碎选实验得到的。一般滚筒直径为1800～3600mm，筒长2400～6700mm。转速 n 为10～20r/min。

5 颚式破碎机

5.1 颚式破碎机的用途

颚式破碎机也是一种古老的破碎机械。它具有结构简单，工作可靠，制造容易，维修方便等优点，所以应用很广。选煤厂矸石的中碎或粗碎，矸石量较多的煤炭破碎时一般采用颚式破碎机。在选煤厂的技术检查过程中，该机用得也较多。颚式破碎机通常都是按照可动颚的运动特性来进行分类。工业上应用最普遍的主要有两种类型：一是动颚作简单摆动的曲柄双摇杆机构的颚式破碎机，简称简摆式；二是动颚作复杂摆动的曲柄摇杆机构的颚式破碎机，简称复摆式。

5.2 颚式破碎机的工作原理

图 5-1 为颚式破碎机工作原理图。物料的破碎是在两个颚板之间进行的，可动颚板 1 绕悬挂轴 2 相对固定颚板 3 作周期性摆动。当动颚板靠近定颚板时，位于两颚板之间的物料受到挤压、劈裂和弯曲作用而破碎。当动颚板离开定颚板时，已破碎的物料在重力作用下经排料口排出。

颚式破碎机的规格用给料口宽度 B 和长度 L 表示，例如给料口宽度为 900mm、长度为 1200mm 的颚式破碎机，其规格为 900 × 1200。

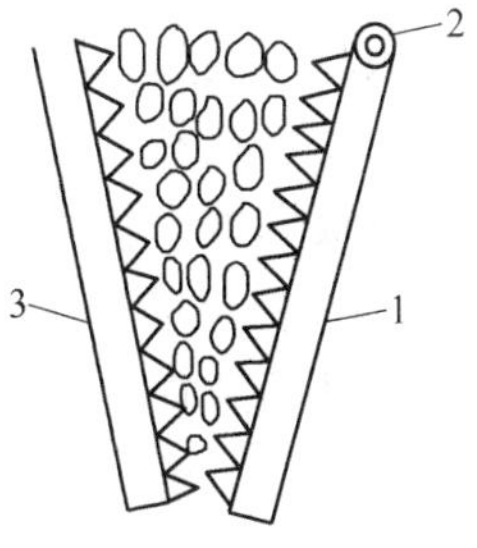

图 5-1 颚式破碎机工作原理图

1—可动颚板；2—悬挂轴；3—固定颚板

5.3 颚式破碎机的结构

国产 900 ×1200 简单摆动颚式破碎机的构造如图 5-2 所示，主要由破碎物料的工作机构、传动机构、超负荷的保险装置、排料口的调整装置和机器的支承装置等部分组成。

(1) 工作机构。颚式破碎机的工作机构是指固定颚板 1 和可动颚板 2 构成的破碎腔。它们分别衬有高锰钢制成的破碎齿板 3 和 4，破碎齿板和颚板之间靠螺栓相固结。为了提高破碎效果，两破碎衬板的表面通常都带有纵向波纹齿，齿的排列方式是动颚齿板的齿峰正好对准固定颚齿板的齿谷。破碎齿板的磨损是不均匀的，靠近给料口部分磨损较慢，接近排料口部分磨损较快，特别是固定颚齿板的下部磨损更快。为了延长破碎齿板的使用寿命，往往把破碎齿板做成上下对称形式，以便当下部齿板磨损后，将破碎齿板倒向互换。

(2) 传动装置。可动颚板的运动是借助连杆和推力板机构来实现的。它由飞轮 5 与偏心轴 6、连杆 7、前推力板 8 和后推力板 9 组成。飞轮分别装在偏心轴的两端，偏心轴支承的机架侧壁的主轴承中。连杆上部装在偏心轴上，前、后推力板的一端分别支承在连杆下部两侧的肘板支座 10 上，前推力板的另一端支承在动颚下部的肘板支座中，后推力板的另一端支承在机架后壁的肘板支座上。当电动机通过胶带轮带动偏心轴旋转时，连杆产

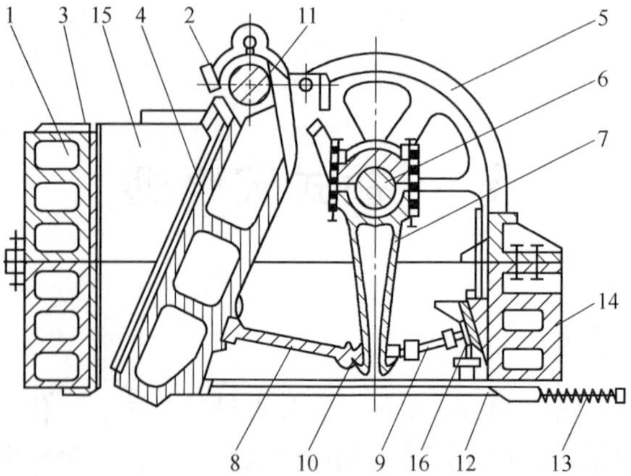

图 5-2 900×1200 简单摆动颚式破碎机

1—固定颚板；2—可动颚板；3，4—破碎齿板；5—飞轮；6—偏心轴；7—连杆；8，9—前、后肘板（推力板）；10—肘板支座；11—悬挂轴；12—水平拉杆；13—弹簧；14—机架；15—破碎腔侧面衬板；16—楔块

生上下运动，并带动推力板运动。由于推力板的运动不断改变动颚板的倾斜角度，于是可动颚板就围绕悬挂轴往复运动，从而使进入破碎腔的物料被破碎。当动颚板加速或减速摆动时，动颚板和推力板产生惯性力，构件之间会产生运动分离，水平拉杆 12 通过弹簧 13 使动颚板和推力板紧密结合，不至于分离。

（3）保险装置。当不可破碎的物体进入破碎腔内，会造成超负荷现象，为了有效防止机器零件不致损坏，采用保险装置是一种安全措施。最常用的是采用后推力板作为破碎机的保险装置。前、后推力板一般是使用普通铸铁材料，通常在后推力板上开设若干小孔，以降低它的断面强度，或者使用组合式推力板。当破碎机内进入不可破碎物料时，机器超过正常负荷，后推力板或连接铆钉的组合推力板立即折断或剪断，使破碎机停止工作，从而使机器零部件避免损坏。

（4）排料口的调整装置。调整装置是破碎机排料口大小的调整机构。随着破碎板的磨损，排料口逐渐增大，导致破碎粒度不断变粗，为了保证产品粒度的要求，必须利用调整装置调整排料口尺寸。颚式破碎机排料口调整方法主要有垫片调整和楔块调整两种。

1）垫片调整是在后推力板支座和机架后壁之间放入一组厚度相等的垫片，利用垫片数量的增减，使破碎排料口发生大小的变化。这种方法可以达到多级调整，机器的结构紧凑，并可减轻设备重量，但调整时需停车。

2）楔块调整是借助后推力板支座与机架后壁之间的两个楔块的相对移动来实现破碎机排料口的调整。如图 5-3 中，拧紧或松开螺栓上部的螺母，使调整块 3 沿着机架 4 的后壁作上升或下降移动，带动楔块 2 向前或向后移动，从而推动推力板或动颚来调整排料口。此法可达到无级调整，调整方便，节省时间，不必停车，但增加了机器的重量和尺寸。

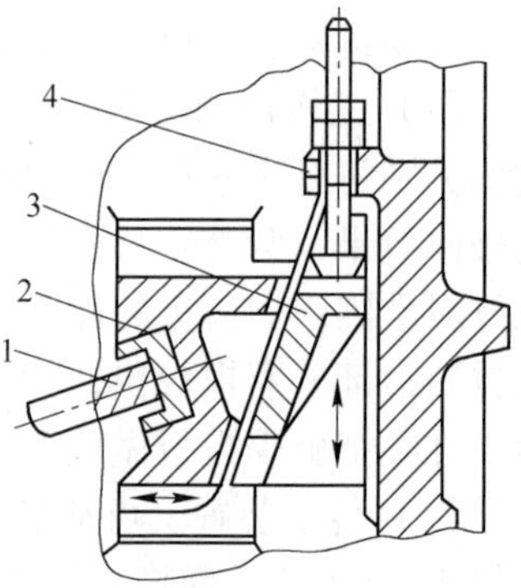

图 5-3 排料口调整装置

1—推力板；2—楔块；3—调整楔块；4—机架

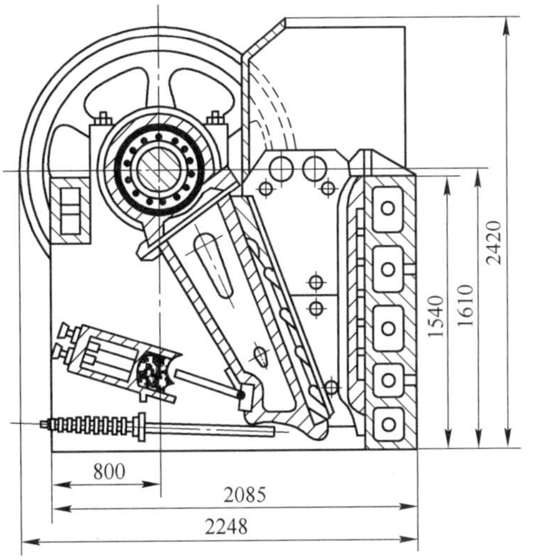

图 5-4 复杂摆动颚式破碎机

(5) 支承装置。支承装置是指颚式破碎机的轴承部分。大、中型颚式破碎机一般都采用铸有巴氏合金的滑动轴承。它能承受较大的冲击载荷，又比较耐磨，但传动效率低，需要进行强制润滑。小型颚式破碎机多采用滚动轴承。它的传动效率高，维修方便，但承受冲击性能较差。

图 5-4 是复杂摆动颚式破碎机。这种破碎机的构造与简单摆动颚式破碎机大体相同，不同之处是复杂摆动颚式破碎机的动颚悬挂轴同时也是偏心轴，两者合而为一，只有一个推力板，前推力板取消了。可见复摆颚式破碎机的构造要比简摆颚式破碎机简单，但前者的动颚的运动状态要比后者复杂，这也是复摆和简摆颚式破碎机命名的来源。

从图 5-4 可看出，复摆颚式破碎机的动颚是通过滚动轴承直接挂在偏心轴上，由电动机通过胶带轮传动，使偏心轴带动动颚板作复杂摆动。

5.4 颚式破碎机的工作参数

为了保证颚式破碎机运转过程的可靠性和使用效果的经济性，对于设计者来说，必须正确确定它的结构参数和工作参数；对于使用者来说，也必须了解掌握这些参数。影响破碎机的生产能力和电动机功率的主要参数有给料口宽度、啮角和转速。

(1) 给料口宽度。给料口宽度决定破碎机最大给料块尺寸的大小，这是选择破碎机规格时非常重要的数据，也是破碎机的操作工人应该了解的数据，以免在生产中，由于块度太大的物料进入破碎机，从而影响生产。

颚式破碎机的最大给料块度是由破碎机咬住矿石的条件决定的。一般颚式破碎机的最大给矿块度（D）是破碎机给料口宽度（B）的 75%~85%，即 $D=(0.75\sim0.85)B$ 或 $B=(1.25\sim1.15)D$，通常，复摆式颚式破碎机可取给矿宽度的 85%，简摆式颚式破碎机则取给矿口宽度的 75%。

(2) 啮角。啮角 α 是指咬住矿石时可动颚板和固定颚板之间的夹角。在破碎过程中，啮角应该保证破碎腔内的矿石不至于跳出来，这就要求矿石和颚板工作面之间产生足够的摩擦力，以阻止矿块破碎时被挤出去。

一般情况下，矿石与颚板的摩擦系数为 $f=0.2\sim0.3$，摩擦角 $\varphi\geqslant12°$，所以，颚式破碎机的啮角为 $\alpha=24°$左右。

(3) 转速。颚式破碎机的转速是指单位时间内动颚摆动的次数。偏心轴每转一转，动颚板就往复摆动一次，前半转为破碎矿石的工作行程，后半转为排出矿石的空转行程。在一定的范围内，增加动颚摆动次数，可以增加破碎机的生产能力。但是，当动颚板摆动次数过快时，矿石来不及排出，反而造成破碎腔堵塞，降低了破碎机的生产能力。所以，偏心轴转速大小要适当。

6 分级破碎机

6.1 分级破碎的概念

分级破碎是近些年来出现的一种全新理念的破碎技术。该技术通过对破碎齿型和齿的布置及安装形式的设计，实现对不同粒度组成的入料进行通过式、选择性破碎，只对大于粒度要求的物料进行破碎，而符合粒度要求的物料直接通过，从而达到破碎、分级同时完成的目的。与双齿辊、锤式、颚式等传统破碎技术相比，分级破碎技术在使用过程中表现出以下明显优点：

（1）严格保证产品粒度，通过一次破碎过程实现分级、破碎双重目的；过粉碎低、成块率高。

（2）单机处理能力大，破碎效率高。

（3）可靠性高、使用寿命长、设备维护量小。

（4）整机高度低、运行振动小、噪声低、粉尘少，工作环境友好。

凭借明显的技术优势，分级破碎设备在世界范围内得到了普遍的推广应用，主要应用于中硬以下矿物的粗、中、细碎作业。在煤炭系统主要用于选煤厂、井下、露天等，在非煤领域内，有氧化铝、石灰石、油页岩等的破碎。

6.2 分级破碎机结构

分级破碎机结构示意图如图6-1所示。

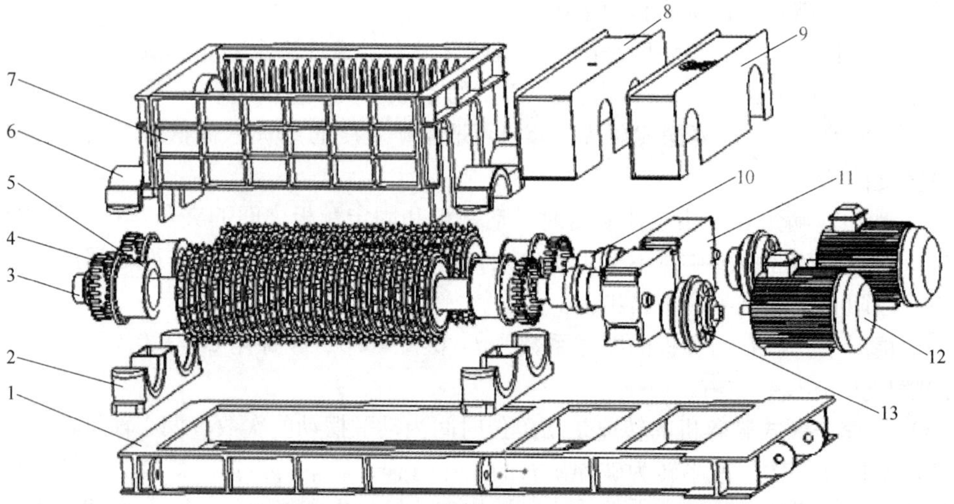

图6-1 分级破碎机结构示意图

1—机架；2—轴承座；3—速度检测盒；4—粒度调整固定螺栓；5—偏心轴承杯；6—轴承盖；7—箱体；8—联轴器安全罩；9—耦合器安全罩；10—联轴器；11—变速箱；12—电机；13—耦合器

6.3　分级破碎的工作原理

6.3.1　破碎方式

分级破碎不同于传统齿辊式破碎靠挤压和撞击来破碎物料，而是充分利用岩石、煤炭、焦炭等大部分岩矿物料的强度特性（即：抗压强度 > 抗剪强度 > 抗拉强度），见表 6-1，利用剪切和拉伸的共同作用来实现物料的破碎。

表 6-1　煤炭强度特性表

项　目	抗压强度/MPa	抗剪强度/MPa	抗拉强度/MPa
范　围	5 ~ 50	1.1 ~ 16.5	0.25 ~ 5.9
一　般	10 ~ 16	2.5 ~ 5	1.5 ~ 2.5
与抗压强度比值	1	0.25 ~ 0.5	0.009 ~ 0.06

6.3.2　分级破碎的过程

6.3.2.1　破碎辊的旋向

分级破碎机从齿辊的旋转方向可分为相对向内旋转（见图 6-2，简称内旋）和相对向外旋转（见图 6-3，简称外旋）两种方式。

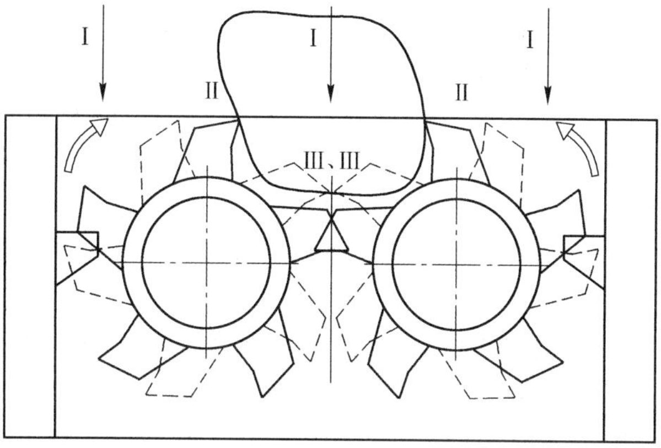

图 6-2　分级破碎内旋示意图

当入料粒度中大粒度物料比例多、所需破碎比大、物料硬度高，需要以破碎为主时两破碎辊内旋，对大块物料的破碎作业集中于两破碎辊间，分级作业则在两齿辊与侧面梳齿板间的两个被动通道和两辊间的一个主动通道内完成。当入料粒度中大粒度物料比例少、所需破碎比小、物料硬度低，需要以分级为主时两齿辊外旋。此时，大粒度物料的破碎作用集中于齿辊与侧板间进行，类似于单辊破碎机，分级作业在两辊之间和两辊与侧面梳齿板间同时进行，此时，形成两个侧面的主动通道和一个中间的被动通道。

区分分级与破碎主要考虑以下几个方面：入料粒度组成，破碎比，过粉碎率要求，物料的破碎特性等。两种情况相比，外旋的分级效率高，但破碎效果差，对入料粒度组成适

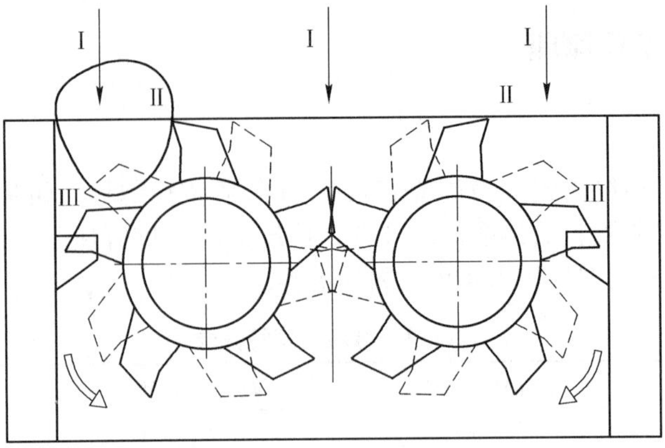

图6-3 分级破碎外旋示意图

应性差，所以实际生产过程还是以内旋为主。后面的论述都是以内旋的方式进行。

6.3.2.2 破碎齿对物料的作用

破碎齿对物料的作用过程可分为三个阶段，第一阶段是当全部粒级的物料给入破碎机时，细粒度物料（如图6-3三箭头所示）通过齿的侧隙及侧面梳齿板的间隙“透筛”，类似于滚轴筛实现分级的目的，同时将大粒度的物料卷入两破碎辊间。

第二阶段，运动中的齿突遇大块物料，靠交错的齿尖首先对物料进行刺破及剪切作用。若物料未被粉碎，则齿沿物料表面强行滑过，靠齿的螺旋布置，将物料进行翻转，等待下一对齿的继续作用，直到破碎至物料能被啮入为止。

经第二段破碎后，物料被初步破碎至粒度能被齿辊啮入的情况，从而进入第三段破碎。在第三段主要靠当前一对齿的前韧和对面一对齿的后韧的剪切、挤压作用而破碎物料，这一破碎段从物料被啮入开始，到前一对齿脱离啮合终止。表现为一对齿包容的截面由大变到最小的过程，这一过程是边破碎边排料的过程，粒度大的物料由于包容的体积逐渐变小而被强行挤压破碎，破碎的物料部分被从齿侧间隙挤出。当前一对齿开始脱离啮合时，齿间包容的截面积开始从最小逐步增大，伴随两对齿的分离而排出。

到此，一对齿的破碎行程结束，因此在齿辊运转一周时，每周上有多少个齿，这样的过程将进行多少次，循环往复，将给入的物料重复进行筛分—刺、剪、撕拉—啮入—剪切、挤压的破碎作用。

6.3.2.3 合理破碎比的选择依据

在破碎的第一阶段，两侧的大块物料要靠齿前空间和齿的螺旋交替作用将其卷入中间破碎腔。在第二阶段更是要靠破碎齿高和齿前空间及两辊对应齿的相互配合而啮入大块物料。这就要求齿高与物料的粒度尺寸匹配才能实现一次或最少次数的接触就将其啮入，如果情况相反，就会出现破碎齿尖多次重复的在大块物料上强行滑过，就像老鼠啃苹果般，直到大块一点点被啃成可以啮入的小块，这样的过程会造成非常严重的后果。

第一，伴随着一次次的齿尖滑过产生大量的细颗粒，造成严重的过粉碎，浪费资源的同时加大了煤泥水处理费用；第二，大块物料不能瞬时通过，会造成后续物料在破碎辊上产生堆积，直至设备堵转，影响生产，浪费电能；第三，破碎齿尖对物料的强行滑过，反观则是物料对齿尖的磨削，会造成破碎齿的不必要快速磨损，尤其是大块物料是矸石、白砂岩等坚硬物料时情况会更加糟糕；第四，会产生大量粉尘，污染环境，加大设备的防尘成本与难度。

从以上分析可知，入料上限与破碎齿高的比例一定要在合理范围内，而这里所说的破碎齿高是又与产品的出料粒度成正比，这就说明入料粒度与出料粒度的比例，也就是破碎比必须在合理的范围内，才不至于产生上述的不良后果。分级破碎的单级破碎比合理范围应在2～4，考虑粒度加权影响后的极限破碎比不能超过6。

6.3.3 分级破碎的主要技术特点

6.3.3.1 具有破碎分级的双重功能

国内外绝大部分分级破碎设备均采用固定中心距方式，即两个破碎辊的间距是刚性固定的，对物料进行强制破碎，且破碎齿型及其布置方式根据不同的入料、出料粒度而特殊设计，严格控制产品通过的空间尺寸，严格保证产品粒度，可作为最终的粒度把关破碎设备，分级的概念即从此而得，分级是指针对破碎产品粒度级别上的分级作用。同时，采用分级破碎原理避免了进入破碎机的物料掺杂破碎，不同设计方式的螺旋布置破碎齿起到强化分级作用、合理啮入物料和沿齿辊长度均布物料的作用。采用低转速的分级破碎原理，小于要求粒度的物料直接通过，只对大于粒度要求的物料进行破碎，避免了进入破碎机的物料掺杂破碎的缺陷。根据不同的入料、出料粒度及物料特性进行破碎齿型及其布置形式的设计，在合理的破碎比、较低转速下，大块物料被破碎齿一次性啮入而很少有打滑、外吐等现象，减少了齿对物料进行刮削的几率，不但直接造成的块率损失较小，且经过破碎后的物料内隐藏裂隙及残余应力也相应较小，降低了随后在储运、加工过程中二次破碎的几率，从而全方位地保证了产品的成块率、降低过粉碎率。传统原煤处理流程如图6-4所示。使用分级破碎设备后的流程如图6-5所示。

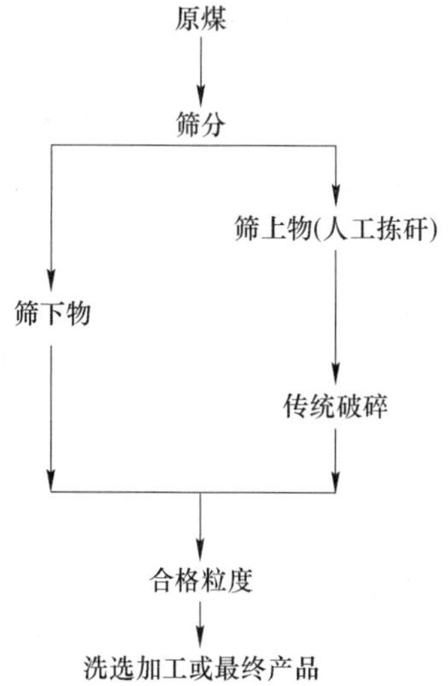

图6-4 传统原煤处理流程

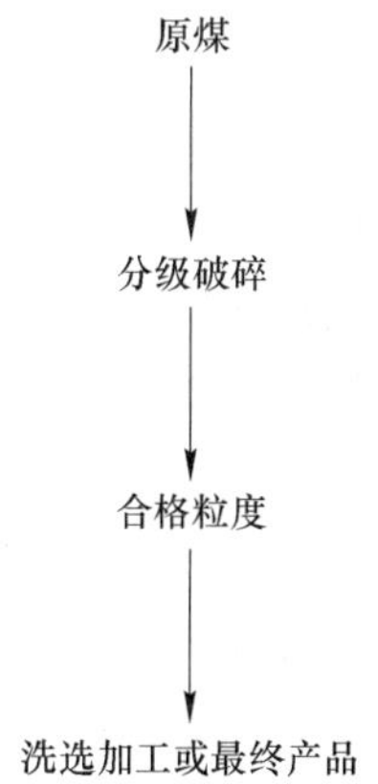

图6-5 使用分级破碎设备后的流程

6.3.3.2 处理能力大、能耗低

分级破碎设备之所以具有较大处理能力和低能耗主要基于以下原因：（1）采用分级破碎原理，可实现最大效率的破碎与分级；（2）破碎齿部与破碎物料基本属于点接触式的破碎过程，物料的通过效率高；（3）齿型及其布置经特殊设计与产品粒度相适应，在合理的破碎比范围内，破碎齿对物料具有较好的挟带通过作用，极大地提高了物料的通过速度与效率；（4）根据不同的入料组成及破碎比，选择两破碎辊旋转方向，增加了破碎通道。以上原因实现分级破碎能够高效地运转，没有多余的动力消耗，而且主要利用剪切、刺破等方法对物料进行破碎，这些工作原理都使得分级破碎与其他破碎方法相比能耗降低很多。

6.3.3.3 整机高度低、无振动

分级破碎机一般都具有整机高度低、内力平衡、振动小等优点，可有效地降低厂房高度，降低对厂房的基础强度要求，有利于工厂的更新改造和降低新建厂房的基建投资。

6.3.4 分级破碎机的关键参数

6.3.4.1 分级破碎基础理论

分级破碎作为一门全新的破碎技术需要一套与之相吻合的理论体系，用以揭示破碎矿物的能耗和破碎效果间的联系，探求破碎载荷的大小及作用方式对破碎效果规律性及能耗的量化影响，合理的运用与设计确定破碎工艺的工作参数，辅助求解岩石的破碎判据，揭示矿物破碎特性、破碎效果与载荷方式、能量消耗、破碎方法间的相互关系。

破碎是物料粒度减小的过程，对物料施加外力以克服物料内部质点间的内聚力，也就是对物料做功，功转化为形变能，当变形达到极限时破碎才能发生。从力学实质上看，破碎是一个功能转换的过程，破碎理论就是研究破碎过程与破碎能量消耗和矿物数量、粒度间关系的学说。

有关破碎过程能耗的理论主要是三种比较重要的假说，分别是：R. P. 雷廷格（Rittinger）提出的表面积说，认为破碎所需能量与增加的表面积成正比；F. 基克（Kick）在对“脆性材料的研究的贡献”提出的体积说，学说认为几何上相似的物体在同样工艺状态下发生类似变化所需的能量与这些物体的体积或重量成比例；F. C. 邦德提出的裂缝说。经实践检验，三种学说分别适用于高破碎比、低破碎比和中破碎比。从粒度看，面积假说较适用于排料粒度为0.01～1mm的粉磨作业，体积假说较适用于排料粒度大于10mm的粗碎和中碎作业，而裂缝假说则介于两者之间，适用于从中碎到粗粉磨作业的比较广泛的范围。

分级破碎的破碎比一般2～6属于低破碎比范围，且涉及出料粒度也在13mm以上，很明显与其相适应的功耗理论应该是体积学说。但鉴于破碎状况的千差万别，体积学说也只能是相对定性的理论指导。

现代技术飞速发展的当代，在继续完善三大学说的同时，破碎工程的专家学者们在吸

收其他学科的研究方法与手段的基础上，对破碎过程做了进一步的深层研究。这其中最为突出的就是将岩石断裂力学的理论与研究方法应用于相近的物料破碎过程，其典型的研究方法是单颗粒粉碎，按加载方式又分为静压和动压粉碎两种。

单颗粒粉碎的代表性理论是 Griffith 裂纹扩展能量理论。Griffith 基于脆性固体材料的实测强度值较它的理论值小 2～3 个数量级，即实测值只是理论值的几百或几千分之一，认为：这是由于物料内存有微裂缝，在其微裂缝尖端附近产生高度的应力集中，当应力集中值达到弹性极限时，就会导致裂纹扩展，造成物料破坏。

分级破碎的适宜的破碎对象是煤炭等中硬以下矿物的脆性物料，且在破碎过程中采用的是低转速分级破碎，对物料产生单颗粒破碎的概率在 70%～100%，由此说明将 Griffith 裂纹扩展能量理论用于分析分级破碎的破碎过程、载荷特点、破碎效果，确定重要工作参数等目的是比较贴切的。

6.3.4.2 破碎辊转速的确定

外加载荷的形式与程度直接决定了破碎过程的能耗。分级破碎的破碎过程中破碎齿对物料的施加载荷方式在前面已经做过分析。下面主要是探讨加载速率对破碎能耗的影响。结合分级破碎的工作原理，破碎载荷的加载速率等同于破碎齿的线速度，破碎齿的线速度又与齿辊转速成正比，所以，可等效看成是研究破碎辊转速与破碎能耗的关系。

Griffith 将表面能的概念应用于弹性理论，认为矿块实际强度大大低于理论数值是由于存在着极细微的裂纹。这些裂纹既有可能是原始存在，也可能是在矿物开采、转运或前期破碎过程中形成。裂纹特性直接影响矿块破碎后的粒度分布以及破碎过程中的能量消耗。

首先，裂纹的存在降低了矿块的有效强度。矿块的表观杨氏模量以及其他弹性模量将依赖于应变率。其次，因为裂纹扩展表现为平面特征，所以在稍不完善的各向同性材料中，裂纹扩展将造成平行于裂纹扩展方向的响应不同于垂直于裂纹面方向的响应，从而一种初始各向同性的材料迅速转变成高度各向异性的材料，这意味着矿块的极限强度强烈依赖于加载速率。在准静态加载率条件下，最大的或者临界的缺陷是引起物体破坏的原因，而在更快的加载率条件下，一个具有有限扩展速度的单一裂纹不足以释放不断增加的拉应力，于是更多的裂纹必须参加这个过程，最终就是消耗了与裂纹总长度等比例的能量。如图 6-6 和图 6-7 所示，加载率与物料的极限强度成反比，也即加载率低，参与的裂缝数量少，极限强度低，从而所需破碎功耗低。结论就是要采用低加载速率也

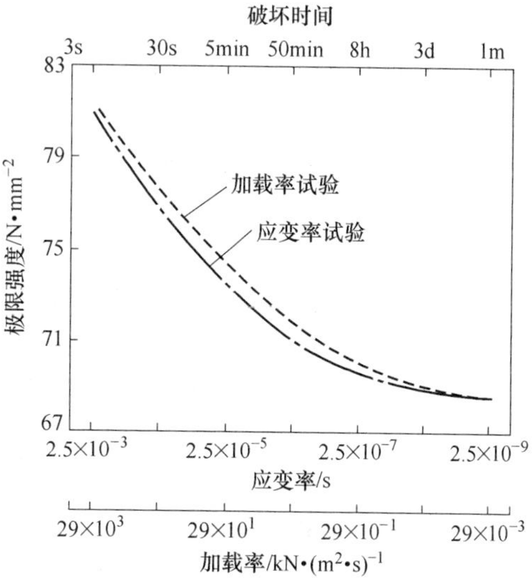

图 6-6 加载率与极限强度及应变率的关系图

就是低转速有利于降低破碎过程的能耗。

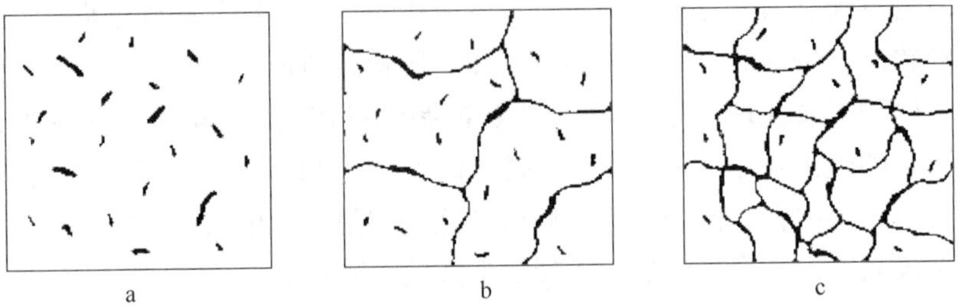

图6-7 不同加载方式下破碎块度的差别

a—自然含裂隙岩石；b—慢拉伸加载率；c—快拉伸加载率

6.3.4.3 成块粒度的预测

在矿物内部，由剧烈的冲击拉张断裂所形成的损伤，是相互交错的复杂的裂纹系，它可能反映出外张力作用形成的应力场的大小及方向。在分级破碎过程中，获得最合适而又均匀的块度，提高成块率，降低过粉碎是主要目的，因此，了解断裂对于控制裂纹密度及碎块尺度的影响是必要的。

在不同大小的拉伸载荷作用下，矿块中的缺陷被激活并扩展。这些活化缺陷在载荷作用期间扩展，最后互相兼并导致材料破坏。当缓慢加载时，只有那些在低应力下活化的缺陷对破碎过程作出实际贡献。因为当载荷增加到使其他缺陷激活之前，这些缺陷的扩展与兼并就使材料发生破坏，由此导致材料破坏应力的低门槛值。因为起作用的缺陷数目较少，所以块度较大。当加载速率很快时，在缺陷发生兼并之前，应力已达到较高的水平，使更多的缺陷加入破碎过程，导致块度更小及材料破坏时的应力门槛值也更高，如图6-7 所示。

基于观察结果，研究者们假定，在动态断裂中，碎块尺度取决于缺陷，而不是能量，从而把注意力集中于通过直接或间接观察方法的结果，来表征矿块内部缺陷的分布。通常，缺陷的分布与缺陷激活的应力水平有关，用 $n(\sigma)$ 表示单位体积内等于或低于应力 σ 时被激活的缺陷数，于是，破坏前达到槛值应力 σ_c，则标称块度预计为：

$$d \sim n(\sigma_c)^{-\frac{1}{3}} \tag{6-1}$$

通常用双参数的威布尔分布来描述矿块中缺陷的分布：

$$n(\sigma) = k\left(\frac{\sigma}{B}\right)^m \tag{6-2}$$

即缺陷随机地按泊松分布，其频率特征由 n 表征，n 是指在应力等于或低于 σ 时开始扩展的缺陷数。利用方程式（6-1）及式（6-2）就可得到碎块平均尺度与应变率之间的关系。基于 Grady 与 Kipp（1980）提出的模型，碎块尺度为：

$$d = \frac{f(m)}{k^{1/3}}\left(\frac{\varepsilon_0}{c_g k^{1/3}}\right)^{-m/(m+3)} \tag{6-3}$$

其中 c_g 和 k 是断裂参数，ε_0 是应变率，并有：

$$f(m) = \frac{6}{m+2}\left[\frac{8\pi}{(m+1)(m+2)(m+3)}\right]^{-1/(m+3)} \tag{6-4}$$

式中的系数 m 值在 6 ~ 10 之间，因此碎块尺度 d 将随应变率的增大而按幂函数规律减小，其幂在 2/3 ~1 之间。$f(m)$ 是 m 的弱函数，$m=6$ 时为 1.05，$m=10$ 时为 0.69。

综上所述，考虑到应变率与加载率的相互关系，可看出采用较低的加载速率有利于提高破碎产品的成块率、降低破碎过程的过粉碎率。

6.4 分级破碎机主要工作参数的计算

6.4.1 生产率的计算

分级破碎机的处理能力等于其通过能力，即单位时间内通过的物料总体积与其松散密度的乘积。分级破碎机具有强制咬入和强制排出特性，其处理能力同破碎辊转速、长度、入料粒度组成、物料破碎特性、破碎比、破碎齿型等因素有直接关系。

（1）当破碎辊转速一定时，其处理能力取决于破碎辊在运动中咬入物料的能力：破碎齿的几何形状、相邻的前后两个齿以及另一辊面三者间形成的封闭多边形面积。

（2）入料粒度组成也直接影响处理能力。如果其中细粒含量较多，则提高了物料的填充系数，处理能力得到提高。相反，如果入料中大粒度物料含量较多，则会降低填充系数，从而降低处理能力。

（3）破碎比直接影响处理能力。破碎比大时，物料与破碎辊间的啮角大，使得破碎齿啮入物料的效率降低，降低处理能力。相反，破碎比小，物料与破碎辊间的啮角小，使破碎齿啮入更多物料，提高处理能力。

对分级破碎机，破碎机啮入空间如图 6-8 所示。每排破碎齿旋转一周所形成的破碎空间减去破碎齿所占的空间即为物料通过空间。由此得出分级破碎机生产率 Q(t/h) 计算式：

$$Q=60nV_1\rho\mu k$$

$$V_1=z(V_h-mV_0)$$

式中 V_1——两破碎辊转动一圈所形成的通过空间，m^3；

z——两破碎辊共含破碎齿的排数；

V_h——每排破碎齿旋转一周形成的破碎空间体积，m^3；

m——每排破碎齿的齿数；

V_0——每个破碎齿在破碎空间所占体积，m^3；

n——破碎辊转数，r/min；

ρ——物料的密度，t/m^3；

μ——物料松散系数，一般取 0.25 ~0.4；

k——给料不均匀系数，由给料的均匀性、给料矿岩特性、给料粒度及破碎比等因素决定，一般对煤取 0.4 ~0.8。

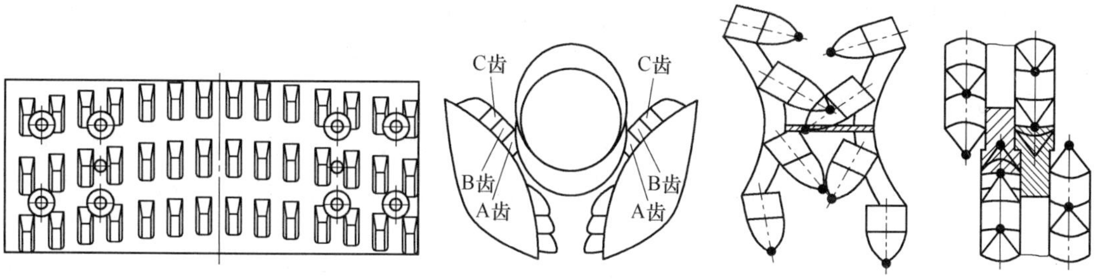

图 6-8 破碎机咬入物料（左）及啮入空间（右）示意图

为提高破碎机生产率，可以提高破碎辊圆周速度，然而圆周速度的提高对物料的咬入起不良影响。若是坚硬物料，咬入物料时的冲击现象也相应增大，需要增加力学强度。破碎辊转速的确定应主要考虑处理能力、过粉碎率要求和入料破碎特性。因分级破碎机对物料强制咬入和强制排出特性，所以一定范围内，其转速同处理能力成正比关系。但转速提高不仅会增加过粉碎率，而且会使破碎齿的磨损率明显加快，降低破碎机的使用寿命。另外，当破碎机输入功率一定时，其转速同扭矩成反比关系。所以，当破碎坚硬物料时，应采用低转速以获得足够的破碎力；在满足处理能力的前提下应尽量降低破碎机转速。

6.4.2 电动机功率的计算

对分级破碎机，根据裂缝假说求得电动机功率 P(kW) 为：

$$P = kW_1\left(\frac{10}{\sqrt{d}} - \frac{10}{\sqrt{D_0}}\right)Q$$

式中 W_1——功指数，kW · h/t；

d——产品质量的80%通过的粒度，μm；

D_0——给料质量的80%通过的粒度，μm；

k——通过实验确定的修正系数，随物料、破碎齿的形状布置而异；

Q——生产率，t/h。

6.4.3 辊子转速

对于分级破碎机线速度一般小于3.5m/s，采用较低线速度主要目的有两个：一是降低过粉碎；二是提高破碎机的使用寿命。因为齿辊线速度越高，其磨损程度越严重，使用寿命越短，致使频繁更换齿辊，不仅增加成本，而且影响生产。

所谓过粉碎，是指破碎过程中产生的小于规定粒度的产品。在工艺效果评定中，通常用细粒增量作为评价指标。细粒增量按下式计算：

$$\Delta = \beta_{-\alpha} - \alpha_{-\alpha}$$

式中 Δ——细粒增量（有效数字取到小数点后第一位），%；

$\beta_{-\alpha}$——排料中的细粒含量，%；

$\alpha_{-\alpha}$——入料中的细粒含量，%。

这里的“细粒”是针对破碎产物粒度而言的：排料粒度要求大于和等于50mm的粗碎，“细粒”是指0～13mm；排料粒度要求小于50mm的中碎和细碎，“细粒”是指0～0.5mm。“细粒”上限定为13mm和0.5mm，主要因为：13mm是我国选煤厂分级入选和脱水分级常用的界限，也是块煤商品煤的常用粒度下限；0.5mm是重选和浮选的界限，小于0.5mm的细粒煤粉的含量是选择选煤工艺和设备选型的依据。

影响块煤过粉碎的原因大致如下：

(1) 齿辊转速：破碎机齿辊的转速越高，冲击力越大，对块煤的冲击破碎就越严重。

(2) 齿环间距：破碎机的齿环间距越小，物料在破碎机中的研磨破碎越严重，磨碎作用越大。

(3) 齿顶到另一齿辊面的距离：破碎机齿辊上齿顶到另一齿辊面距离越小，挤压破碎作用就越严重。

（4）辊齿的形状：在保证辊齿强度的情况下，采用新材料制作的辊齿可使垂直辊轴方向的辊齿形状变窄，从而有利于减少过粉碎。

（5）单齿环的辊齿数目：在保证有效破碎的前提下，辊齿的数目越少越有利于减少冲击破碎，降低过粉碎率。

就分级破碎机而言，一般采用较低线速度，不仅降低了过粉碎，还提高了破碎辊的使用寿命。而且分级破碎机采用全新的破碎理念，应用了“体积压缩”原理，利用剪切力直接作用于矿石上，每个齿辊的破碎齿采用了旋转的布置方式，破碎齿排列像一个旋转的格筛，以最小的能耗使合格的产品不再破碎而顺利通过，而对需要破碎的物料进行破碎，破碎产品的几何三维尺寸都得到控制，产品多呈立方体，过粉碎量少。

另外，破碎产品的粒度受齿与齿之间的间隙控制，破碎后从此间隙以及与侧壁梳形板之间排出，粒度均匀，不会产生过大粒度。并且，在给料中或破碎过程中达到合格粒度的物料在机器中会很快被排出，不会过粉碎。

6.5 分级破碎技术的应用及发展趋势

6.5.1 设备大型化方向发展

目前，煤矿大型化趋势明显，单一矿井生产能力已经达到30Mt/a以上，系统原煤量可达7000t/h左右，而且生产系统流程简化。原煤皮带也由传统的带宽不超过1.4m，带速不超过3.5m/s，发展到现在带宽2m，带速4.5~5m/s，单条皮带运量可达5000t/h。这些都要求有大型分级破碎机与其相配套。

（1）合理的给料方式。一般大型分级破碎设备的选型原则是，齿辊直径与入料粒度和破碎比相关，而处理能力与齿辊长度相关。当处理能力较大时，如果采用过高的齿辊转速就会加大过粉碎的产生、加剧破碎齿的磨损、粉尘量增大，所以在采用合理转速的情况下，为满足处理能力要求，就要增加破碎齿辊长度，一般最长可达4m，而给料皮带即便是平行给料也要小于2m。对于出料粒度大于200mm粗碎过程，因破碎齿较大，通过相应的齿的螺旋布置，对物料沿轴线具有较好的均布作用。而对于出料粒度小于100mm的工作状况，因破碎齿形状和间距变小，破碎齿沿轴线的布料作用会减弱，这就要求采用特殊的溜槽设计或布料器实现沿辊面的均匀布料，以达到处理能力大、过粉碎低的目的。

（2）给料点与破碎齿辊高差的控制。给料点和破碎齿辊面的高度差应在合适的范围内，高度差过大，不但会增加物料特别是大块物料对破碎设备的冲击，加大破碎齿和破碎齿辊轴以及轴承的冲击载荷，造成不必要的设备损害，而且还会加剧物料的过粉碎和粉尘产生，产生更大的系统噪声。高度差过小，既不利于物料沿轴线方向布料，也不利于利用物料下降过程中的势能与齿辊的相对运动实现大块物料的低扭矩破碎。

（3）破碎齿线速度的优化确定。破碎齿线速度是另一个需要优化设计的重要技术参数。加快破碎齿线速度虽然在一定程度上有利于提高设备的通过能力，但会造成过粉碎和齿辊磨损加剧，尤其是有铁器等高强度异物进入破碎机时，会对设备造成严重地冲击破坏。采用较低线速度，根据Griffith的断裂动力学理论有利于实现高成块率和较低的能量消耗，但也要以在合理的齿辊长度情况下满足设备的处理能力为前提。破碎齿线速的选用原则是，在合理的齿辊长度并充分满足设备处理能力的前提下，尽量降低破碎齿的线速度，它是齿辊转速和齿辊直径两个因素的合成。

6.5.2 破碎粒度向增大的方向发展

（1）井工开采。以往煤矿的破碎作业主要分两个粒度阶段，一是井下工作面的原煤中大于300mm 的大粒度通过转载点的通过式单辊或锤式破碎机破碎到300mm 以下才能上井，上井的原煤先经原煤筛，筛下物进选煤厂进行洗选，筛上物进破碎机，破碎完物料与原煤筛下物一起进入选煤厂。目前，大型煤矿井下普遍采用的“综采+放顶煤”开采方式，放顶煤过程中有大量的大粒度产生，尽管有通过式的破碎设备把关，但因其工作原理只能控制高度方向上的一个尺寸，而且在实际生产过程中，因系统运输能力要求较大，刮板链速度又不能过快，必须有较高的料层厚度才能满足运力，环锤或齿辊外径表面与刮板链的间距一般都要大于300mm，所以有大量片状、条状大粒度产生（见图6-9），而这些大块物料中很多都是矸石、岩石等（见图6-10）。这些大粒度物料必须得到有效处理，否则会产生很大危害。第一，安全问题，大粒度物料容易在高速运行的皮带运输中滑落；第二，大块物料会严重损坏流程中的皮带、溜槽、浅槽等相关设备；第三，大块也经常造成系统堵塞，严重影响生产。

图6-9 井工开采的大粒度物料

图6-10 露天矿大粒度产品

目前，国际先进产品对于大块矸石、煤炭等物料的破碎通常采用双齿辊破碎方式。之前，也有部分产品采用单齿辊加可调破碎板方式对大块物料进行破碎，但单辊破碎存在以下缺点：一是从原理上单辊破碎类似于井下通过式齿辊破碎机或锤式破碎机（见图6-11和图6-12）的垂直应用，正如目前井下现状，这种方式不能避免条状、片状超粒度物料的产生，达不到控制大块的目的；二是单辊破碎对物料的啮入能力差，与双辊破碎相比，单辊破碎的啮入角大，不易抓住物料，即便是固定齿板设计成不同的齿型，毕竟是固定齿，离破碎辊远了则超粒，近了又容易挡住物料下行，很难保证超大块物料有好的啮入效果。如果说破碎的大块是煤炭等易碎物料，通过多次翻滚还可通过，但是，以牺牲处理能力、加剧齿部磨损为代价，用这样的方式破碎大块矸石效果就非常糟糕了。

（2）露天开采。露天开采的煤矿，大粒度物料更多，一般需要经过两级或三级破碎过程，最终产品也需要破碎到100mm 或50mm。

图 6-11 锤式通过式破碎机

图 6-12 齿辊式通过式破碎机

6.5.3 可靠性高

6.5.3.1 可靠性高是单系统、高产高效矿井的必然需要

设备运转的高可靠性，是简化流程，实现矿井高产高效运行的根本保证。当前，大型煤矿的工作时间经常是单系统每天 22h 甚至全天运转，一年中很少有充分的检修时间，这就对设备的可靠性有了极为严格和苛刻的要求。分级破碎设备的应用地点都是在最为关键的生产节点上，外加破碎作业所特有的工作环境恶劣、事故易发等特点，对设备的可靠性要求更高。同时，对于大型、重型的机械设备，一旦出现严重故障很难在现场进行修复处理，而工艺流程中的单系统的简化流程决定了一旦设备出现故障意味着整个矿井的生产就要停止，损失是非常大的。

6.5.3.2 使用分级破碎机应注意的问题

（1）做好系统的除铁等杂物的去除工作。安装高强度、高可靠性的除铁、除杂设备，并在不同的节点增设几处除铁环节，尤其是对于高速度、大运输能力、厚料层的皮带运输的除铁问题就显得尤为关键。

（2）做好保养工作。与汽车使用一样，对设备定期进行保养和实时监测与分析判断，防患于未然，定期更换易损件与关键部件。

（3）工艺设计过程注意进出口溜槽。入料溜槽的落差不宜过大，最大限度减少物料对辊的直接冲击。上口溜槽高度适当高一些，以满足人员进入检修。出口溜槽应保证物料均匀给到受料皮带上，保证带载停机后，不会造成过多物料堆积造成撒料或压带事故。

（4）增强自动控制和监测功能。增加自动控制和监测功能，对破碎机关键部件的运行状态进行在线测控。对于电机直接启动时，两齿辊宜错开起车，避免冲击电流过大而造成供电系统跳闸。要有堵转过载保护，破碎腔内进铁器后应及时清理，避免过载运行而出现断轴等重大事故。

6.5.4 高破碎强度

大型煤矿井下普遍采用的“综采＋放顶煤”开采方式，煤层夹层或顶、底板产生大量片状、条状大粒度物料，而这些大块物料中除煤炭以外还有很多矸石、白砂岩、火成岩甚至是玄武岩等坚硬岩石等，抗压强度在160～250MPa左右，这些都要求分级破碎设备具有较高的破碎强度，且保持可靠运转。如果不通过分级破碎粒度把关，而是采用传统原煤预筛分，一方面，这些大块物料对筛面的冲击破坏经常令系统无法正常运行，或者会由于受处理能力制约，通常需采用多台分级筛并列布置来满足生产需要，而采用分级破碎机后，便可直接去除预先筛分设备及手选皮带，既简化工艺，又减少占地、厂房高度和岗位用人，而且提高系统可靠性。

分级破碎机破碎强度的提高，使设备应用范围的扩大，破碎石灰石、氧化铝、无烟煤以及露天矿的铁结核煤等，反过来，这些坚硬物料对破碎齿的强度、耐磨性及可靠性等都是更大的考验。

复习思考题

1. 什么是破碎？选煤厂破碎原煤的目的是什么？选煤厂破碎机械有哪些类型？
2. 衡量破碎工艺效果的指标是什么？
3. 试说明双齿辊破碎机的工作原理并绘出工作原理图。
4. 试说明双齿辊破碎机固定齿辊与可动齿辊间的几种传动方式。
5. 单齿辊破碎机的结构、破碎方式与双齿辊破碎机有何不同？
6. 怎样确定齿辊破碎机的主要参数？
7. 试说明简单摆动式颚式破碎机的工作原理并绘出工作原理图。
8. 复杂摆动式颚式破碎机与简单摆动式颚式破碎机在结构上有何不同？这两种破碎机在运动特征与工作性能上有何差异？
9. 颚式破碎机的工作参数如何确定？
10. 试说明锤式破碎机的基本结构和工作原理。
11. 锤式破碎机的工作参数如何确定？工作参数的变化对破碎机的工作效果有何影响？
12. 反击式破碎机和锤式破碎机在结构上有何不同？
13. 冲击式破碎机的工作特点是什么？
14. 使用滚筒式选择性破碎机的条件是什么？在原煤准备系统中使用选择性破碎机有何重要意义？
15. 如何确定滚筒式选择性破碎机的主要工作参数？
16. 试说明强力分级破碎机的基本结构和工作原理。
17. 强力分级破碎机是如何实现破碎控制的？
18. 习表1-1所列为某选煤厂破碎机入料和排料筛分分析的结果，要求破碎粒度为50mm，试计算破碎效率和细粒增量。

习表1-1 某选煤厂入料及排料筛分分析结果

粒级/mm	入料/%	排料/%
+150	20.60	
150～100	30.31	
100～50	28.49	4.55
50～25	8.47	40.15
25～13	5.23	25.31
13～6	3.26	21.45
6～3	2.78	4.62
3～0	0.86	3.92
合计	100.00	100.00

第2篇　筛分设备

7　筛分设备概述

无论是地下还是露天采矿开采出来的煤炭或矿石，或经过破碎的物料，或是其他工业产品所需的原料，某些颗粒状的工业产品，在未处理前常常是以各种大小不同的颗粒混合在一起的形式存在，有的物料甚至含有很多水分、黏土或其他有用、无用的介质。常常需要分成几种粒度级别或进行脱水、脱介、脱泥。进行上述工作时，常常利用筛分，也就是物料通过筛面过孔分开的过程。筛分所用的机械称为筛分机械。

筛分机械是一种广泛用于将松散物料分为两种或多种粒度级别的设备。在工业应用中，筛孔可以小至0.25～0.5mm；在试验室用的标准筛，其最小筛孔可达0.037mm，一种用电沉析方法制造的特殊筛板，其筛孔甚至可以小至5μm。

筛分一般采用干法。但对于潮湿物料，特别是潮湿并夹带泥质的物料，进行干法筛分很困难，这种物料在筛分时，需要在筛面上喷水，将细粒级及泥质冲洗掉。

7.1　筛分作业分类

在选煤厂，筛分作业是整个工艺过程中的重要环节，广泛应用于原煤准备和产品处理上。筛分作业按用途不同，通常可分为以下几类：

（1）准备筛分。将物料按粒度分为若干个级别，分别将各粒级送入下道工序进行处理，称为准备筛分。例如，在选矿或选煤厂中采用重力、电磁、重介质等方法分选时，要求适合分选方法的粒度范围。因而在分选作业以前，须将物料分成若干粒度级别，然后分别处理，可以提高选矿或选煤指标。

（2）预先筛分。物料进入破碎机之前，将物料中小于破碎机出料粒度的细粒级物料筛分出去，将大于出料粒度的物料送入破碎机进行破碎，这样不仅减少破碎机的负荷，同时减少破碎机的过粉碎现象，这种在破碎机前的筛分称为预先筛分。

（3）检查筛分。从产品中分出粒度不合格产物的筛分称为检查筛分。例如：破碎机破碎后的产品中还存有部分粒度较大的颗粒物料，需要从中分离出来，大于规定的产品粒度，返回破碎机再进行破碎。

（4）最终筛分。将物料按用户要求分成若干粒度级，直接作为出厂商品的筛分。

（5）选择性筛分。当物料中有用成分在各个粒级中的分布有显著差别时，可将有用成分富集的粒级同含有用成分较少的粒级分开，前者作为粗精矿，后者作为尾矿丢弃或送分选工序，这种对有用成分起选择作用的筛分称选择性筛分，也称为“筛选”。例如：有些原煤中，细粒级的煤炭灰分、硫分都较低，能够满足动力用煤的要求，因此原煤细粒筛分就属于选择性筛分。

（6）脱水筛分。指以脱水为目的的筛分，在选煤厂用于选后产品的脱水。

（7）脱泥筛分。指以脱出煤泥为目的的筛分。在选煤厂为了减少高灰分细泥对精煤的污染，在筛分过程中，加喷水冲洗，以脱出部分细泥，这种作用称为脱泥筛分。在重介质选煤厂，为了减轻煤泥对介质系统的污染，在原煤进入重介质分选机之前也要采用脱泥筛分。

（8）脱介筛分。指以脱出重介质为目的的筛分。在重介质选煤厂，对筛面上的精煤、中煤和矸石用喷水进行清洗筛分，使重介质从产品上分离并透筛，这种作业叫脱介筛分。

7.2 筛分顺序分类

对于最终筛分和准备筛分，有时要把物料筛分成两种粒级以上的产品。这就出现了筛分顺序问题，筛分顺序有三种。

（1）由细孔到粗孔的筛分。如图7-1所示，由细孔到粗孔的筛分顺序的优点是：易于检查和更换筛面，筛下便于设仓，运输方便，设备所占高度小。其缺点是全部物料都要通过细孔筛面，细孔筛面磨损快，筛分效率低。

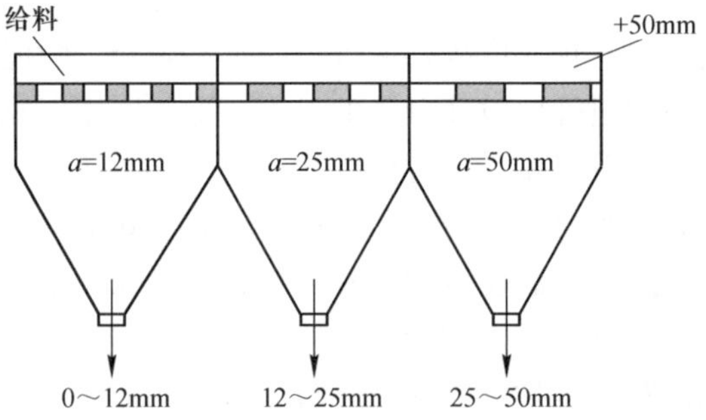

图7-1 由细孔到粗孔的筛分

（2）由粗孔到细孔的筛分。如图7-2所示，将不同筛孔的筛子重叠起来，筛孔大的在上面，越往下则筛孔越小。这种筛分顺序的优点是物料先在大筛孔的筛面上筛分，大孔筛的筛面坚固耐磨，通过几层筛面的分流，使少量细粒级的物料送至小筛孔筛面上，使强度较低的小筛孔筛面不易损坏，这种装置结构紧凑，占地面积小。其缺点是清理和更换下层筛面不方便，在厂房中所占高度较大，而且产物的运输也较困难。

（3）粗孔细孔混合筛分。为了克服上述两种筛序的缺点，保留优点，混合筛序将最容易磨损的小筛孔筛面安排在中等粒级筛面的下部，这样安排便于安装与检修，如图7-3所示。

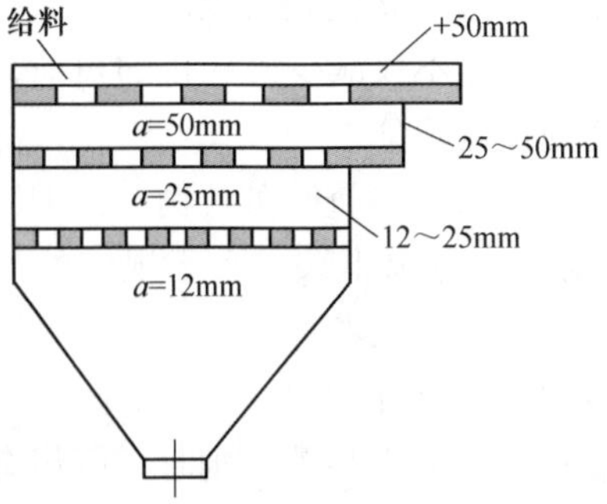

图7-2 由粗孔到细孔的筛分

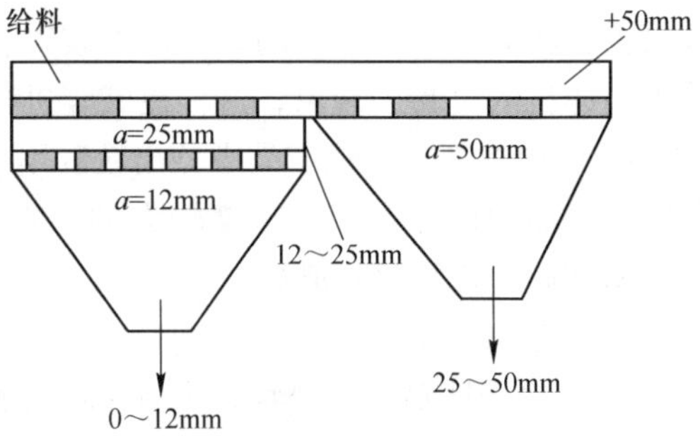

图7-3 粗孔细孔混合筛分

7.3 筛分机械分类

筛分机械的种类繁多，按振动与否分类，有振动筛和固定筛。根据筛面的特殊性分为弛张筛、振网筛、滚轴筛等，根据振动筛参数变化分为高频筛、概率筛、等厚筛等。

一般按筛面的结构形式和运动形式，将其分为以下几种类型：

（1）固定筛。固定筛是最简单、也是最古老的筛分机械，筛面由许多平行排列的筛条构成，排列的方向一般与筛上料流的方向相同。筛面成倾斜安装，工作时固定不动，物料靠自重沿筛面下滑而筛分，倾角可取35°～45°。根据筛缝大小，筛面可采用圆钢、方钢、钢轨或T形断面的型钢。固定筛构造简单，寿命长，无动力消耗，没有运动部件，设备成本和使用成本低，缺点是单位面积处理能力低，筛分效率低，而且安装时要求比较大的落差。所以，固定筛一般只用于分级粒度不小于50mm时的筛分。

弧形筛和旋流筛属于新型固定筛。弧形筛筛面呈圆弧形，筛条与筛上料流方向垂直；旋流筛的筛面是圆锥形，筛条近似与母线平行。它们可用于初步脱水、脱泥或脱介，工作时皆利用矿浆沿筛面运动时产生的离心力强化筛分。

（2）滚筒筛。滚筒筛的筛面为圆柱面或圆锥面筛筒，筛筒的中心轴线装有转轴，当传动装置带动转轴转动时，筛筒也随之回转。圆锥面筛筒水平安装，物料由筛筒小端给入，并随筛筒旋转被带起，当达到一定高度时，因受重力作用自行落下，如此不断起落运动实现物料的筛分。滚筒筛运转平稳可靠，但生产能力低，筛孔易堵塞，筛分效率低。

（3）振动筛。振动筛是目前应用最广泛的筛分机械。在选煤厂的筛分、脱水、脱泥、脱介等生产环节，基本上都是振动筛。

振动筛由筛箱、振动器、传动装置和弹性支撑组成。振动筛是依靠不平衡转子（偏心块或偏心轴）产生的离心力激振筛箱，使筛箱按一定的频率和振幅振动。振动筛的运动特点是频率高、振幅小，物料在筛面上做跳跃运动，生产率和筛分效率都较高。

振动筛按振动频率是否接近或远离共振频率分为共振筛和惯性振动筛。共振筛有结构复杂、调整困难、故障较多等缺点。在筛分作业中，大量使用的是惯性振动筛，一般习惯地简称振动筛。

按筛面工作时运动轨迹的特点，振动筛分为圆运动振动筛（简称圆振动筛）和直线运动振动筛（简称直线振动筛）两大类。圆振动筛由于振动器有一根轴，所以又叫单轴振动筛。直线振动筛振动器由两根轴组成，所以也称双轴振动筛。

（4）特殊筛面筛分机械。有一些筛分机械，筛面具有特殊性，如：弛张筛、螺旋滚轴筛、旋转概率筛、变幅筛、圆筒离心筛以及用于粗煤泥回收的旋流筛、电磁筛。

（5）特性筛分机械。为了提高筛分效果，利用惯性振动原理，改变筛面层数、倾角、频率等参数，来得到较好的筛分效果的筛分机械。以其主要特点命名的筛分机械，如直线振动概率筛、高频筛、等厚筛等，其振动原理均属于惯性直线振动筛。

8 惯性振动筛

目前，在振动筛中应用最为广泛的是惯性振动筛，在此主要讲述圆振动筛和直线振动筛。惯性振动筛一般由激振器、筛箱、隔振弹簧、传动装置、电动机等部分组成，如图8-1所示。激振器是产生激振力的装置，激振器安装在筛箱上，在激振器的作用下筛面随筛箱一起产生圆、椭圆或直线轨迹的往复振动，筛面上的物料不断地从入料端向出料端运动，并且与筛面筛孔进行比较，小于筛孔的颗粒透过筛面，大于筛孔的颗粒从筛面的出料端排出。隔振弹簧安装在筛箱和基础之间，用于减轻振动对基础的动负荷；传动装置位于激振器与驱动装置之间，用于传递动力；电动机为激振器的运转提供动力。

图8-1 惯性振动筛结构图

8.1 圆振动筛

圆振动筛结构较为简单、造价低、维修工作量少。圆振动筛适用于粗粒级筛分。在选煤厂中，多用于手选前的块煤准备筛分，也用于煤炭的分级。

具有圆形振动轨迹的惯性振动筛称为圆振动筛，这种惯性振动筛大多数是由一根旋转轴带动偏心质量产生激振力，所以又称单轴振动筛（在大型圆振动筛中，单轴激振力不够时，用双轴激振器，此时，用同步带使两轴同向等速转动）。其安装方式分为座式和吊式两种。激振器与筛箱重心之间的相对位置决定筛机的运动轨迹，激振器安装位置大致分为三种，安装在重心、重心之上和重心之下。只有激振器与筛箱重心重合，筛箱各处的振动轨迹相同且为圆形，否则，筛箱各点运动轨迹都不相同，重心处为圆，其余处轨迹是椭圆。

8.1.1 典型圆振动筛

8.1.1.1 YK系列圆振动筛

YK系列圆振动筛是以德国USK型振动筛为基础而设计的一种圆振动筛，Y表示圆运动，K代表块偏心。其安装方式分为吊式安装和座式安装，如图8-2所示，为圆振动筛的座式安装。其主要结构特点是传动部分由电动机经三角皮带、皮带轮、轴承座和瓣形联轴器带动激振器，使筛箱振动。通过改变皮带轮直径可以调整振动筛的振动频率，通过瓣形联轴器将振动的筛箱与固定的传动系统隔离，传动系统避免了受筛箱振动的影响。另外，与传统的 YA 型圆振动筛比较，皮带轮中心距不变，避免了皮带轮中心距的变化造成皮带时松时紧，引起的疲劳破坏。

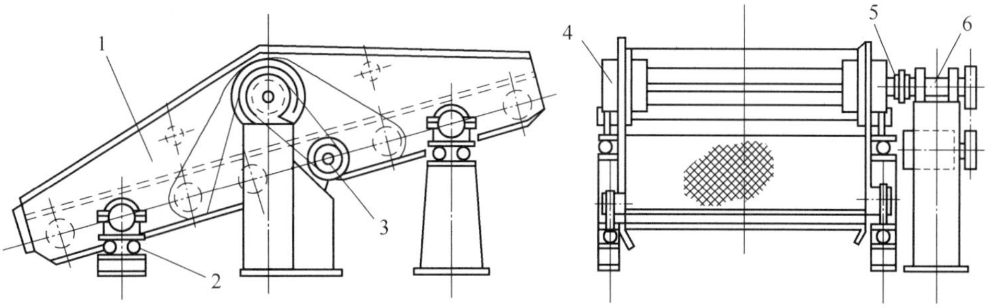

图 8-2 YK 系列圆振动筛

1—筛箱；2—弹簧；3—电机；4—激振器；5—瓣形联轴器；6—轴承座

瓣形联轴器的轴向和径向刚度均很小，使固定的轴承座与振动筛很好地隔离开，在旋转方向上有较大的刚度，因而能很好地将扭矩传递给激振器，如图 8-3 所示。

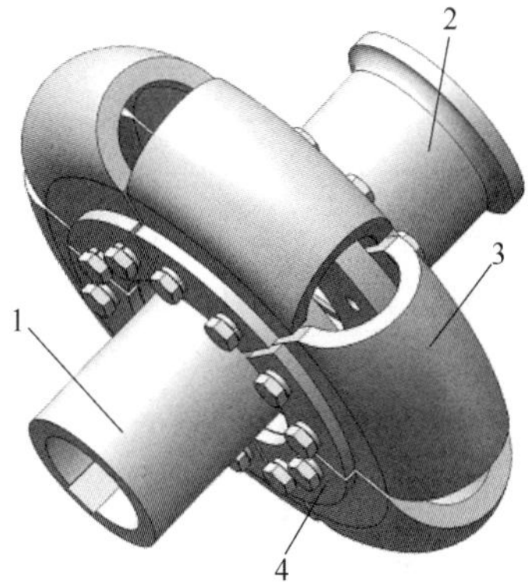

图 8-3 瓣形联轴器

YK 系列圆振动筛采用的是筛帮式块偏心激振器，如图 8-4 所示，该激振器有轴承座、滚动轴承、偏心块、配重块、注油杯和防护罩等组成，安装上不同的配重块可以改变激振力的大小，从而改变振动筛的振幅。

这种形式的激振器轴承采用干油润滑，非接触式迷宫密封。因此，结构简单，便于安装、制造与维护。激振器采用瓣形联轴器或万向联轴节传递动力，激振器直接安装在筛箱两侧板上，用中间轴通过挠性盘连接，侧板两端的偏心块就会同相位转动，形成圆激振力。由于偏心块对称侧帮安装，因此，侧帮受力状况较好。

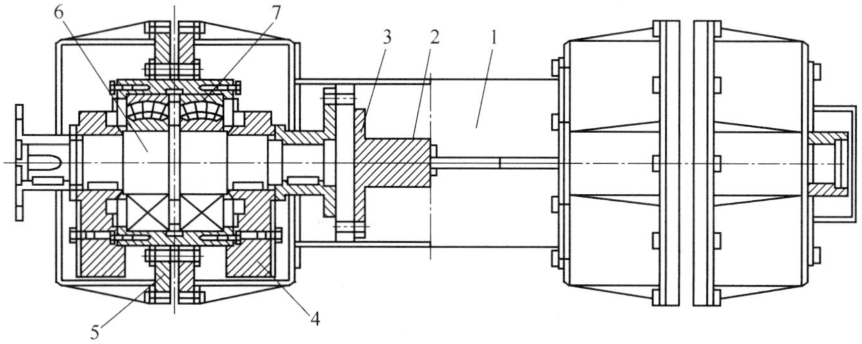

图 8-4 筛帮式块偏心激振器

1—安全罩；2—中间轴；3—挠性盘；4—偏心块；5—轴承座；6—轴；7—轴承

8.1.1.2 YA系列圆振动筛

YA系列圆振动筛传动方式和激振器与YK系列不同，如图8-5所示。电机通过三角带、皮带轮驱动激振器旋转，大皮带轮与激振器相连，跟随筛机一起振动，所以，三角带不断地伸缩，尤其是通过筛机共振区时，伸缩量更大。

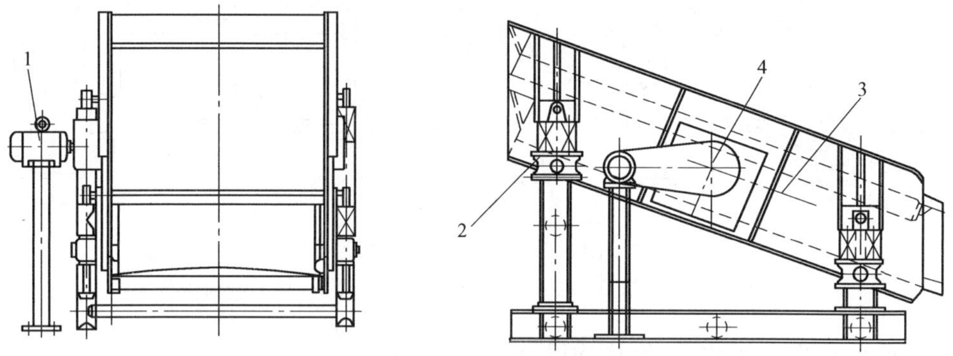

图8-5 YA系列圆振动筛

1—电动机；2—支承弹簧；3—筛箱；4—皮带轮

如图8-6所示，YA系列圆振动筛激振器是轴偏心式激振器，中间是一个圆筒，两端与筛箱侧帮相连，里面是一根偏心轴，由于轴的长度长，所以与偏心块比较，其偏心距较小，两端各有一盘轴承，轴承外面是大皮带轮，另一侧是飞轮，皮带轮和飞轮内部装有偏心块，用于调整振幅。

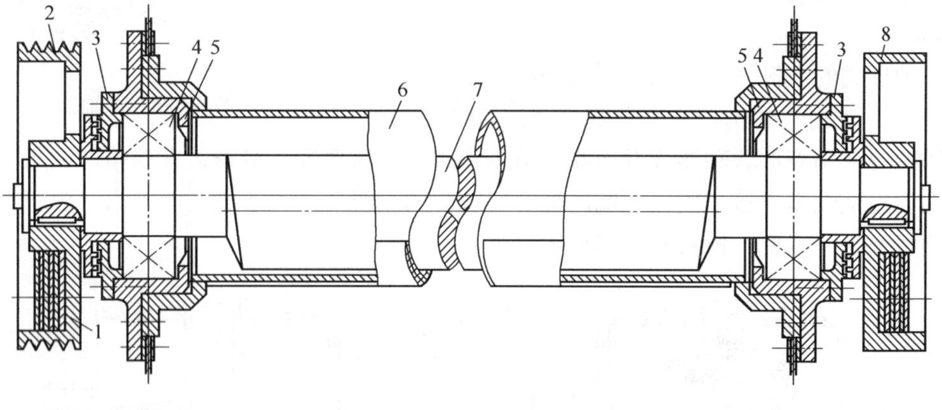

图8-6 轴偏心式激振器

1—偏心块；2—皮带轮；3—轴承端盖；4—滚动轴承；

5—轴承座；6—防护筒；7—偏心轴；8—飞轮

该激振器一般位于单层筛面下部中间或双层筛面之间，轴偏心式激振器与筛帮式块偏心激振器相比较，径向尺寸小，可以与上层筛面布置的距离较近，所以激振器旋转中心可以与筛箱重心重合或接近，其运动轨迹为圆形或接近圆形。偏心块的增减比较方便，激振力的调整比较容易，整体刚度大。

与块偏心激振器相比，轴偏心式激振器要求侧帮两侧轴承座孔的同轴度较高；重量较重，成本高。其缺点是：只有两盘轴承，是块偏心轴承数量的一半，因此，轴承寿命低。

8.1.2 圆振动筛工作原理

由于圆振动筛的筛箱作圆形（或近似于圆形）运动，该运动的输送物料能力差，因此，筛面的倾角大，洗煤厂用圆振动筛的筛面倾角一般采用15°~20°。

根据激振器原理的不同，圆振动筛可分为自定中心式圆振动筛和简单惯性式圆振动筛两种。

8.1.2.1 自定中心式圆振动筛

所谓自定中心，是指振动筛工作时，筛箱上传动皮带轮的中心线所在的空间位置不变，即筛箱上皮带轮旋转中心不与筛箱一起振动。根据激振器结构的不同，这种圆振动筛可分为轴偏心式和皮带轮偏心式两种类型。

(1) 轴偏心式自定中心振动筛。轴偏心式自定中心振动筛的工作原理如图8-7所示。筛箱1用4根弹簧吊杆2吊挂在机架或楼板上，该筛子的激振器主轴4是偏心轴，通过轴承3与筛箱连接。偏心轴两端安有飞轮和皮带轮5，其上固定有不平衡配重6。

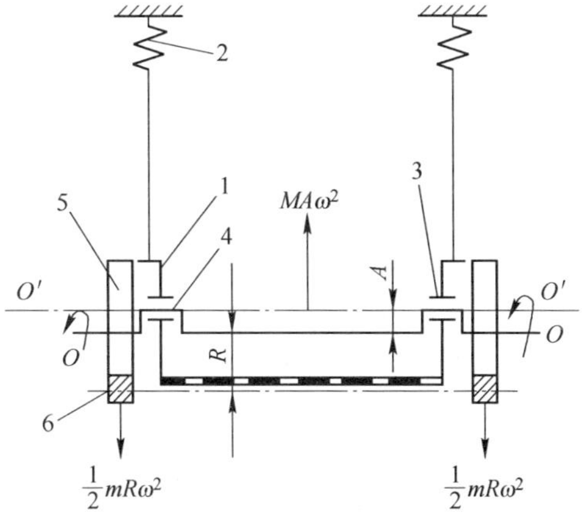

图8-7 轴偏心式圆振动筛工作原理

1—筛箱；2—弹簧吊杆；3—轴承；4—主轴；5—不平衡重轮；6—配重

在远共振状态下，可以忽略弹簧力和阻尼力，工作时，筛箱和不平衡配重各自产生圆运动的离心惯性力，两个离心惯性力的大小相等、方向相反，二力平衡。如果使偏心轴的偏心距等于筛子的振幅A，就能使筛子绕OO做半径为A的圆运动，不平衡质量也绕OO回转，而且，轴线OO固定不动。轴偏心式自定中心振动筛满足：轴的偏心距等于筛箱振幅，即$e=A$；筛箱惯性力等于偏心块的惯性力，即$MA\omega^2 = mR\omega^2$。

(2) 皮带轮偏心式自定中心振动筛。皮带轮偏心式自定中心振动筛的工作原理如图8-8所示。这种筛子的主轴没有偏心，皮带轮安装轴的孔与皮带轮中心不同心，具有一定的偏心距，并且轴孔中心处于配重的对面。因此，主轴的中心线与皮带轮的中心线不在一根轴线上。从图中可见，OO为皮带轮的中心线，$O'O'$为主轴的中心线。当筛子工作时，皮带轮绕本身中心线OO回转，半径为R，筛箱及主轴也绕着OO回转，半径为A。筛箱和不平衡重块产生大小相等、方向相反的离心惯性力，并且使皮带轮轴孔的偏心距等于筛箱振幅A。当满足这些条件时，就能达到皮带轮中心线OO在空间的位置不变。皮带轮偏心式自定中心振

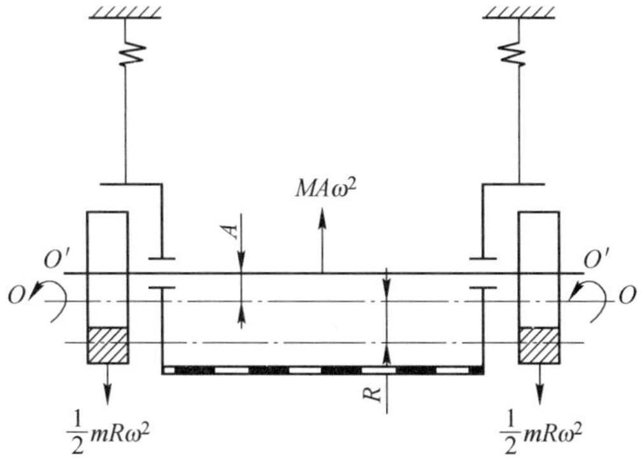

图8-8 皮带轮偏心式自定中心振动筛

动筛也满足两个条件：皮带轮的偏心距等于筛箱振幅，即 $e=A$；筛箱惯性力等于偏心块的惯性力，即 $MA\omega^2=mR\omega^2$。

从上述原理可见，要使振动筛工作时能自定中心，就需要恰当地调整激振器的不平衡重的质量。理论上自定中心振动筛，在正常工作时三角皮带没有伸缩。实际上，筛机皮带轮处振动轨迹不一定是标准圆形，三角带也有少量的伸缩，并且在共振时存在较大的伸缩。

比较上述两种形式，皮带轮偏心式加工简单，所以，自定中心式圆振动筛一般采用这种结构形式。

8.1.2.2 简单惯性式圆振动筛

自定中心式圆振动筛筛箱的振动是由不平衡重和偏心皮带轮或偏心轴的综合作用而形成的。简单惯性式的圆振动筛筛箱的振动纯粹是由于不平衡重的惯性作用所造成的。简单惯性式圆振动筛的工作原理，如图8-9所示。在这种筛子中，主轴的飞轮上装有不平衡重。当主轴转动时，不平衡重所产生的激振力使筛箱轴线 OO 回转时，筛箱回转的离心力与不平衡重所产生的离心力平衡。根据上述原理，在筛子工作时，主轴中心线的空间位置是变化的，它绕假想轴线 OO 转动，它的回转半径实际上就是筛子的振幅。偏心块的激振力与筛箱的惯性力相平衡：

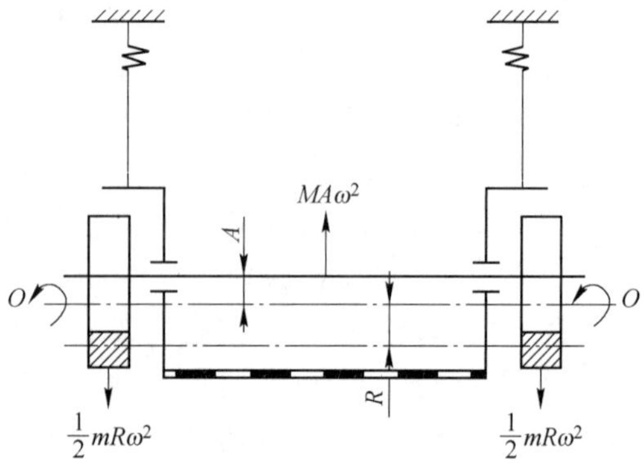

图8-9 简单惯性式圆振动筛的工作原理

$$m(R-A)\omega^2 = MA\omega^2$$

一般地，偏心块的偏心半径 R 远大于振幅 A，$mR\omega^2 \approx MA\omega^2$。

8.1.3 圆振动筛面运动轨迹

（1）当激振器轴心与筛箱重心重合时，筛机上各点的运动轨迹都是圆运动，振动筛为平动筛。当筛机为双层筛面时，激振器安装在两层之间的中部，轴心位于筛箱质心附近，筛机上各点的轨迹近似为圆。

（2）当激振器轴心不在筛箱的质心处，筛机的质心处仍为圆运动，筛机的运动是复合运动，筛机运动是随质心平动和绕质心转动的合成，质心处的振幅与偏心块的大小成正比，而转动的大小不仅与偏心块大小成正比，而且与激振器到筛箱质心的距离也成正比。也就是说，当筛箱质心处振幅确定后，希望前后振幅差大，就让激振器远离筛箱质心，反之，激振器就靠近筛箱质心。

单层圆运动筛，无论激振器在筛面之上还是筛面之下，激振器距离筛箱质心都比较远。激振器在筛箱质心上方时，如图8-10所示，筛箱质心处为圆运动，由于转动的存在，筛机其他处为椭圆运动。对于我们感兴趣的筛面来说，筛面中部为近似圆运动，两端为椭圆运动，并且，入料端椭圆长轴与筛面的夹角成锐角，而出料端则成钝角。两椭圆长轴形成“八”字，俗称正八字。

正八字的振动筛，在入料端椭圆运动轨迹的切线方向，也就是物料被抛射的方向与筛面之间的夹角为锐角，所以入料会被快速铺开。出料端椭圆的切线方向与筛面夹角为钝角，筛面将物料往回抛射，所以这种圆振动筛必须大倾角安装，否则，物料不会跳离筛面，安装倾角为15°~18°。相比较而言，入料端物料运行速度快，出料端物料运行速度慢，能够实现等厚筛分，使筛子具有较好的工艺效果和较大的处理能力，因而应用比较广泛。

（3）如图8-11所示，当激振器轴心线在筛箱质心下方时，筛箱两端椭圆运动轨迹的长轴延长线在筛箱下方相交，形成倒八字，相当于把正八字的振动筛翻过来使用，筛箱入料端减缓物料的向前运动，使入料堆成一堆不能快速铺开，筛箱排料端使物料运动加速，减少了难筛颗粒的透筛时间，有些小颗粒物料可能快速通过筛面而不透筛。其优点是容易监测、更换和清理筛面。

一般情况下，为了入料端物料的快速铺开，采用筛面倾角加大的办法，正八字振动筛的筛面倾角为20°左右。

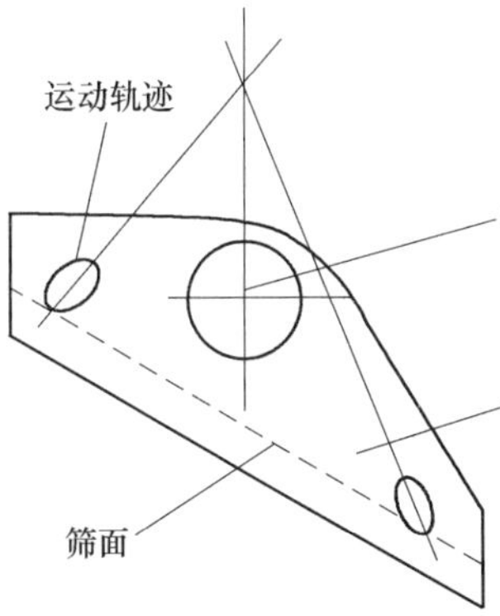

图8-10　激振器置于筛机质心上方

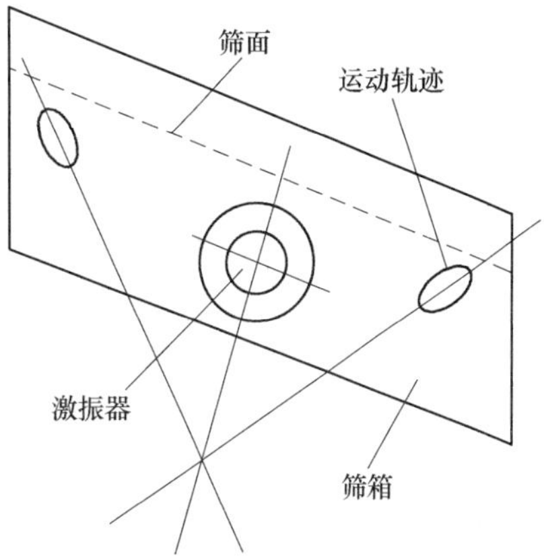

图8-11　激振器置于筛机质心的下方

8.1.4　物料在圆振动筛筛面上的运动

物料在筛面上的运动有三种形式，静止、滑动和跳动，静止无法完成连续的筛分作业，滑动使筛面磨损较快。一般地，为了完成筛分作业，又不使筛面磨损严重，物料在筛面上跳动为宜。

如图8-12所示，筛面作圆运动，筛面上一个颗粒的受力情况。设筛面EE'作半径（振幅）为A、角速度为ω的圆形运动，筛面倾角为α，筛面旋转角度为φ。

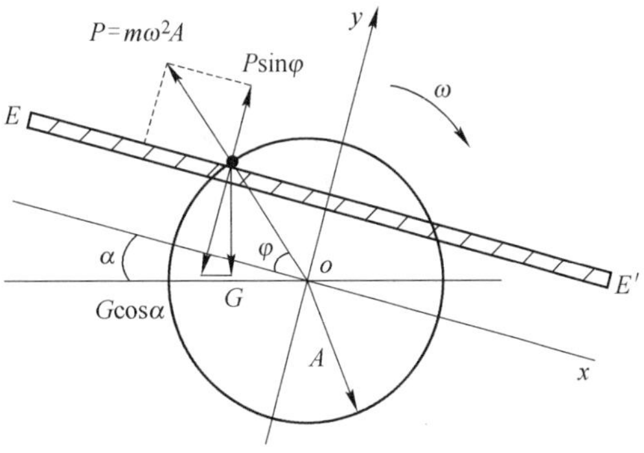

图8-12　颗粒在筛面上运动的受力分析

当颗粒与筛面一起运动时，它在筛面上

受作用力有：颗粒本身的重力 G、颗粒随筛面作圆形运动所产生的离心力 P 和筛面对颗粒的支持力及摩擦力。

P 的大小为：

$$P = \frac{G}{g}A\omega^2 \tag{8-1}$$

方向沿圆的半径向外。

颗粒脱离筛面产生抛射的极限条件是筛面对颗粒支持力等于0，也就是：

$$P\sin\varphi = G\cos\alpha \tag{8-2}$$

由于 $\omega = 2\pi\frac{n}{60}$，代入上式整理后，得到颗粒产生抛射运动时要求筛面达到的转数。

$$n = 30\sqrt{\frac{g\cos\alpha}{\pi^2 A\sin\varphi}} \tag{8-3}$$

式中，φ 是筛面运动的相位角，由于颗粒在这点上脱离筛面，所以这个角度又称为脱离角。颗粒的抛射角，就是圆的切线与筛面之间的夹角 $\beta = 90° - \varphi$。当其他条件一定时，由式（8-3）知，φ 的大小随筛面运动的转数 n 而变，换句话说，抛射角 β 取决于筛面转数。

从式（8-3）可知，当 $\sin\varphi = 1$，即 $\varphi = 90°$时，颗粒产生抛射运动所要求的转数最低，这个转数是：

$$n_{\min} = 30\sqrt{\frac{g\cos\alpha}{\pi^2 A}} \tag{8-4}$$

显然，筛子在这个转速下工作，并不是最有利的工作条件。因为当脱离角为 90°时，颗粒的抛射角为 0°，颗粒离开筛面以后，是以近似为 ωA 的切线速度向前移动的，如图 8-13 所示，由于抛射角很小，颗粒被抛射得并不高，物料不易松散和透筛。为了使颗粒抛射得较高，脱离角应当在 $\varphi < 90°$的范围内，当然，脱离角 φ 越小，抛射角 β 越大，使颗粒抛起来所需的转速也越高。

为了提高筛子的筛分效率，我们希望颗粒跳动一次筛面振动一次，这样，筛面每振动一次，颗粒就与筛孔比较一次，颗粒与筛面又没有滑动对筛面的磨损，这个脱离角就是最有利的脱离角。

如图 8-14 所示，进一步讨论最有利的脱离角的大小。设颗粒脱离筛面作抛射时正处

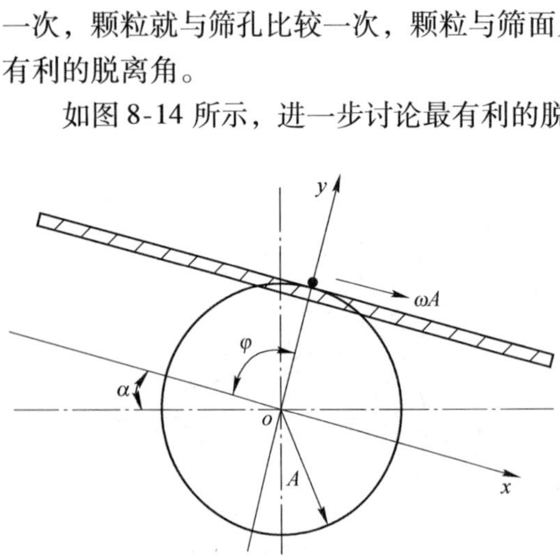

图 8-13　当 $\varphi = 90°$时颗粒的抛射运动

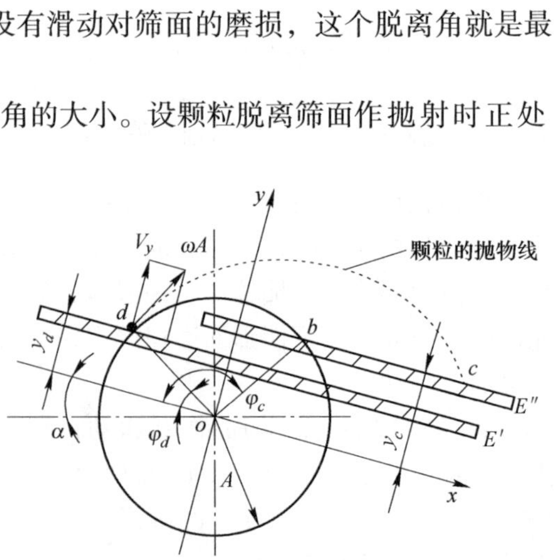

图 8-14　颗粒的抛射运动

于 d 点处，此时脱离角为 φ_d，而筛面处在 dE' 的位置。颗粒在 d 点具有切线速度 ωA，它在 y 方向的分速度为：

$$V_y = \omega A\cos\varphi_d \tag{8-5}$$

根据式（8-2），颗粒在 d 点脱离筛面时，应满足下列条件：

$$P\sin\varphi_d = G\cos\alpha$$

或

$$\omega^2 A\sin\varphi_d = g\cos\alpha \tag{8-6}$$

颗粒离开 d 点以后，沿抛物线 dc 运动，并与筛面相遇于 c，当颗粒与筛面相遇时，筛面的位置已由 dE' 转移到 bE''，筛面上的 d 点已转移到 b 点，筛面回转到 b 点的相位角为 φ_b。筛面从 d 转到 b 时，相位角改变 $\varphi_b - \varphi_d$，这个角度称为跳跃角 δ，即：

$$\delta = \varphi_b - \varphi_d \tag{8-7}$$

设颗粒从 d 点到 c 点的抛射时间以 t 表示，则：

$$t = \frac{\delta}{\omega} = \frac{\varphi_b - \varphi_d}{\omega} \tag{8-8}$$

以 xy 为坐标，则点 c 的纵坐标为：

$$y_c = y_d + \omega At\cos\varphi_d - \frac{1}{2}gt^2\cos\alpha \tag{8-9}$$

从图 8-14 中可见，$y_d = A\sin\varphi_d$，将式（8-6）$g\cos\alpha = \omega^2 A\sin\varphi_d$，$t = \dfrac{\delta}{\omega}$ 代入上式，整理后得：

$$y_c = A\sin\varphi_d + A\delta\cos\varphi_d - \frac{1}{2}A\delta^2\sin\varphi_d \tag{8-10}$$

当颗粒重新落到筛面上时，筛面的 d 点也移到 b 点的位置，它的纵坐标为：

$$y_b = A\sin\varphi_b = A\sin(\varphi_d + \delta) \tag{8-11}$$

又因为 $y_b = y_c$，所以，$A\sin(\varphi_d + \delta) = A\sin\varphi_d + A\delta\cos\varphi_d - \dfrac{1}{2}A\delta^2\sin\varphi_d$，化简后得：

$$\tan\varphi_d = \frac{\delta - \sin\delta}{\dfrac{\delta^2}{2} - (1 - \cos\delta)} \tag{8-12}$$

当颗粒抛射时间恰等于筛面回转一周的时间时，跳跃角 δ 应为 360°，将这个数值代入式（8-10），得：

$$\tan\varphi_d = \frac{2\pi - \sin360^\circ}{\dfrac{(2\pi)^2}{2} - (1 - \cos360^\circ)} = \frac{1}{\pi} \approx 0.318 \tag{8-13}$$

$$\varphi_d = 17^\circ 40'$$

根据上述原理，$\varphi_d = 17^\circ 40'$ 是最有利的脱离角，如果将这个数值代入式（8-3），则可以求出此时筛子的转速应为：

$$n = 54\sqrt{\frac{g\cos\alpha}{\pi^2 A}} \tag{8-14}$$

这是圆振动筛转数的一个上限，称为第一临界转数。在这个转数下，颗粒的抛射高度较大，物料层易于松散，有利于提高筛分效果。但筛子一般不宜超过这个转数，否则当颗粒抛射时间大于筛面振动一次的时间时，振动就会出现无效功，从而降低筛子的效率。

所以筛子的实际工作转数应在第一临界转数以内。根据经验，工作转数可取：

$$30\sqrt{\frac{g\cos\alpha}{\pi^2 A}} < n < 54\sqrt{\frac{g\cos\alpha}{\pi^2 A}} \tag{8-15}$$

圆振动筛的转动方向对筛子工作有一定影响，当筛子顺向回转时，抛射角向前，物料向前斜向抛射，运动速度大，处理量大。当筛子逆向回转时，抛射角向后，物料向后斜向抛射，运动速度慢，处理量小，但筛分效率可能有所提高。目前选煤厂使用的圆振动筛一般采用顺向回转，很少采用逆向回转。

在第一临界转速下，物料沿筛面的抛射速度为：$V_x = \omega A\cos\beta = \omega A\sin\varphi_d$，颗粒飞行时间为一个周期 $T = \dfrac{2\pi}{\omega}$，筛面又回到了初始位置，物料沿筛面运行的距离为：

$$x = \omega A\sin\varphi_d \frac{2\pi}{\omega} + \frac{1}{2}g\sin\alpha\left(\frac{2\pi}{\omega}\right)^2$$

物料沿筛面运动的平均速度为：

$$v = \frac{x}{T} = \omega A\sin\varphi_d + \frac{1}{2}g\sin\alpha\frac{2\pi}{\omega}$$

根据式（8-6），有：

$$\omega^2 A\sin\varphi_d = g\cos\alpha$$

$$v = \omega A\sin\varphi_d(1 + \pi\tan\alpha)$$

8.1.5 惯性圆振动筛动力学

如图 8-15 所示是激振器通过筛箱质心的单轴振动筛的简化力学模型。偏心质量为 m_0，偏心距为 r，旋转速度为 n(r/min)，$\omega = \dfrac{\pi n}{30}$（rad/s），方向为逆时针，产生的离心惯性力为 $F_0 = m_0\omega^2 r$。

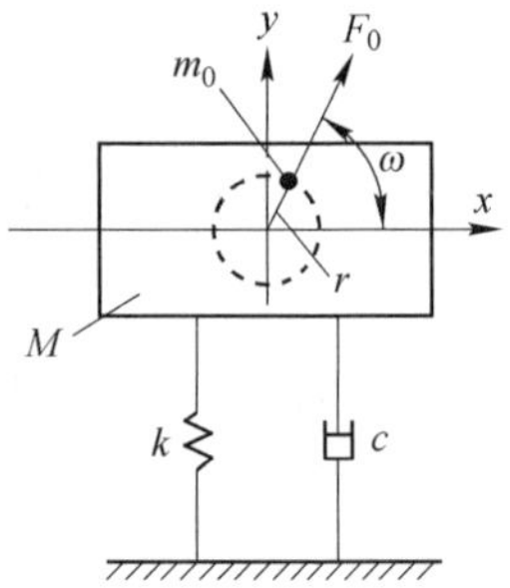

图 8-15 圆振动筛力学模型

如图所示建立坐标系，在 x、y 方向上进行分解得：

$$F_x = m_0\omega^2 r\cos\omega t$$

$$F_y = m_0\omega^2 r\sin\omega t$$

M 为参振质量，$M = m + K_m m_m$，K_m 为物料结合系数，则系统的振动微分方程为：

$$\begin{cases} M\ddot{x} + c_x\dot{x} + k_x x = m_0\omega^2 r\cos\omega t \\ M\ddot{y} + c_y\dot{y} + k_y y = m_0\omega^2 r\sin\omega t \end{cases}$$

或

$$\begin{cases} \ddot{x} + 2\xi_x\omega_{nx}\dot{x} + \omega_{nx}^2 x = \dfrac{m_0\omega^2 r}{M}\cos\omega t \\ \ddot{y} + 2\xi_y\omega_{ny}\dot{y} + \omega_{ny}^2 y = \dfrac{m_0\omega^2 r}{M}\sin\omega t \end{cases} \tag{8-16}$$

其中，c_x、c_y 称为 x、y 方向的阻尼系数；k_x、k_y 称为 x、y 方向的弹簧刚度；$\xi_x = \dfrac{c_x}{2M\omega_{nx}}$、$\xi_y = \dfrac{c_y}{2M\omega_{ny}}$，称为 x、y 方向的阻尼比；$\omega_{nx} = \sqrt{\dfrac{k_x}{M}}$、$\omega_{ny} = \sqrt{\dfrac{k_y}{M}}$，称为 x、y 方向的固有频率。

这两个方程为二阶常系数非齐次线性微分方程，其解由通解和特解两部分组成；在筛机启动运行一定时间后，通解就趋于0而只有特解。

设特解为：

$$\begin{cases} x = A_x\cos(\omega t - \varphi_x) \\ y = A_y\sin(\omega t - \varphi_y) \end{cases} \tag{8-17}$$

A_x 、A_y 为 x 、y 方向的振幅，φ_x 、φ_y 为振动位移与激振力的相位差。

将式（8-17）分别求一阶、二阶导数，代入式（8-16）中得：

$$\begin{cases} A_x = \dfrac{m_0 r}{M} \cdot \dfrac{z_{0x}^2}{\sqrt{(1 - z_{0x}^2)^2 + (2\xi_x z_{0x})^2}} \\ A_y = \dfrac{m_0 r}{M} \cdot \dfrac{z_{0y}^2}{\sqrt{(1 - z_{0y}^2)^2 + (2\xi_y z_{0y})^2}} \end{cases} \tag{8-18}$$

$$\begin{cases} \varphi_x = \tan^{-1} \dfrac{2\xi_x z_{0x}}{1 - z_{0x}^2} \\ \varphi_y = \tan^{-1} \dfrac{2\xi_y z_{0y}}{1 - z_{0y}^2} \end{cases} \tag{8-19}$$

其中，$z_{0x} = \dfrac{\omega}{\omega_{nx}}$、$z_{0y} = \dfrac{\omega}{\omega_{ny}}$ 称为频率比。

由式（8-18）可见，振幅 A_x 、A_y 与偏心质量 m_0 和偏心距 r 的乘积成正比。方程组式（8-18）中，两个公式中，只是下标不同，分别表示 x、y 方向的振幅，具有相同的属性，可以用一个式子表示。

令

$$\beta = \frac{z_0^2}{\sqrt{(1 - z_0^2)^2 + (2\xi z_0)^2}} \tag{8-20}$$

以 β 为纵坐标，以 z_0 为横坐标，作出如下代表 x 、y 两个方向的幅频特性曲线，如图8-16所示。

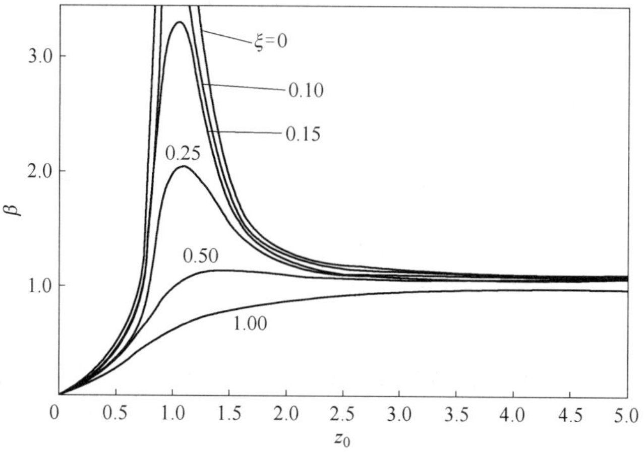

图 8-16 幅频特性曲线

同理，令 $\varphi=\tan^{-1}\dfrac{2\xi z_0}{1-z_0^2}$，可作出代表 x、y 两个方向的相频特性曲线，如图 8-17 所示。

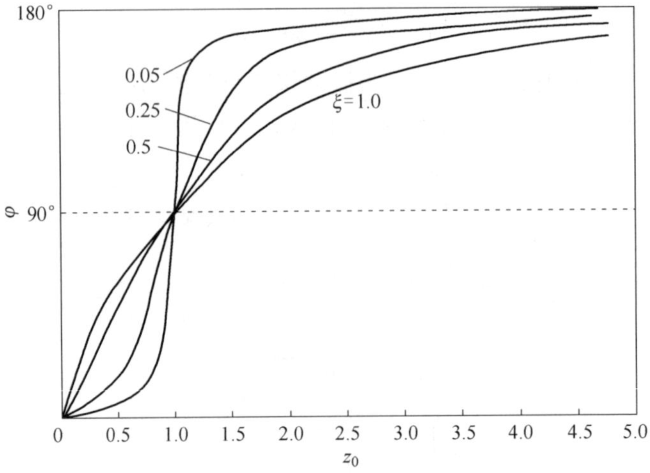

图 8-17 相频特性曲线

从图 8-16 和图 8-17 中可以看出，当 $z_0>3$ 时，$\beta_x\approx\beta_y\approx\beta\approx1$，因此 $A_x\approx A_y\approx A\approx\dfrac{m_0r}{M}$；由于 ξ_x、ξ_y 很小，$\varphi_x\approx\varphi_y\approx\varphi\approx180°$。有 $\begin{cases}x\approx-A\cos\omega t\\y\approx-A\sin\omega t\end{cases}$，所以 $x^2+y^2\approx A^2$，这是一个圆的方程，说明其振动轨迹为圆形。

8.2 直线振动筛

具有直线运动轨迹的惯性振动筛为惯性直线振动筛，简称直线振动筛。直线振动筛是目前我国矿山、冶金、电力等行业使用最为广泛的一种振动筛。由于筛箱振动的轨迹是直线或接近直线，所以称为直线振动筛。直线振动筛一般是由两根反向旋转轴带动偏心质量产生激振力，所以又称双轴振动筛。其安装方式分为吊式安装和座式安装。

8.2.1 典型直线振动筛

8.2.1.1 ZKX 系列直线振动筛

如图 8-18 所示，ZKX 系列直线振动筛采用箱式激振器，振动筛较小时用一个激振器，振动筛较大时，用两个激振器，两个激振器的轴与同一个皮带轮连接，电机通过三角带驱动皮带轮。

底架边梁由两个背对背的槽钢焊接或铆接而成，中间用钢管连接形成四方框架结构，弹簧底座就安装在该槽钢上，通过四组弹簧支撑筛箱。从底部框架槽钢的中间，用两根钢管组成三角形支架，支撑横梁，横梁上焊接有电机底座，电机安装在该横梁的底座上。

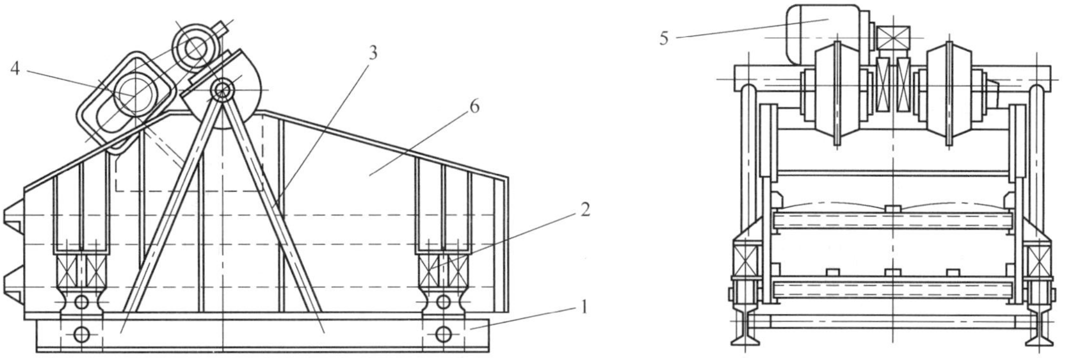

图 8-18 ZKX 系列直线振动筛

1—底架；2—支承弹簧；3—支架；4—箱式激振器；5—电动机；6—筛箱

为了减小筛箱的横向摆动，在固定的弹簧底座与振动的筛箱之间安装横向弹簧装置，如图 8-19 所示，通过拧紧或松开调整螺栓，可以调整弹簧对筛箱的压紧力。弹簧力调整合适后，可以控制振动筛的横向摆动，尤其是筛机启动和停止时，效果比较明显。

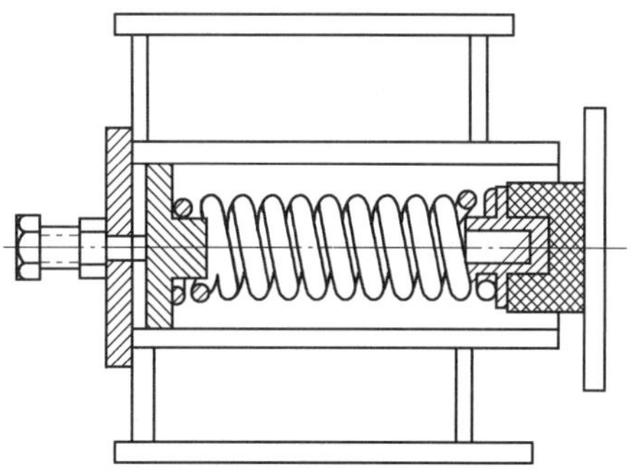

图 8-19 横向弹簧装置

8.2.1.2 ZSM 系列直线振动筛

ZSM 系列直线振动筛的结构如图 8-20 所示，筛箱由四组弹簧支承，弹簧上座为铰链式，套在筛框中伸出侧板之外的轴头上，通过改变弹簧底座的高度，来调整筛箱的安装倾角。

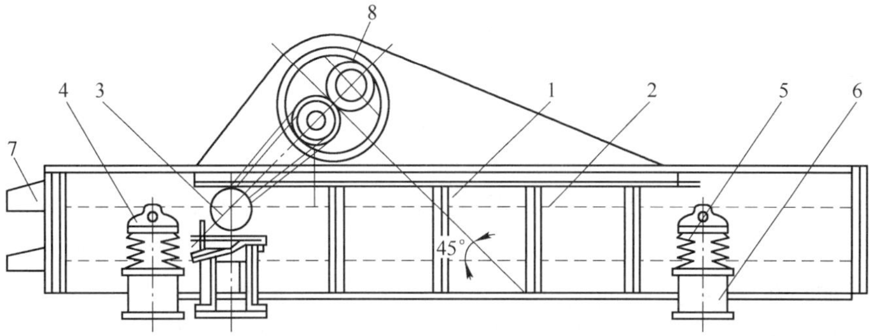

图 8-20 ZSM 系列直线振动筛

1—筛箱；2—筛面；3—电动机；4—弹簧上座；5—弹簧；6—弹簧下座；7—出料嘴；8—激振器

该振动筛采用筒式激振器，如图 8-21 所示。在圆筒形外壳 1 上装有轴承座 9，两根偏心轴 3、4 通过一对轴承 5 安装在轴承座上。皮带轮 8 带动主动偏心轴 3 并经齿轮 6 使从动偏心轴 4 作反向同步回转，从而产生定向的激振力。在齿轮防护罩内装润滑油，用以润滑齿轮和同侧的滚动轴承。皮带轮侧的轴承采用润滑脂润滑，激振器通过螺栓固定在筛箱上。

筒式激振器的优点是：激振器直接安装在筛箱上，不必另设横梁，筛箱整体高度低；

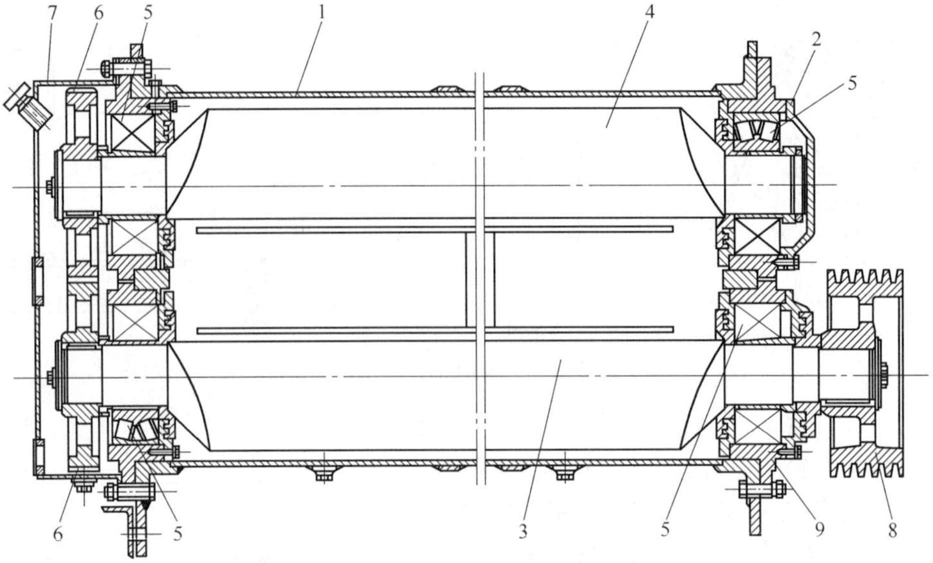

图 8-21 筒式激振器

1—外壳；2—轴承压盖；3—主动偏心轴；4—从动偏心轴；5—滚子轴承；6—齿轮；7—防护罩；8—皮带轮；9—轴承座

皮带轮在筛箱侧壁以外，便于安装和布置传动的电动机。

其缺点是：采用偏心轴激振，激振器质量较大，轴承数量少，使得轴承的负荷较大。

8.2.1.3 等厚筛（香蕉筛）和水平直线振动筛

近年来，大型化选煤厂的建设，要求与之配套的设备大型化。等厚筛（香蕉筛）以其处理量大、筛分效率高和可靠性高等优点，被大型选煤厂广泛采用。

等厚筛的筛面是由多段筛面组合而成的折线型筛面，而不是一个平面，筛面一般为三段和五段两种，入料段筛面倾角最大，中间段即筛分段的筛面倾角次之，排料段的筛面倾角最小或水平。

在入料段，筛面倾角最大，物料量最多，物料运行速度最快，料层薄、分层快，使细小颗粒最快地接近筛面而透筛；进入中间段，筛面倾角变小，物料的运行速度减小，料层厚度有所增加；在出料段，筛面倾角最小，物料运行速度最慢，料层厚度最厚，物料在筛面上跳动次数增多，增加了更多的透筛机会。在筛面上，物料量多时，运行速度快、物料量少时，运行速度慢，筛面上物料层厚度比较均匀，因此，形象地称之为等厚筛；又由于其弯曲的外形与香蕉相似，又被称为香蕉筛。

香蕉筛第二特点是：激振力通过筛机质心的前端，因此，入料端振幅小，出料端振幅大。物料进入入料端时的运行速度，主要依靠势能转化为动能，物料群在筛面上快速滑行，料层厚度很薄，细颗粒物料容易与筛面接触而透筛，尤其是用于脱水、脱泥和脱介时，大量的水裹挟着细颗粒快速透筛，在这一阶段，物料在筛面上的运动是滑动为主，跳动为辅。

中间段筛面倾角较小，物料的运动是靠颗粒入料端残余动能和振动床面的振动的双重作用，随着颗粒与筛面的碰撞和摩擦，残余动能逐渐被消耗，在中间段，物料运动是滑行和跳动并存。

筛面的出料端水平或微倾斜，出料端筛面不仅振幅大，而且振动方向角也大，因此，物料跳得高，松散性好，有利于冲水清洗煤炭颗粒上的介质；用于分级时，振动方向角大，物料向前运行速度较慢，在筛面上跳跃次数多，增加难筛颗粒的透筛概率，在出料端物料主要是跳动。

该筛机尤其适合较小颗粒物料的脱水、脱泥和脱介。对于较大颗粒，物料势能转换为动能过程中，颗粒之间、颗粒与筛面之间的碰撞和摩擦几率较小，动能损失较小物料运行速度过快，与筛面接触次数少，透筛概率小，很多细粒来不及透筛而被排出，因此，大颗粒煤炭的脱介不宜选取香蕉筛，而采用水平筛面直线筛。当物料颗粒介于细和粗之间时，一般采用平面筛面倾斜安装。

如图 8-22 所示，香蕉筛的结构主要由筛箱、激振器、隔振弹簧和传动装置等组成。电机通过万向联轴节与激振器连接，带动激振器主轴旋转，通过激振器箱体内齿轮啮合，一对偏心块同步反向回转，两台激振器通过中间轴连接，筛箱由隔振弹簧支撑。

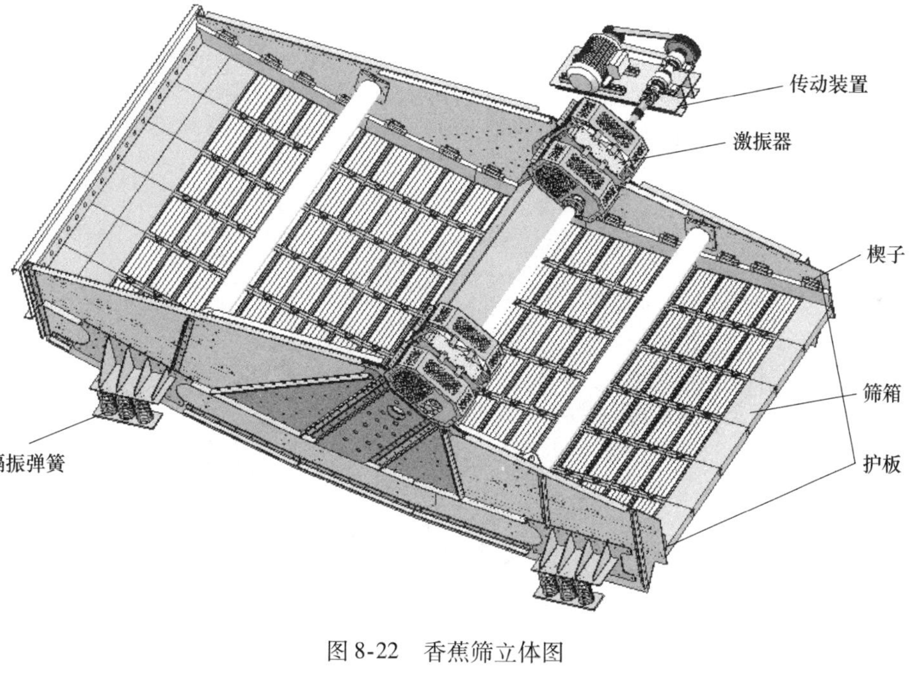

图 8-22 香蕉筛立体图

（1）如图 8-23 所示，筛箱由筛框、筛板及其联接件组成，形成一个以筛面为底，三面包围，一面开口的“簸箕”，使物料从后端进入，经筛分后，从前端的“簸箕口”排除。筛箱内两侧板上安装聚氨酯护板，用于防止物料磨损和腐蚀侧板，同时，起到密封的作用，防止大于筛缝的物料，通过筛板与筛帮之间的缝隙成为筛下物，通常称为“跑粗”。聚氨酯护板上面是聚氨酯的楔子，用榔头从大端打入压紧护板。

（2）如图 8-24 所示，筛框主要由侧板、筛梁、加强梁、激振器大梁、后挡板和支撑角钢组成。筛梁的作用是承托筛板，用螺栓或铆钉将筛梁与侧板连接，筛梁、加强梁、激

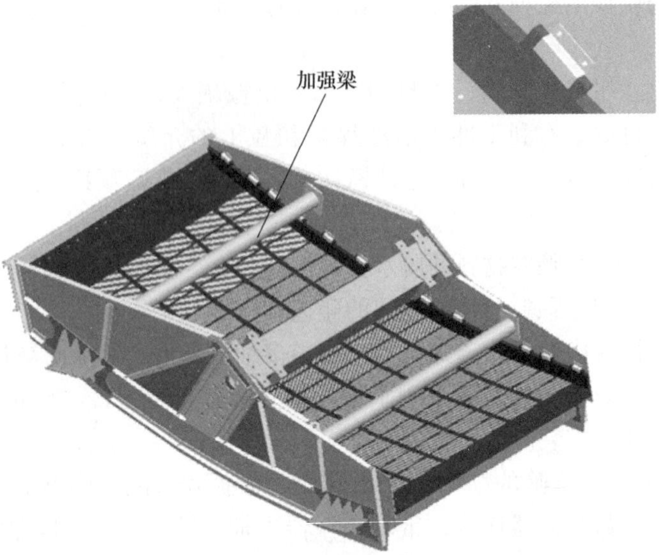

图 8-23 香蕉筛筛箱

振器大梁与侧板组成框架结构，是振动筛的基本骨架；激振器大梁承载激振器，两侧与侧板用螺栓或铆钉连接；前后端加强梁起加强作用，加强梁的两侧法兰同时又是吊耳；入料端后挡板主要是防止入料撒落。

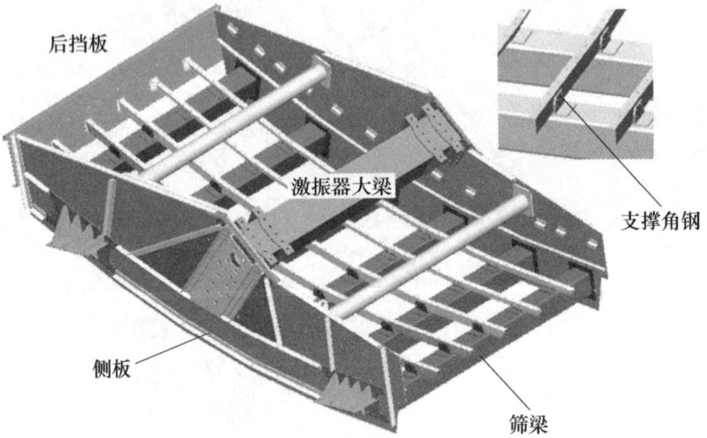

图 8-24 香蕉筛筛框

（3）如图 8-25，筛梁的断面形式有圆管、方管、工字钢等多种形式，两端与法兰焊接，中间有若干座耳，座耳与筛梁之间焊接或铆接。一般地，筛梁焊接后，要进行整体热处理，消除焊接应力，然后，在机床上加工两端的法兰平面。法兰及座耳均有孔，法兰与侧板铆接，承托筛板的角钢与座耳同样铆接，聚氨酯材料的轨座与角钢用螺栓连接，轨座与筛板以凹凸卡槽配合。

（4）如图 8-26 所示，条缝筛板，宽度为 305mm，长度 610mm，两侧为带有凹槽的聚氨酯橡胶，与轨座的凸起配合卡住筛板。

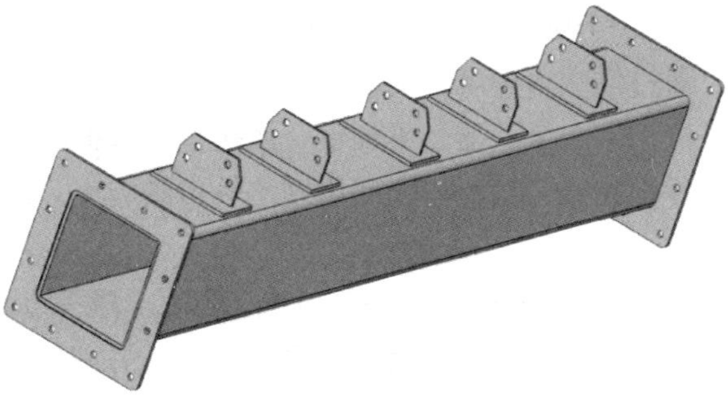

图 8-25 筛梁

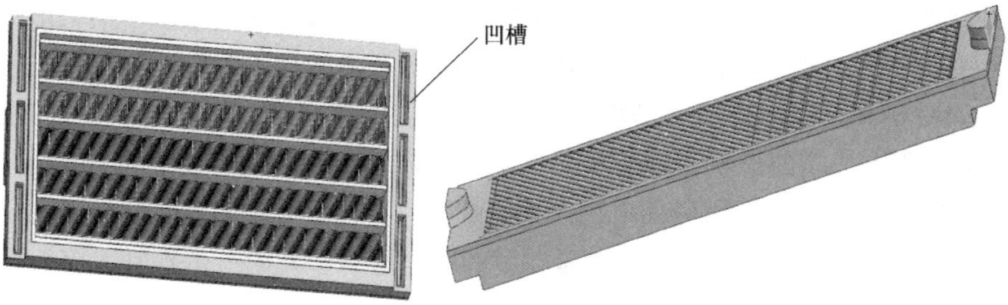

图 8-26 筛板

（5）轨座的横断面如图 8-27 所示，轨座上方为两个钩状体，材料为弹性的聚氨酯，钩状体挤入筛板凹槽内卡住，轨座两个钩状体中间有孔，通过螺栓与角钢连接，角钢再与筛梁座耳铆接，这样，筛板就安装在筛框上了。

（6）如图 8-28，齿轮强迫同步箱式激振器，长轴和短轴两侧各有一偏心块，长短轴的中间安装一对相同的齿轮相互啮合，齿轮两侧各有一盘轴承，安装在箱体上。当其中的一根轴旋转时，在齿轮的啮合下，另一根轴作等速反向旋转，偏心块回转而产生的离心惯性力，在两轴心连线的方向上相互抵消，而在垂直方向上相互叠加，产生的合力即为振动筛的激振力。

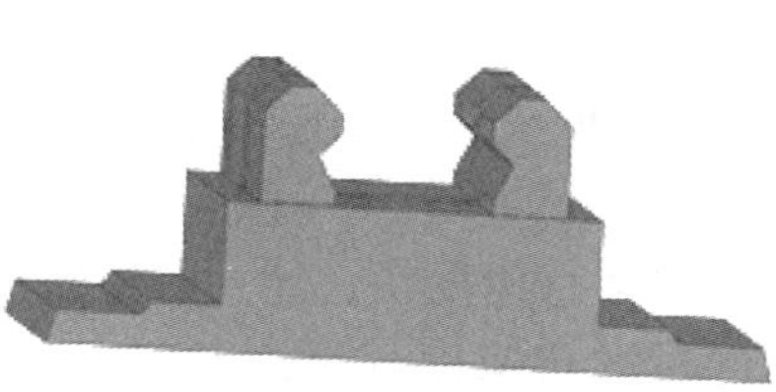

图 8-27 轨座

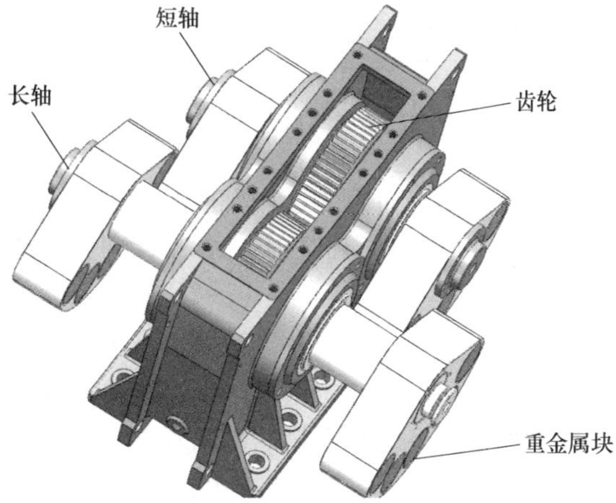

图 8-28 齿轮强迫同步激振器

每个偏心块中装有3~5个圆柱形重金属块，目的是在保证偏心质量矩的前提下，减小偏心块的尺寸；同时通过增减重金属块的数量，可以调节激振力的大小，适应不同大小的筛机。小型振动筛可以用一个激振器，不加重金属块；大型振动筛参振质量大，可以用两个或三个激振器加满重金属块，激振器之间用同步轴串联起来。激振器的齿轮和轴承采用稀油润滑。

（7）如图8-29所示为金属螺旋弹簧，一般地振动筛的隔振弹簧有两种，一种是橡胶弹簧，橡胶弹簧的刚度做的很低时，弹簧会发生失稳现象；另一种是金属螺旋弹簧，由于金属螺旋弹簧的刚度比橡胶弹簧的刚度可以更低，隔振效果更好，所以，现在大多数都采用金属螺旋弹簧。

采用金属螺旋弹簧时，尽量使用同一型号，前端与后端的弹簧数量不同，前端重后端轻，前端弹簧数量就多，后端弹簧数量就少，保证所有弹簧静压缩量一致或接近。

（8）如图8-30所示的传动装置，包括电动机、V带减速、轴承座以及万向联轴节。电动机下面是带有沟槽的滑轨，安装V带时，电机向轴承座滑动一段距离，安装完毕，电机滑向另一侧，张紧V带后再紧固电机的地脚螺栓。万向联轴节有两个功能，一是传递扭矩，使激振器在电机的带动下转动，二是花键的轴向滑动和万向节的摆动，将振动与不振动隔离开来，不会因为振动筛的振动拉拽电机座。

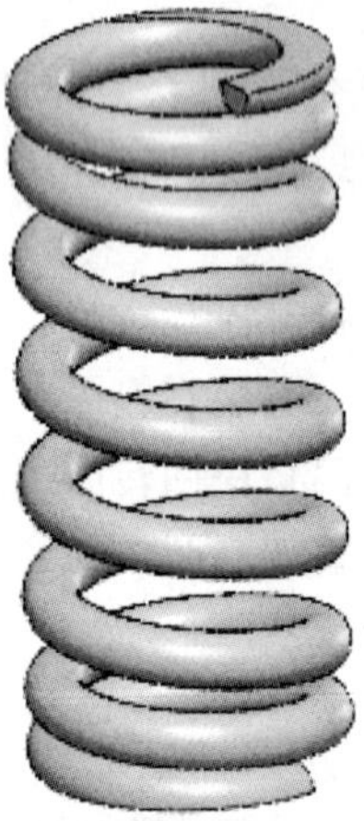

图8-29 金属螺旋弹簧

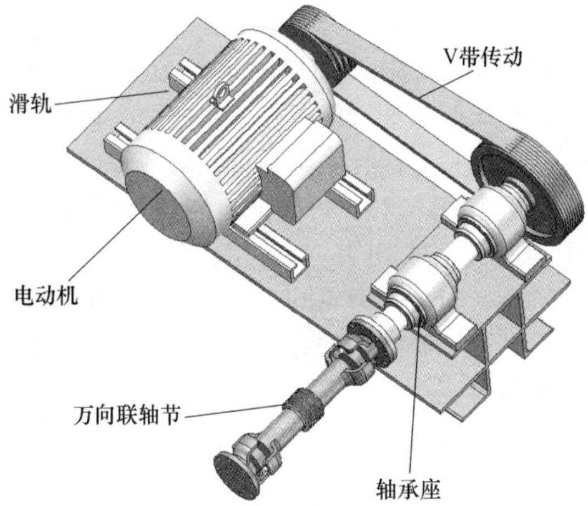

图8-30 传动装置

香蕉筛的筛面为3~5段的折线型，当筛面为水平的一段时，就为水平直线振动筛（如图8-31所示），其原理与ZKX系列直线振动筛一样，筛面、横梁和激振器的结构与香蕉筛一样。

其主要区别有二：一是筛面为水平，而香蕉筛的筛面为折线；二是香蕉筛的激振力通过筛机质心的出料端一侧，水平直线振动筛的激振力通过质心的入料端一侧。

水平直线振动筛入料端比出料端振幅大，入料端物料运行速度快，让入料快速铺开；到了出料端，筛上物料量减少，出料端振幅减小，物料运行速度减慢，可以实现等厚筛分。

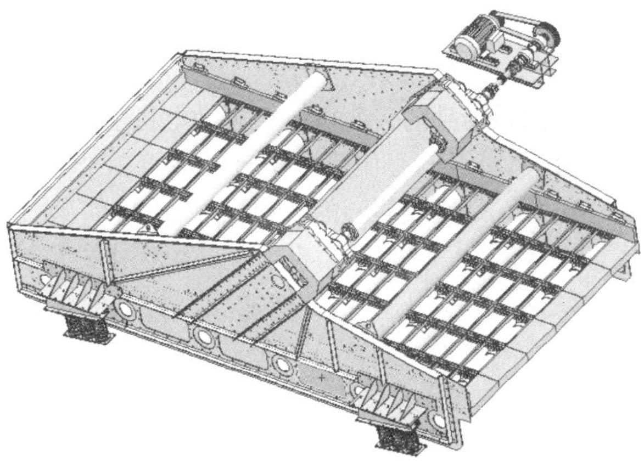

图 8-31 水平直线振动筛

8.2.1.4 自同步直线振动筛（双电机拖动的直线振动筛）

箱式激振器由于其结构紧凑，更换容易，润滑性能好等优点被许多直线振动筛所采用。箱式激振器采用齿轮传动，由于振动筛的振次较高，所以齿轮转动的线速度也相应较高，对齿轮的材质和加工精度提出了更高的要求，否则就会产生较大的噪声、振动或断齿。使用稀油润滑，对回转轴的密封装置结构和制造精度要求比较高，给现场维修带来不便。

ZK 系列自同步直线振动筛采用的激振器与 YK 系列圆振动筛一样，只不过是圆振动筛一个激振器，而直线振动筛是两个激振器。型号完全相同的两台电动机通过挠性联轴器或万向联轴节驱动激振器，转向相反。

启车后开始的低速阶段，两激振器并不同步，振动筛的振动没有规律；当达到一定转速后，两个激振器的转动就会同步，并在两轴心连线的方向激振力抵消，而在其垂直方向进行叠加，振动筛形成该方向的直线振动。

所选用的电动机的型号、厂家、批次尽量统一；两激振器相同并且转动灵活，摩擦阻力尽可能一致；当采用 V 带传动时，皮带轮尺寸和皮带张紧力要相同。

8.2.2 直线振动筛工作原理

激振器的工作原理如图 8-32 所示，当主动轴和从动轴的偏心块同步回转时，在各个瞬时位置，不平衡重回转而产生的离心力沿 $x—x$ 方向的分力总是相互抵消，而沿 $y—y$ 方向的分力总是相互叠加，因此，形成了单一的沿 $y—y$ 方向的激振力，驱动筛箱沿 $y—y$ 作

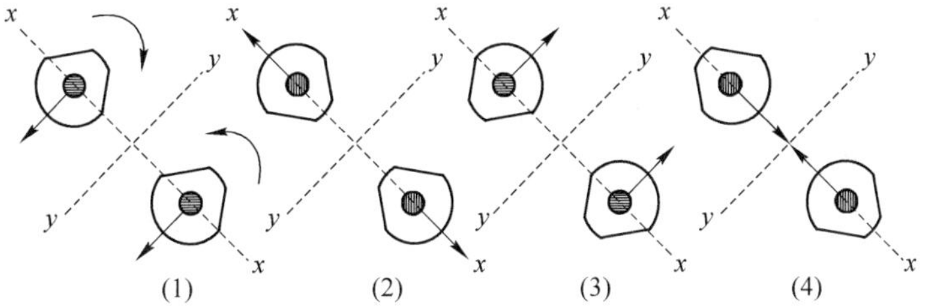

图 8-32 激振器工作原理

直线运动，在图8-32中（1）和（3）的位置上，离心力完全叠加，激振力最大，在（2）和（4）的位置上，离心力完全抵消，激振力为零。

振动筛停止时，偏心块都是铅垂的，所以，在启动电机的开始时，两组偏心块的相对位置并不是图8-32那样，其中一组偏心块落后于另外一组一个相位角，那么两组偏心块所产生的离心合力不通过质心，是通过质心的力和绕质心的力矩两部分，筛箱的运动是平动和绕质心摆动的合成。恰恰是这一平动和摆动对偏心块产生的惯性力，分别对落后的偏心块加速和对超前的偏心块减速，使两组偏心块能相互自动的追逐和等待，经过一定时间，两组偏心块的相位角差越来越小，最后稳定在一个很小的相位差内，达到反向同步旋转的效果。

图8-33所示的ZK系列自同步直线振动筛，筛箱吊挂或座式安装在隔振弹簧上，激振器上的两组偏心块做反向同步回转，产生的激振力在两轴心连线方向上相互抵消，而在其垂直平分线方向上相互叠加，叠加的激振力通过筛机质心，使筛箱沿激振力方向作往复运动。

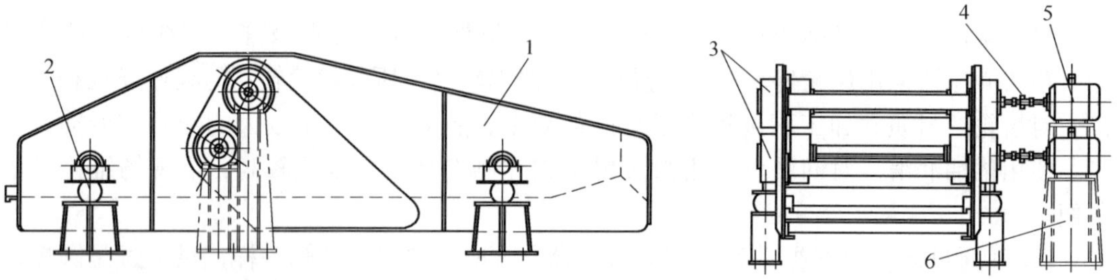

图8-33 ZK系列自同步直线振动筛

1—筛箱；2—弹簧；3—激振器；4—万向联轴节；5—电机；6—底座

根据图8-34可以计算出两组偏心块所产生的激振力。

在偏心块回转时，每个偏心块所产生的离心力为：

$$P_0 = m_0 r\omega^2 \qquad (8\text{-}21)$$

式中 P_0——不平衡重产生的离心力，N；

m_0——不平衡重的质量，kg；

r——不平衡重的重心回转半径，m；

ω——不平衡重的回转角速度，rad/s。

离心力在 y—y 方向上的分力为：

$$P_0 = m_0 r\omega^2 \sin\omega t \qquad (8\text{-}22)$$

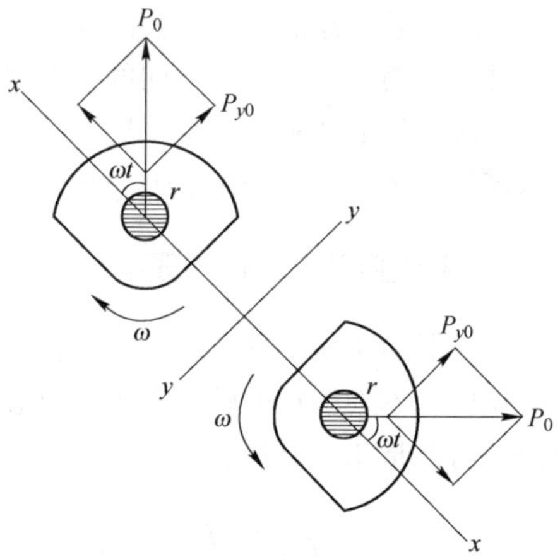

图8-34 偏心块离心力叠加

若激振器的主动轴和从动轴各有一块不平衡重，则所产生的总激振力为：

$$P_y = 2m_0 r\omega^2 \sin\omega t = mr\omega^2 \sin\omega t = P\sin\omega t \qquad (8\text{-}23)$$

式中 m——不平衡重质量的总和，kg；

t——转动时间，s；

P——不平衡重产生的离心力的总和，N。

8.2.3 物料在直线振动筛筛面上的运动

物料在筛面上的运动状态与振动筛的工作参数和颗粒形状有关，在常用振动筛的工作参数下，扁平状物料的运动既有滑动又有跳动；球形物料的运动除了滑动、跳动外还有滚动。因此说，三种运动有时并存，有时存在两种或一种，但是，三种运动不是同等贡献，有主有次，所以，根据具体情况可以忽略某一运动，例如，在抛射强度为3.2～3.3的片状颗粒时，就只计算跳动即可，忽略了滑动；在大倾角的振动床面上，圆形大颗粒的滚动速度比颗粒滑动和跳动速度大得多；在大型振动给料机中，物料层厚度很厚，群颗粒的滑行是主要的，跳动很小可以忽略，不存在颗粒的滚动。

下面分析振动筛中，颗粒的跳动。在直线振动筛中，筛面倾角为 α，抛射角为 β，处在筛面上的物料，也随同筛面作简谐运动。如果取其中的一个颗粒为研究对象，则作用在颗粒上的力除了颗粒本身的重力 $G = mg$ 以外，还受到筛面运动时所给予的惯性力 $P = m\omega^2 A\sin\omega t$，惯性力的方向与筛面运动方向相同；筛面对颗粒的支持力为 N，如图8-35所示。

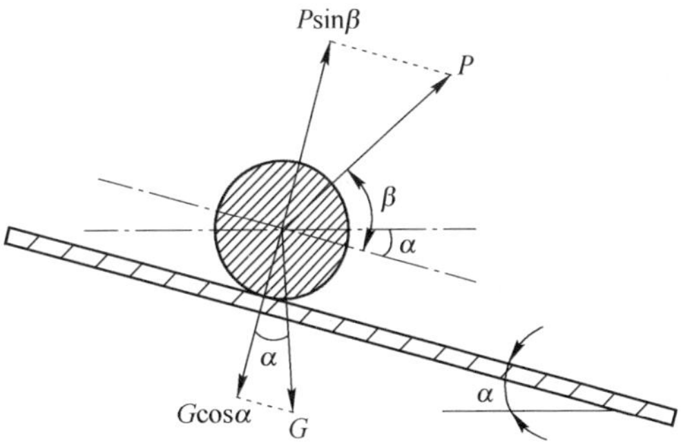

图8-35 直线振动筛颗粒的受力图

颗粒脱离筛面被抛起的条件是 $N \leqslant 0$：

$$P\sin\beta \geqslant G\cos\alpha \tag{8-24}$$

式中 P——颗粒所受的惯性力，N；

G——颗粒自身的重力，N；

β——抛射角，(°)；

α—筛面倾角，(°)。

可得：

$$\sin\omega t \geqslant \frac{g\cos\alpha}{\omega^2 A\sin\beta} \tag{8-25}$$

式中 A——筛箱的振幅，m；

ω——激振器不平衡重的角速度，rad/s；

g——重力加速度，m/s^2。

令

$$K_v = \frac{1}{\sin\omega t} = \frac{A\omega^2\sin\beta}{g\cos\alpha} \tag{8-26}$$

K_v 定义为筛分机械的抛射强度，它是直线振动筛的一个重要特征参数。从式（8-26）可以看出，抛射强度就是颗粒受惯性力以后在垂直于筛面方向上的分加速度与颗粒在此方向上的重力加速度分量之比。显然，筛箱的振动强度、抛射角、安装倾角越大，抛射强度 K_v 也就越大，颗粒越容易被抛起。

根据上述分析，$K_v < 1$ 时，$\sin\omega t$ 无解，颗粒不可能脱离筛面，只能相对筛面静止或滑

动。当 $K_v > 1$ 时，颗粒能够脱离筛面，做跳跃运动。所以，$K_v = 1$ 就是颗粒脱离筛面的临界条件。可以想象，抛射强度 K_v 越大，颗粒所受的惯性力也越大，抛射得也越高，这样，有利于筛面的自清理。但是，当 K_v 很大时，颗粒在空中飞行的时间很长，振动筛振动多次，颗粒才与筛面接触一次。显然，这是不利筛分的。颗粒跳动一次的时间不超过筛面振动一次的时间，才能充分利用筛面每次振动的作用。所以，从筛分效率的观点考虑，K_v 的另一个条件就是颗粒跳动一次的时间等于筛面振动一个周期。

如图 8-36 所示为筛面和颗粒的运动状态。图中，横坐标是筛面运动的时间 t，纵坐标是筛面和颗粒运动的位移 A'，筛面的运动轨迹是正弦曲线，颗粒的运动轨迹是抛物线。

从图 8-36 中可见，开始时，颗粒与筛面一起运动，颗粒和筛面运动的速度和加速度是一样的。到了脱离点 K，颗粒脱离筛面，作抛物运动，颗粒落回点为 L，颗粒重新与筛面相遇，并再与筛面一起运动，到下一个周期的脱离点颗粒再一次被抛起。如果颗粒在空中的运动时间为筛面振动的一个周期 T，则：

$$t_L - t_K = T \tag{8-27}$$

在脱离点 K 的瞬间，筛面的速度为：

$$V_k = A\omega\cos\omega t\sin\beta \tag{8-28}$$

颗粒的运动轨迹如图 8-37 所示。

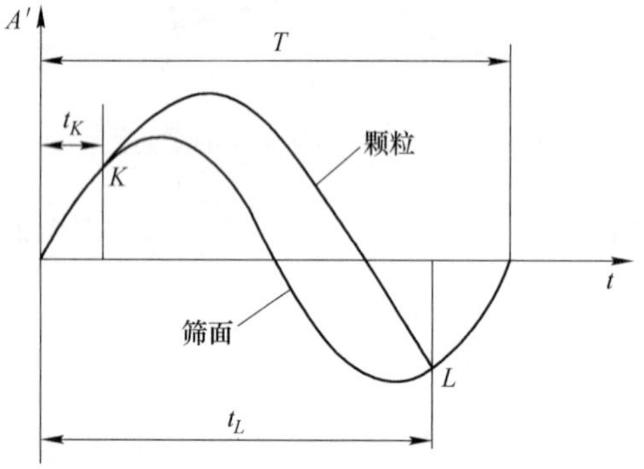

图 8-36 筛面和颗粒的运动状态

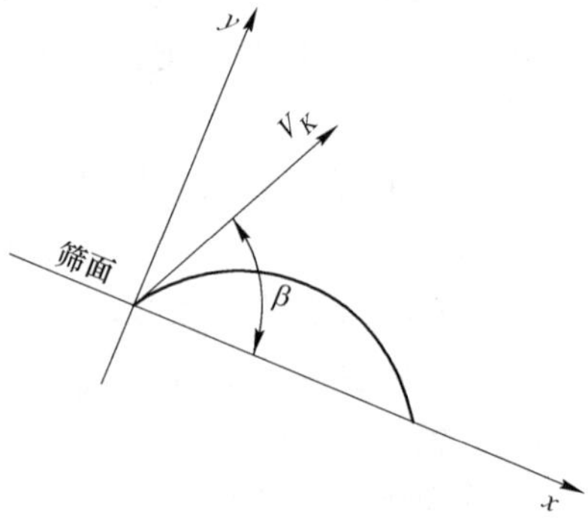

图 8-37 颗粒的运动轨迹

颗粒作抛物线运动，在 y 方向上颗粒经过一个周期时间 $T = \frac{2\pi}{\omega}$，y 方向位移为 0。

$$0 = \omega A\cos\omega t\sin\beta\left(\frac{2\pi}{\omega}\right) - \frac{1}{2}g\cos\alpha\left(\frac{2\pi}{\omega}\right)^2 \tag{8-29}$$

得：

$$\cos\omega t = \pi\frac{g}{\omega^2 A}\cdot\frac{\cos\alpha}{\sin\beta}$$

结合式（8-26），得：

$$K_v\sqrt{1 - \left(\frac{1}{k_v}\right)^2} = \pi \tag{8-30}$$

即：

$$K_v = \sqrt{1 + \pi^2} \tag{8-31}$$

$$K_v = 3.3$$

在这种情况下，颗粒跳动一次的时间恰好等于筛面振动一次的时间。因此，一般 K_v 不宜超过 3.3。此时，$\sin\omega t = \frac{1}{3.3}$，抛始角 $\omega t = 17°40'$。

8.2.4　惯性直线振动筛动力学

如图 8-38 所示，是激振力通过质心的直线振动筛的力学模型。偏心块质量为 m_0，偏心质量的回转半径为 r，以转速 n(r/min) 反向等速旋转，两个偏心质量产生的离心惯性力均为 $F_0 = m_0\omega^2 r$，$\omega = \frac{\pi n}{30}$(rad/s)，方向如图所示。

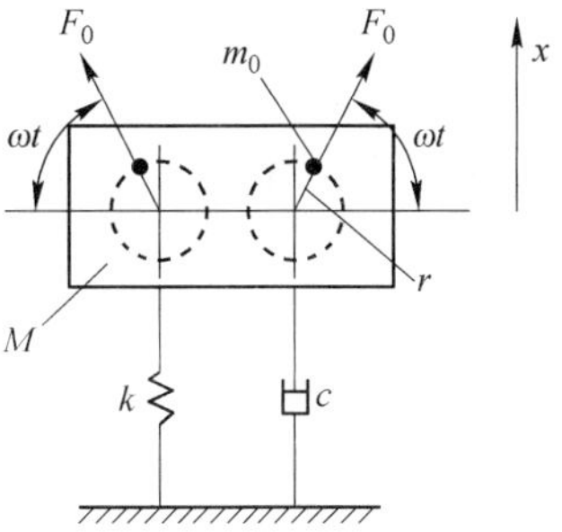

图 8-38　直线惯性振动筛力学模型

两偏心质量的离心惯性力在水平方向的分力互相抵消，在 x 方向的分力互相叠加，形成的合力即激振力 $F = 2m_0\omega^2 r\sin\omega t$，$M$ 为参振质量，c 为阻尼系数，k 为弹簧刚度。坐标系 x 向上为正，则系统的强迫振动微分方程为：

$$M\ddot{x} + c\dot{x} + kx = 2m_0\omega^2 r\sin\omega t \tag{8-32}$$

或

$$\ddot{x} + 2\xi\omega_n\dot{x} + \omega_n^2 x = \frac{2m_0\omega^2 r}{M}\sin\omega t \tag{8-33}$$

该方程为二阶常系数线性微分方程，符号的物理意义与圆振动筛一样，其解由通解和特解两部分组成；在筛机启动一定时间之后，通解就变为零而只有特解。

设该方程的特解为：

$$x = A\sin(\omega t - \varphi) \tag{8-34}$$

式中　A——振幅；

φ——相位差。

解得：

$$A = \frac{2m_0 r}{M}\cdot\frac{z_0^2}{\sqrt{(1 - z_0^2)^2 + (2\xi z_0)^2}} \tag{8-35}$$

$$\varphi = \tan^{-1}\frac{2\xi z_0}{1 - z_0^2} \tag{8-36}$$

其中，$z_0 = \frac{\omega}{\omega_n}$ 称为频率比。

由式（8-35）可见振幅 A 与 $2m_0 r$ 成正比，与参振质量 M 成反比。

令

$$\beta = \frac{z_0^2}{\sqrt{(1 - z_0^2)^2 + (2\xi z_0)^2}}$$

则

$$A = \frac{2m_0 r}{M}\beta$$

以 β 为纵坐标，以 z_0 为横坐标，作出 x 方向振动的幅频特性曲线参见图 8-16，与圆振动筛类似，相频特性曲线参见图 8-17。

同理，当 $z_0 > 3$ 时，$\beta \approx 1$，

因此

$$A \approx \frac{2m_0 r}{M} = \frac{\sum m_0 r}{M} \tag{8-37}$$

这就是直线振动筛的振幅近似计算公式，与圆振动筛计算公式一样。

由于 ξ 很小，可以忽略，所以 $\varphi \approx 180°$。

得出直线振动筛运动方程：

$$x = -A\sin\omega t \tag{8-38}$$

以上分析是在假定激振力通过筛箱的质心，这时筛机是平动。当激振力偏离质心时，其振动轨迹为随质心的平动和绕质心的摆动的合成运动。

9 筛面及其固定

筛面是振动筛的主要工作部件，对筛面的基本要求是足够的强度，最大的开孔率（筛孔总面积与整个筛面面积之比），筛孔不易堵塞，在物料运动时与筛孔相遇的机会较多。

常用的筛面有钢板加工的筛板、钢丝编织的筛网和经滚压的不锈钢丝排列的条缝筛板三种，前两种主要用于煤炭的分级；后一种用于选煤厂的脱水、脱泥和脱介。根据不同的用途，正确使用筛面，能提高振动筛筛分效率和处理量。

9.1 冲孔筛板

如图9-1和图9-2所示，冲孔（钻孔）筛面一般是在厚度为6mm左右的钢板上冲孔或钻孔，在筛面的背面焊有加强筋。筛孔的形状是圆形、方形、长方形和多边形。

图9-1 椭圆形冲孔筛板

图9-2 正六边形冲孔筛板

圆形筛孔可以冲孔也可以钻孔，长方形筛孔只能用冲孔的方法加工。应用长方形筛孔时，其长边应与物料运行方向相同或呈一定的角度。圆形筛孔布置在等边三角形的顶点上，筛孔间的距离应综合考虑筛面的强度和开孔率。

为了避免筛孔堵塞，可以将筛孔设计成底部扩大的圆锥形，颗粒从筛孔由入口到出口逐渐扩大，有利于物料的透筛。冲孔比钻孔简便，生产效率高，所以一般采用冲孔方法。

开孔率为筛孔面积与筛面面积之比乘以100%，即：

$$A_k = \frac{S_k}{S} \times 100\%$$

式中 S_k——筛孔面积；

S——筛面面积。

如图9-3所示，圆形筛孔布置在等边三角形顶点时，其开孔率为：

$$A_k = \frac{\pi D^2}{4(s+D)(s+D)\sin 60^\circ} \times 100\% = 0.9 \times \frac{D^2}{(s+D)^2} \times 100\%$$

式中 A_k——开孔率,%；

D——筛孔直径，mm；

s——筛孔间的最短距离，mm；根据经验，s 的大小可根据 $s \geqslant 0.9\sqrt{D}$ 来确定。

如图 9-4 所示，方形筛孔平行排列时，其开孔率为：

$$A_k = \frac{D^2}{(s+D)^2} \times 100\%$$

式中 A_k——开孔率,%；

D——正方形筛孔边长，mm；

s——筛孔间的最短距离，mm。

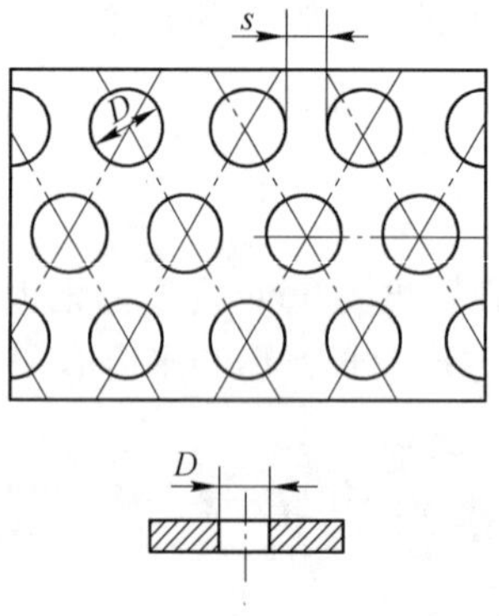

图 9-3 圆形冲孔筛板

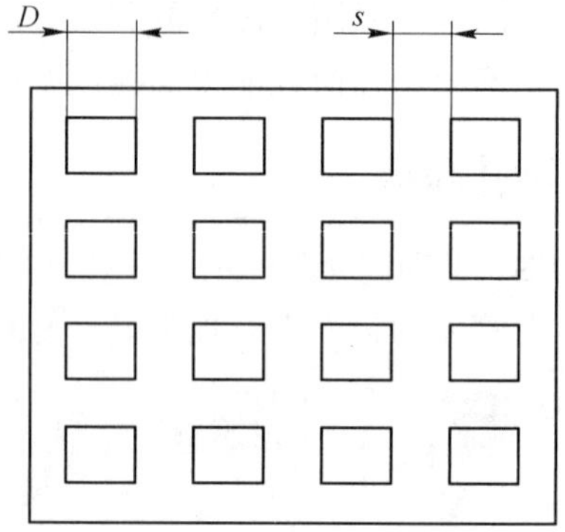

图 9-4 方形冲孔筛板

如图 9-5 所示，长方形筛孔开孔率按以下公式计算：

$$A_k = \frac{b(L-0.215b)}{tt_1} \times 100\%$$

式中 A_k——开孔率,%；

b——长方形筛孔宽度，mm；

L——长方形筛孔长度，mm；

t——两筛孔横向中心距，mm；

t_1——两筛孔纵向中心距，mm。

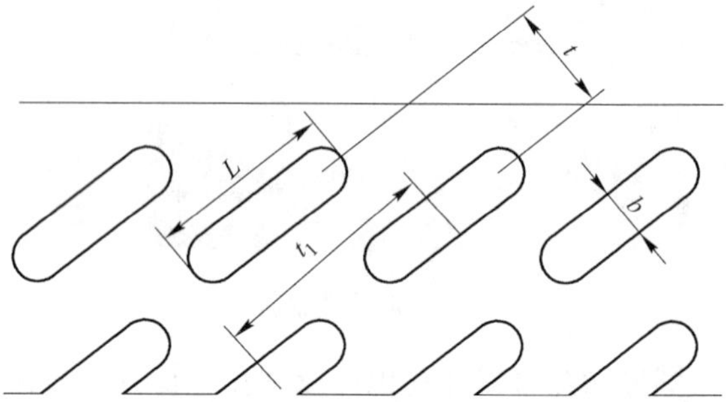

图 9-5 长方形冲孔筛板

自承重筛板的筛面一般是冲孔的，所谓的自承重，就是筛板及物料的重量由筛板自己承担，不同于其他筛板，由振动筛的横梁支撑，所以，这种筛板的背面有加强筋，加强筋与筛板焊接或用 U 形螺栓夹紧，这种筛板的刚度和强度都比较高。如图 9-6 所

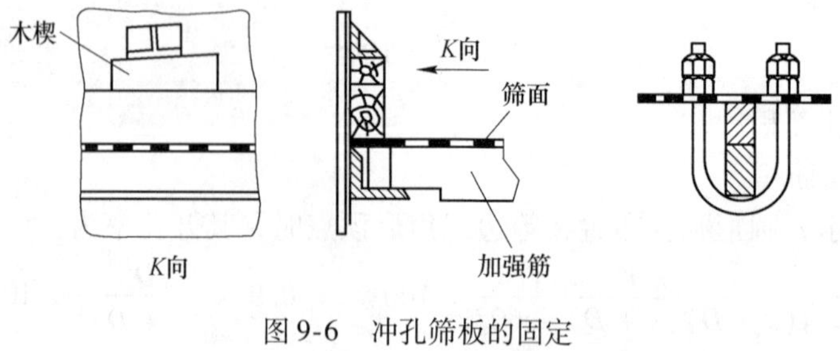

图 9-6 冲孔筛板的固定

示，自承重筛板两侧搭在角钢上，角钢焊接或铆接在侧板上，用一定斜度的木楔压紧筛板。

9.2 编织筛网

编织筛网突出的优点是开孔率大，可达总筛网面积的70%。与带有框架和筋板的筛板比较，编织筛网刚度低，安装时需要张紧。一般用在细粒物料的分级上，在选煤厂往往用于粒度小于13mm的煤炭分级。筛网的筛孔绝大部分是长方形或正方形，如图9-7所示。

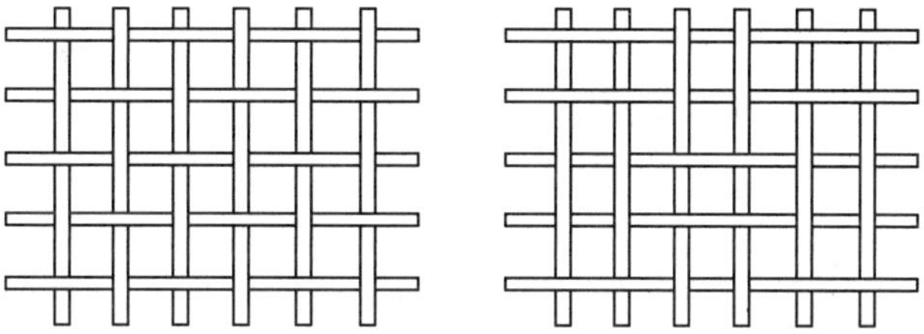

图9-7 编织筛网及其结构

编织筛网的优点是开孔率高，可达70%~75%，重量轻，价格便宜。

编织筛网最常用的材料就是普通低碳钢丝，为了防腐和耐磨，提高筛网使用寿命，有时也用不锈钢或65Mn材料制成，编制筛网的两种基本构造形式，如图9-7所示。

编织筛网一般用张紧的方法固定，把筛网的两侧折弯，用勾板拉紧，如图9-8所示。有些材料不能折弯或刚度较低时，在筛网的端部用上下两块钢板夹住筛网，然后铆接两钢板后，将钢板折弯用于拉紧。为了使筛面各处张力一致并足够大，筛网安装成拱形。

有的编织筛网用U形螺栓压紧在筛梁上；也有的编织网焊接在四方的框架上，用螺栓压紧框架。

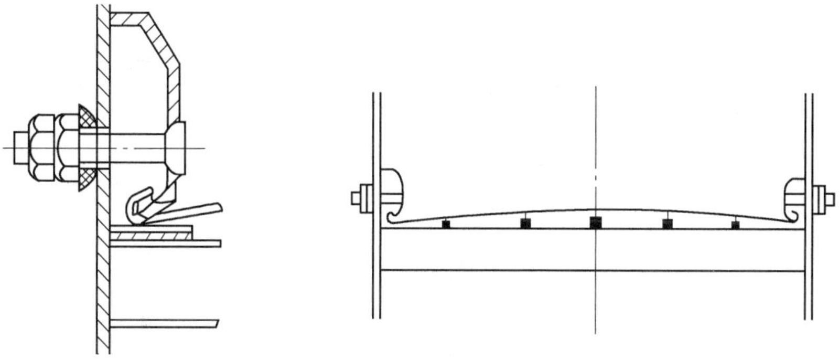

图9-8 编制筛网的固定

9.3 聚氨酯筛板

与金属筛板相比，聚氨酯筛板具有重量轻、弹性好、噪声低、耐磨性好、耐腐蚀、筛孔不易堵塞、自清理效果好等优点，是振动筛理想的筛板；缺点是成本相对较高。

图9-9为浇铸成型的聚氨酯方孔筛板，钢板或钢筋骨架被包覆在橡胶内部。

不锈钢条缝筛板的四周用聚氨酯橡胶制作，其背面有凹槽，可以与橡胶轨座安装，另

图9-9 聚氨酯方孔筛板

一方面其四周的密封效果比刚性筛板要好得多，见图9-10。

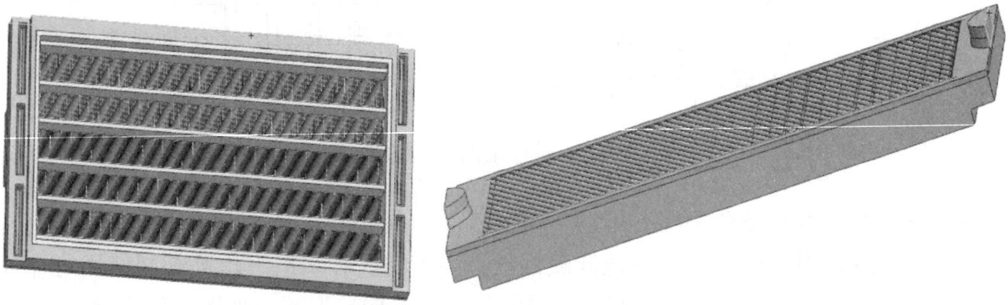

图9-10 聚氨酯边框筛板及沟槽

筛板的背面两侧有沟槽，与轨座上面有凸起配合，如图9-11所示。轨座用螺栓固定在角钢上，角钢用螺栓固定在振动筛横梁的座耳上。筛板正面两端分别有一个月牙形的凸起是拆装筛板的，将筛板沟槽与轨座凸起部位对正，然后在筛板两端月牙形的凸起上施力，将筛板压入轨座。拆卸时，用撬棍从筛板正面的凸起部位撬起筛板。

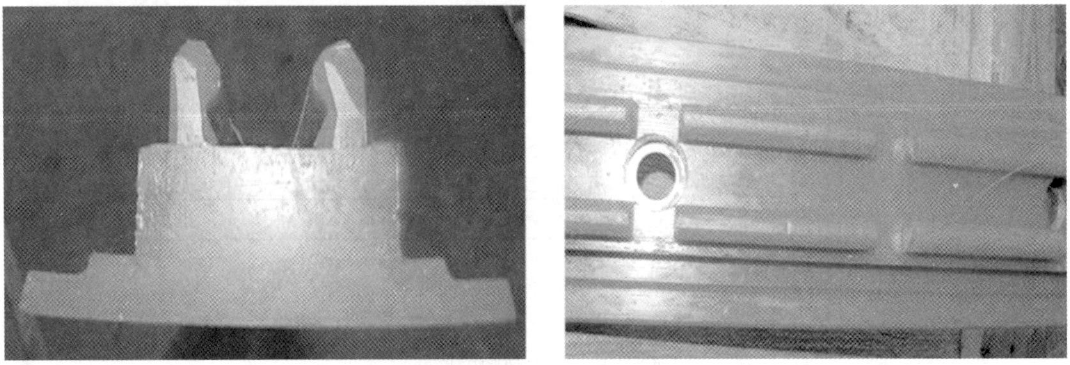

图9-11 轨座横断面（左）和俯视图（右）

9.4 条缝筛板

如图9-12所示，首先钢板焊接而成方形框架，高度大约40mm，然后，在框架上面铺上方形不锈钢条缝网片，从背面与钢框架焊接而成。广泛地用于煤炭的脱水、脱泥和脱介。

网片材质为不锈钢，常用的筛缝尺寸有0.25mm、0.5mm和0.75mm三种。直径为3mm左右的不锈钢钢丝，轧制成截面为上底长下底短的筛丝，筛丝按照一定缝隙要求，在机床上进行排列焊接成为网片，再切割成各种小网片。

该筛板强度和刚度高，安装与拆卸都比较容易。

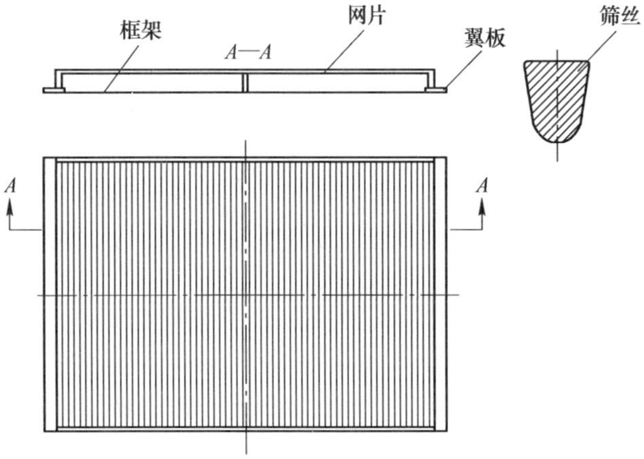

图9-12　条缝筛板

如图9-13所示，筛框中承托筛板的筛梁为钢管，上方焊接槽钢，在槽钢上方沿长度方向加工18mm宽的长孔，再在长孔上加工80×80的方孔，M16的螺栓带上防转块，一同放入方孔中并顺长孔滑行一段距离，这样螺栓就不会转动也不会掉出来。然后，在筛梁两侧分别铺上筛板，压条放进筛板中间并压在翼板之上，通过螺栓压条将筛板固定在筛框上。

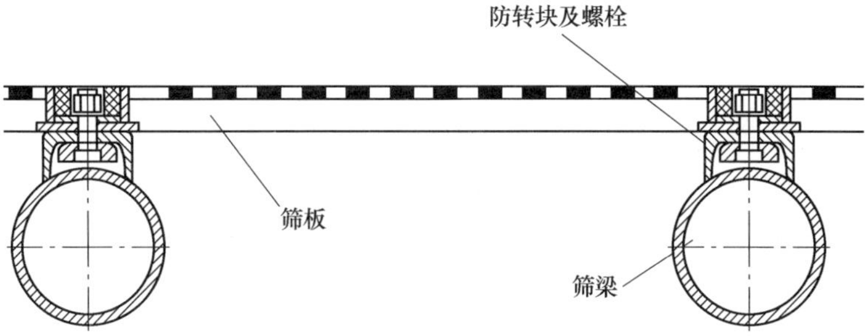

图9-13　筛板安装示意图

10　弛张筛

我国大部分矿区的动力煤具有粉煤量大、水分高以及随着粒度减小，灰分低的特点，对动力煤进行深度筛分，符合我国大部分矿区的实际状况，筛出的细粒煤直接供给用户，粗粒煤则进行洗选加工，简化了选煤工艺，同时，大量煤粉的排出，增加了煤炭洗选的精度和稳定性，减小煤泥水处理系统。因此，煤炭干法深度筛分，能够节省投资、降低吨煤加工成本，对节能减排都具有非常重要的意义。

在原煤开采过程当中，煤层渗水、防尘的喷水及管理等原因，会造成原煤外在水分的上升，可达7%以上。由于原煤外水分、黏性矿物、泥土等的存在，粉煤互相粘连、团聚板结，同时，极细颗粒黏附在筛面上，造成筛面堵孔，筛分效率十分低下。一般地，外在水分在7% ~14%范围内，进行原煤13mm以下筛分，常用振动筛的已很难完成，近年来，从国外引进的弛张筛的应用，较好地解决了潮湿原煤深度筛分的难题。

10.1　Liwell弛张筛简介

最早的弛张筛是曲柄连杆机构，叫Liwell弛张筛，如图10-1所示，它由两个筛框Ⅰ和Ⅱ组成，其中筛框Ⅱ放入筛框Ⅰ内，筛框Ⅱ用橡胶弹簧支撑在机架上，它们之间有吊挂板，将筛框Ⅰ平行吊挂在筛框Ⅱ上，同时该吊挂板又作为导向，使筛框Ⅰ、Ⅱ之间作相对平行运动。每个筛框由两个侧板组成，通过横梁互相连接，聚氨酯橡胶筛片固定到横梁上。

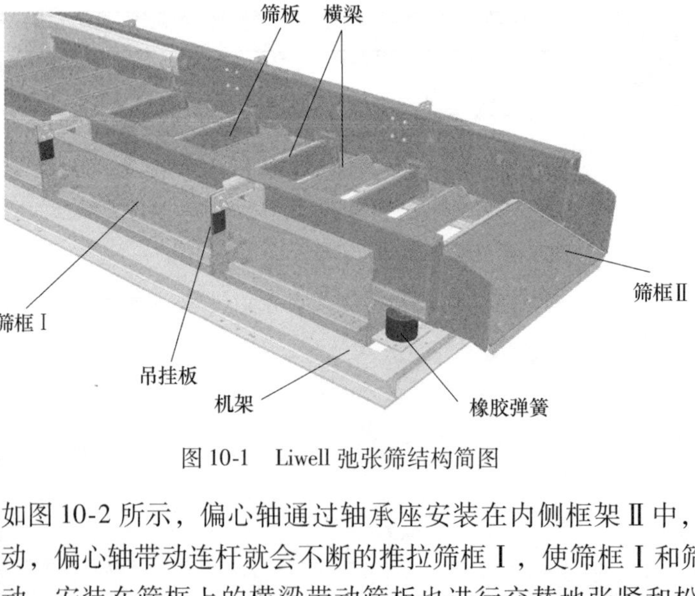

图10-1　Liwell弛张筛结构简图

筛框的驱动如图10-2所示，偏心轴通过轴承座安装在内侧框架Ⅱ中，电机通过皮带轮带动偏心轴转动，偏心轴带动连杆就会不断的推拉筛框Ⅰ，使筛框Ⅰ和筛框Ⅱ产生相向和向背的交替运动，安装在筛框上的横梁带动筛板也进行交替地张紧和松弛，如图10-3

所示。筛面上的物料就会被弹起—落下—弹起这样的循环过程。

图 10-2 Liwell 弛张筛的运动

偏心轴的转速为 500 ~ 600r/min，偏心轴的偏心距为 12mm，两筛框相对运动位移就是 24mm。

弛张筛的激励频率为：

$$\omega = \frac{\pi n}{30} = \frac{3.14 \times 600}{30} = 62.8\ (1/\mathrm{s})$$

筛机钢结构振动强度：

$$k = \frac{\omega^2 A}{g} = \frac{62.8^2 \times 12 \times 10^{-3}}{9.8} = 4.8$$

橡胶筛面传递给物料的最大加速度可达到 50g 以上。

普通振动筛的筛面是刚性的，筛面若得到 50g 加速度，振动筛就要付出 50g 的代价，这是不可能的，振动筛承受不了这么大的振动强度。弛张筛的最大特点就是筛框用较小的振动强度换来了非常大的振动强度的筛面振动，橡胶材料的筛面承受这种弯曲疲劳是不成问题的。

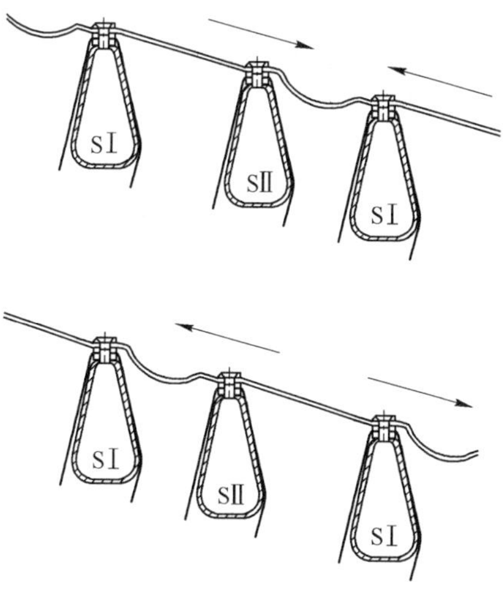

图 10-3 筛面的弛张运动

如此高的加速度使物料跳得高，松散物料迅速，细粒物料首先落回筛面，提高了筛分效率和处理能力。柔性筛面连续地弯曲，防止筛孔里的颗粒卡住，同时也能防止细粒物料黏附到筛面上。再者，群颗粒跳起落回到筛面上，会沿着筛面向前滑行一小段距离，把黏附在筛面上微细颗粒清洗掉。

横梁分布间距为 210mm 或 315mm，把筛板分为多个独立单元，筛面受到磨损或损伤时，更换较小的面积节省成本。此外，各个小块筛板可以有不同的筛孔进行分级，以便进行筛分中的优化组合。

10.2 振动弛张筛

如图 10-4 所示，振动弛张筛的外形和普通的圆振动筛类似，普通的圆振动筛支撑筛

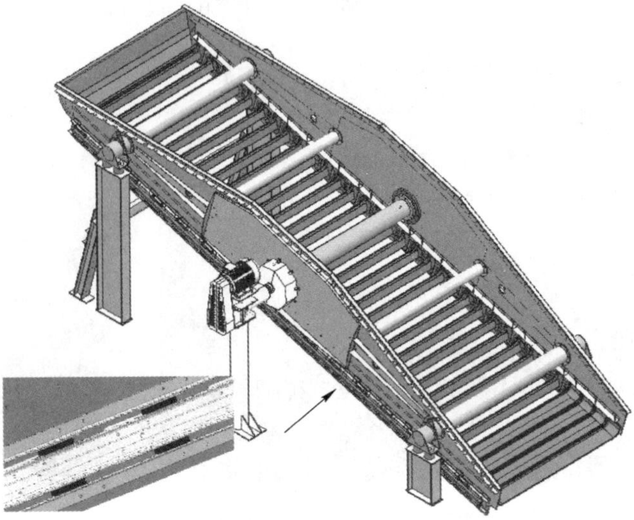

图 10-4 振动弛张筛

面的横梁，均与侧板铆接，是一个整体。而振动弛张筛支撑筛面的半数横梁（1，3，5，…）与侧板铆接成主筛框，另一半横梁（2，4，6，…）做成一个整体为浮动筛框，与主筛框之间弹性连接，是两个质体，属于双质体振动系统。

振动弛张筛的主筛框上的固定梁和浮动筛框浮动梁，两组梁间隔布置，梁间固定聚氨酯橡胶筛面。在筛机振动过程中，主浮筛框振动同时，它们之间还产生相对运动，该相对运动使橡胶筛面做一张一弛的弛张运动，当筛面张紧时，物料被抛起，弛张筛的名字也因此而得。

（1）如图 10-5 所示，弛张筛主筛框与普通的圆振动筛筛框类似，由侧板、横梁、加强梁和激振器组成，其不同之处是侧板底部、横梁之间开有方形孔，每一个方孔里通过一根横梁，在主筛框的外部，用一根梁将所有的浮动梁连接在一起，形成浮动筛框。

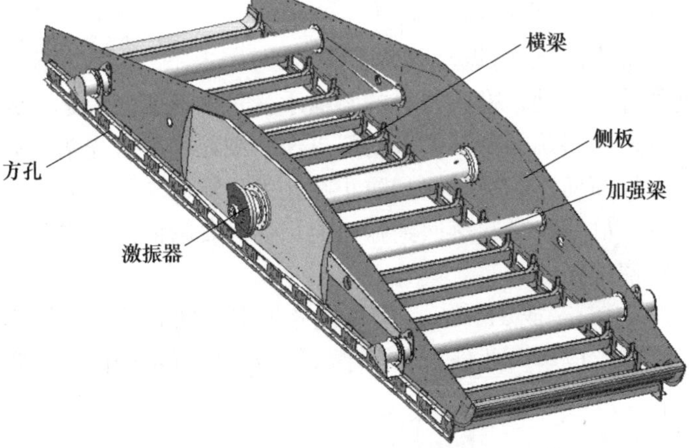

图 10-5 弛张筛主筛框

（2）如图 10-6 所示为浮动筛框，它是由边梁、横梁和密封橡胶板组成，横梁穿过主

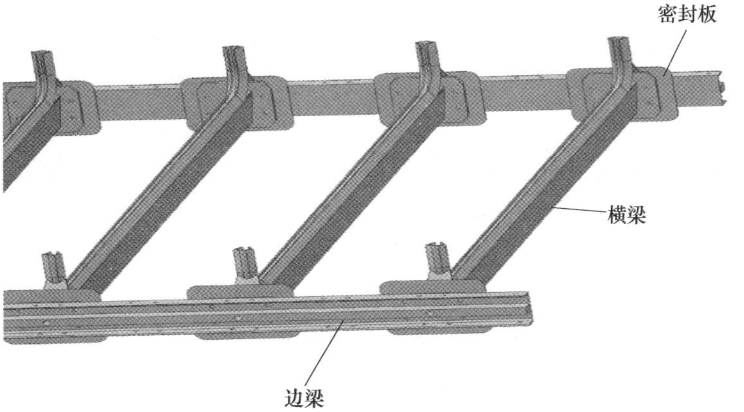

图 10-6 弛张筛浮动筛框

筛框底部的方孔，两边与边梁铆接而成，在横梁与边梁之间装有橡胶密封板，该密封板防止筛下物通过侧板方孔洒落在筛机外面。

（3）如图 10-7 所示，横梁由梁 1、法兰 3 和卡口 2 焊接而成，两端法兰与边梁铆接后形成筛框。主筛框的横梁与浮动筛框的横梁一样，只不过横梁长度短一些，两端法兰与主筛框侧板铆接，主筛框横梁相对主筛框固定不动，因此，也称为固定梁。聚氨酯筛板的两边有钩状凸缘，筛板钩状凸缘分别压入浮动梁和固定梁的卡扣中，随着主筛框与浮动筛框之间的相对运动作弛张运动。筛板上布置交错排列的椭圆长孔，长孔的大小和孔间距根据分级粒度和强度确定。

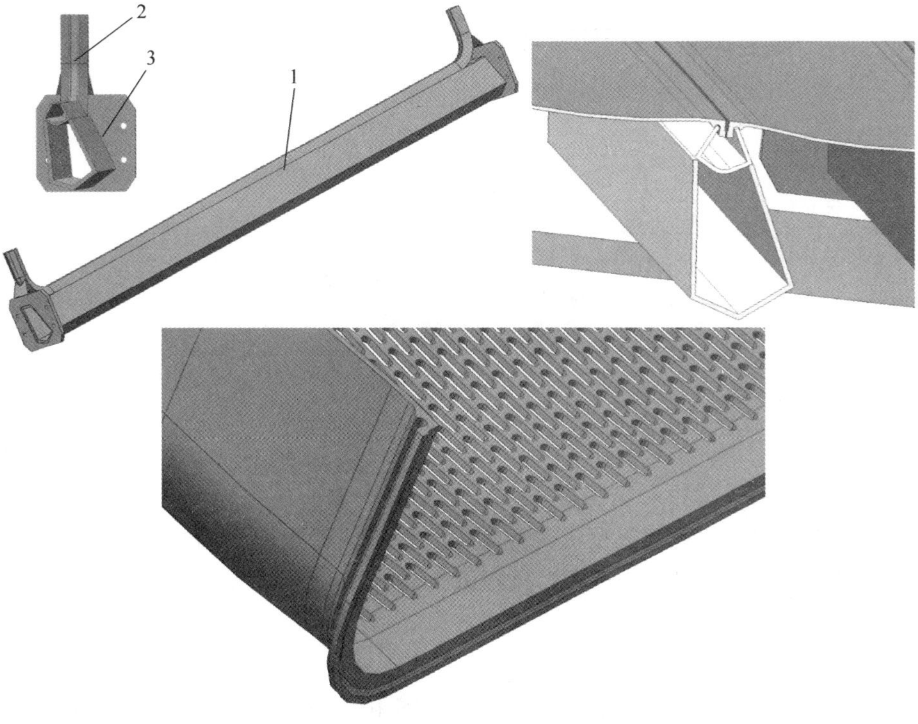

图 10-7 筛板及其安装

(4) 如图 10-8 所示，橡胶剪切弹簧的厚度较薄，垂直筛面方向刚度很大，主浮筛框同步运行。主浮筛框在平行于筛面的方向上做相对运动，弹簧不断受到剪切。

图 10-8 橡胶剪切弹簧

图 10-9 表明了筛框的相位关系，a 偏心块向下时，主浮筛框同时向上运行到最高，主浮筛框在平行于筛面方向没有相对运动，筛板是安装的初始松弛状态；b 偏心块转向右侧时，主浮筛框向下运动到平衡位置，主筛框与偏心块同相位，即主筛框向右运动到最端点，而浮动筛框向左运动到最端点，浮动筛框右侧筛面被张紧，左侧被松弛；c 偏心块向上时，主浮筛框同时向下运行到最低点，主浮筛框没有相对运动，筛板是安装的初始松弛状态；d 偏心块向左运动到最左端时，浮动筛框向右运动到最端点，主动筛框向左侧运动到最端点，浮动筛框左侧筛板被张紧右侧被松弛。

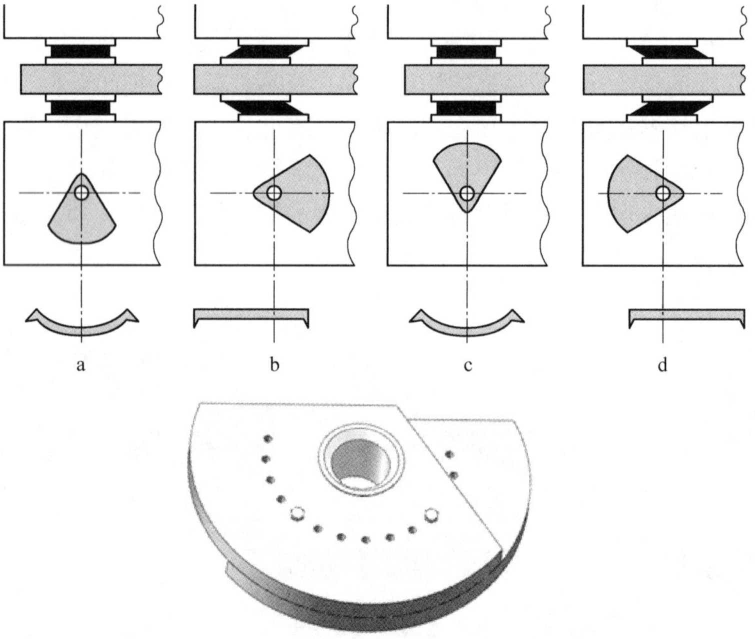

图 10-9 主浮筛框与偏心块之间相位

主浮筛框的振幅以及相对振幅的大小，与偏心块偏心质量矩成正比，如图 10-9e 所示。调整偏心块之间夹角就能改变振幅的大小，偏心块夹角变小偏心距增大，振幅增大；反之，偏心块夹角变大，偏心距减小，振幅就会减小。

10.3 弛张筛的振动理论

用集中质量法建立振动弛张筛力学模型，如图 10-10 所示，xy 直角坐标系中，x 方向与弛张筛筛面平行。系统中含有两个振动质体 m_1 和 m_2，分别代表主筛框和浮动筛框的简化后的质量，m_1 包括侧板、固定梁、激振器、加强梁以及一半筛板质量，m_2 是浮动筛框及一半筛板的质量。

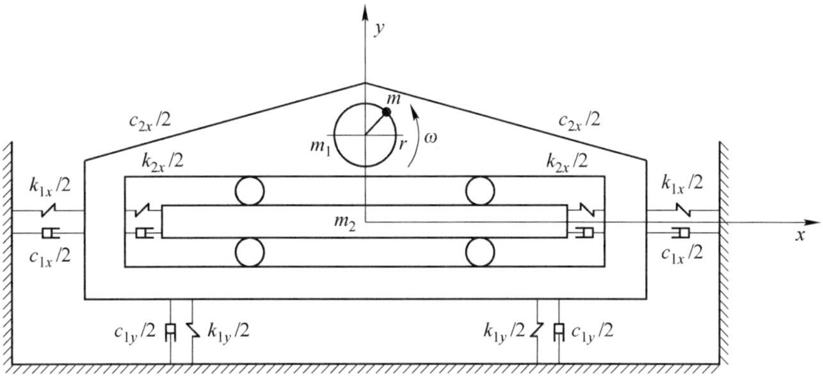

图 10-10 振动弛张筛力学模型

m 是激振器偏心块的质量，r 是偏心距，ω 为偏心块旋转角速度。

k_{1x}，c_{1x}——主筛框与基础之间在 x 方向的刚度和阻尼系数。

k_{1y}，c_{1y}——主筛框与基础之间在 y 方向的刚度和阻尼系数。

k_{2x}，c_{2x}——主筛框与浮动筛框之间在 x 方向的刚度和阻尼系数。

剪切弹簧的厚度比较薄，在 y 方向上刚度很大，在该方向上浮动筛框与主筛框一同运动，因此，刚度简化为无穷大的滚动体。

聚氨酯筛面只有在梁产生相对运动，筛板被拉紧时才存在弹性力。一般地，主浮筛框相互远离时，筛面不会被拉伸或拉伸很小，所以筛面在两质体间，没有提供弹性力。

首先研究弹簧内部阻尼可以忽略的情形。

列出 m_1 在 x_1、m_2 在 x_2 以及 m_1+m_2 在 y 方向的振动微分方程：

$$\begin{cases} m_1\ddot{x}_1 + (k_{1x} + k_{2x})x_1 - k_{2x}x_2 = m\omega^2 r\cos\omega t \\ m_2\ddot{x}_2 - k_{2x}x_1 + k_{2x}x_2 = 0 \\ (m_1 + m_2)\ddot{y} + k_{1y}y = m\omega^2 r\sin\omega t \end{cases}$$

设上述方程的特解为：

$$\begin{cases} x_1 = X_1\cos\omega t \\ x_2 = X_2\cos\omega t \\ y = Y\sin\omega t \end{cases}$$

X_1、X_2 分别为主筛框、浮动筛框在 x 方向的振幅，Y 为主浮筛框在 y 方向的振幅：

$$\begin{cases} \ddot{x}_1 = -\omega^2 X_2\cos\omega t \\ \ddot{x}_2 = -\omega^2 X_2\cos\omega t \\ \ddot{y} = -\omega^2 Y\sin\omega t \end{cases}$$

将上两式代入方程组中，解得三个振幅为：

$$\begin{cases} X_1 = \dfrac{mr}{m_1}\dfrac{(\omega_2^2-\omega^2)\omega^2}{(\omega^2-\omega_{01}^2)(\omega^2-\omega_{02}^2)} \\ X_2 = \dfrac{mr}{m_2}\dfrac{\omega_2^2\omega^2}{(\omega^2-\omega_{01}^2)(\omega^2-\omega_{02}^2)} \\ Y = \dfrac{mr}{M}\dfrac{\omega^2}{\omega_{12}^2-\omega^2} \end{cases} \tag{10-1}$$

其中：

$$\omega_{12} = \sqrt{\frac{k_{1y}}{M}}$$

式中，$M = m_1 + m_2$，为 y 方向双质体整体固有频率。

$$\omega_{01}^2、\omega_{02}^2 = \frac{1}{2}[(1+\mu)\omega_2^2+\omega_1^2] \mp \frac{1}{2}\sqrt{[(1+\mu)\omega_2^2+\omega_1^2]^2 - 4\omega_1^2\omega_2^2} \tag{10-2}$$

式中，$\mu = \dfrac{m_2}{m_1}$为质量比；$\omega_1 = \sqrt{\dfrac{k_{1x}}{m_1}}$；$\omega_2 = \sqrt{\dfrac{k_{2x}}{m_2}}$。

主浮筛框的幅频特性曲线如图 10-11 所示，图中 a 为 y 方向主浮筛框共同的幅频特性曲线；b 为 x 方向主筛框的幅频特性曲线；c 为 x 方向浮动筛框的幅频特性曲线。

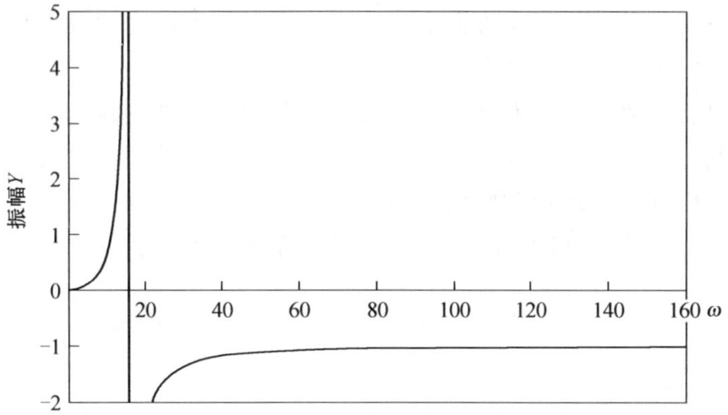

a

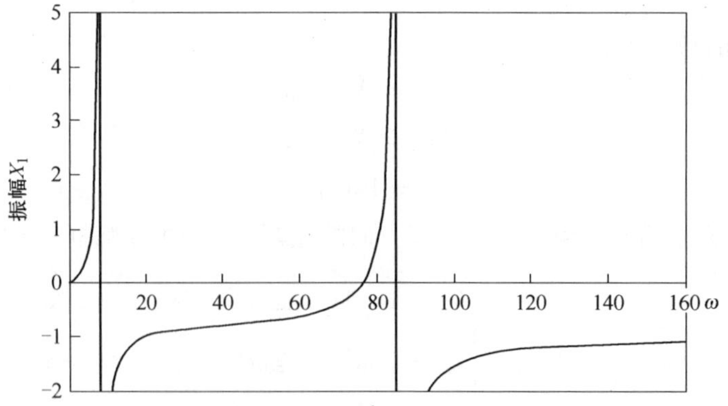

b

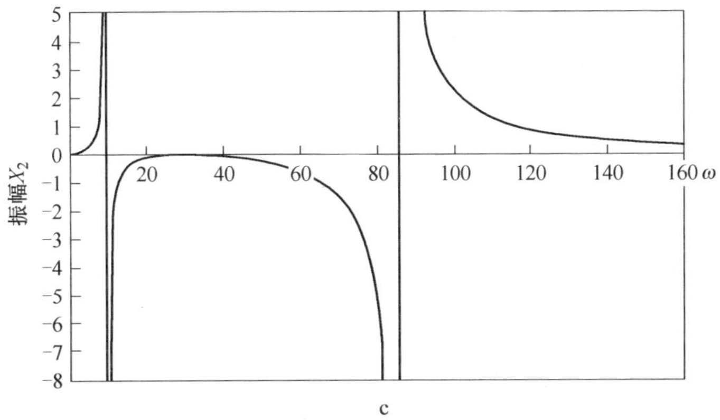

图 10-11 主浮筛框的幅频特性曲线

无阻尼振动弛张筛运动轨迹的计算：

例 10-1 某振动弛张筛，主筛框的质量为 m_1 = 9060kg，浮动筛框质量为 m_2 = 2174kg，主筛框与基础之间单只弹簧 y 方向刚度为 330N/mm，x 方向刚度为 130N/mm，共 4 个支点，每个支点 2 只弹簧；每只剪切弹簧刚度为 200N/mm，每个侧面 32 只，共 64 只。

筛机 y 方向总刚度为 k_{1y} = 330 × 8 = 2640N/mm，水平方向总刚度 k_{1x} = 130 × 8 = 1040N/mm；两质体之间剪切弹簧的剪切刚度为 k_{2x} = 200 × 64 = 12800N/mm。

根据式（10-2），计算 x 方向上，双质体振动系统固有频率分别为：ω_{01} = 9.6（1/s），ω_{02} = 85.6（1/s），在 y 方向上，总的固有频率 ω_{12} = 15.3（1/s）。

振动弛张筛偏心块转速为 n = 778r/min，ω = 81.5（1/s）。

在 y 方向激励频率是固有频率的 5.3 倍，工作在远共振区。

在 x 方向激励频率为系统第二阶固有频率的 $\lambda = \dfrac{\omega}{\omega_{02}} = 0.95$ 倍，工作在近二阶共振区，如图 10-12 所示。

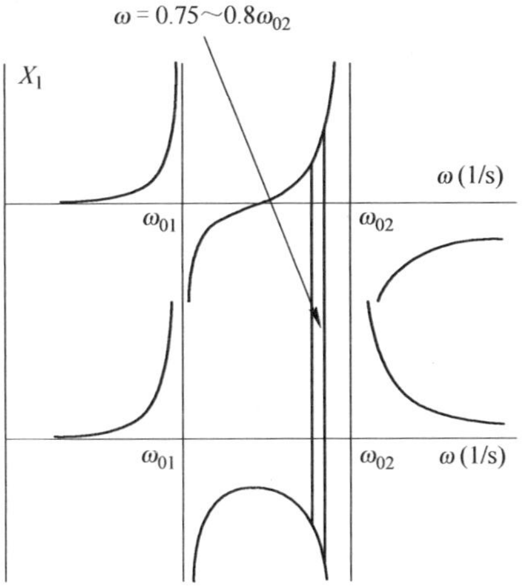

图 10-12 主浮筛框的幅频特性曲线

根据式（10-1）计算 x 方向主筛框的振幅 X_1 = 2.3mm，浮动筛框的振幅 X_2 = −8.7mm，主浮筛框在 y 方向的振幅 Y = −2.5mm。

主浮筛框的运动轨迹如图 10-13 所示。

我们注意到，x_1、x_2 是反相位，主筛框与浮动筛框的运动轨迹是反向的，主筛框逆时针转动，浮动筛框顺时针，主筛框顺时针转动，浮动筛框就逆时针方向转动，这样，主浮梁之间的橡胶筛面就作张弛运动。

事实上，无论是隔振弹簧还是剪切弹簧，橡胶的阻尼是存在的，理论上，弹簧的刚度和阻尼是由橡胶的配方和硬度等来保证。但是，制作一定阻尼和刚度的橡胶弹簧是很困难

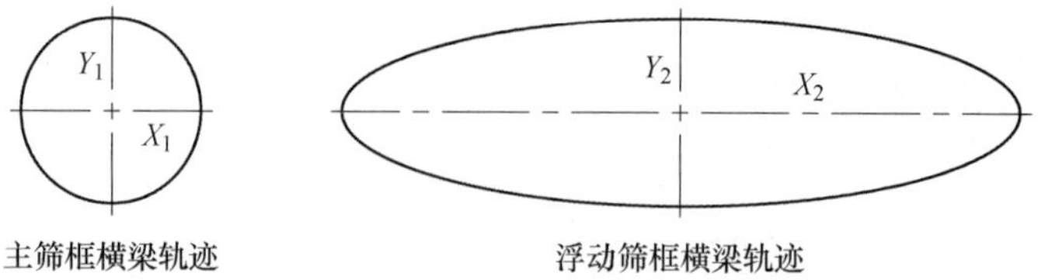

图 10-13 主浮筛框的运动轨迹

的。实际上，在制作橡胶弹簧时，首先要保证弹簧的刚度，阻尼不做硬性要求，换句话说，橡胶弹簧的刚度可控而阻尼不可控。

如图 10-14a 所示，由于阻尼的存在，在近共振区内，振幅比无阻尼振幅减小，但是，振幅具体是多少与阻尼的大小有关，阻尼越大振幅越小，由于阻尼的不可预知，所以，弛张筛的实际振幅与无阻尼设计振幅不等，在实际中，需要进行调整，来满足实际需求。

如图 10-14b 所示，当振幅偏大需要调小时，增加主浮筛框之间的剪切弹簧数量，以增加剪切弹簧刚度，系统的二阶固有频率变大，振幅减小。反之，如果要调大相对振幅，就要减少主浮筛框之间的剪切弹簧的数量，降低剪切弹簧的刚度，第二阶固有频率减小，幅频特性曲线左移，主浮筛框相对振幅增大。

实际上，剪切弹簧的数量不能无限制的增减，再者，由于筛机的对称性，增减剪切弹簧的数量必须是 4 的倍数，调节振幅不是无级的。

当用增减剪切弹簧的数量调节振幅不能满足要求时，就要改变偏心块的夹角来调节振幅，如图 10-14c 所示，偏心块夹角调小，偏心质量矩增大，振幅增加，否则，偏心块夹角调大，振幅就减小。

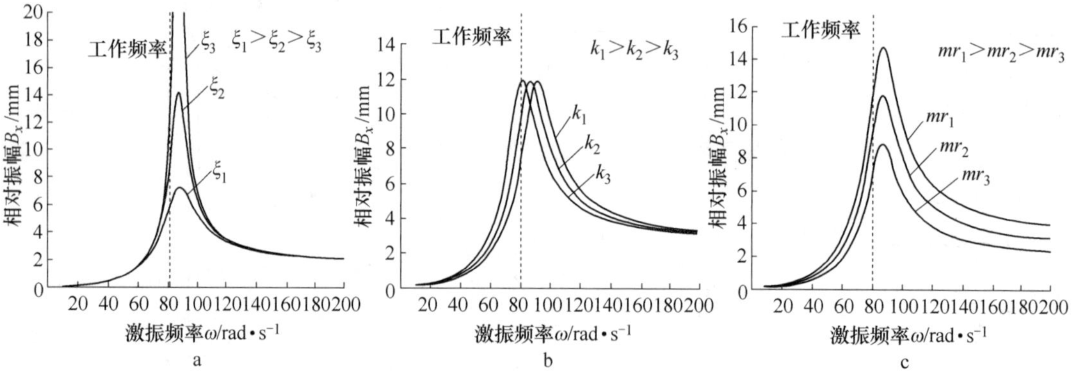

图 10-14 影响相对振幅的三个显著性因素

11 振动筛的工艺和动力学参数

11.1 振动筛的工艺参数

振动筛的工艺参数指筛面的宽度和长度、倾角、振幅和频率以及振动筛运动的方向角（抛射角）等结构参数。这些参数决定了振动筛的主要结构，同时也影响着振动筛的筛分效果。

（1）筛面的长度和宽度。为了提高振动筛的能力和效果，就要适当地确定振动筛的长度和宽度。一般来说，当筛分的其他条件相同时，生产率主要取决于筛面宽度，筛分效率则主要取决于筛面长度。

筛面宽度是决定振动筛生产率的主要因素。在物料厚度一定时，物料的通过能力主要取决于振动筛的宽度，所以筛面越宽，生产能力越大。但是，振动筛的宽度不能太大，如果宽度过大，使用时很难保证均匀给料；同时，在结构上，振动筛允许的宽度又受到筛框强度的限制。如果振动筛太宽，则筛框的强度和刚度都难以保证。

筛面长度影响到物料的筛分效率，因为物料筛分时间与筛面长度有关，筛面越长，则筛分时间越长，筛分效率就越高。但是根据筛分理论，任意增长筛分时间是没有必要的。因为在筛分过程中，最初一段时间筛分效率增长的很快，随时间的增长，筛分效率的增加逐渐缓慢，这时候，如果用增加筛分时间来提高筛分效率，实际上是不合理的，从这点出发，筛面应当有适当的长度；另外，与筛面宽度一样，当筛面长度过长时，筛机的可靠性就难以保证。

（2）筛面倾角。筛面的倾角是指振动筛正常工作时筛面与水平面的夹角。倾角大小影响筛面上物料的运动速度，当筛面倾角大时，物料运动速度快，生产量大，但筛分效率随之降低。在不同使用场合下，各种筛分机需有各自适宜的倾角。

对于直线振动筛，一般是水平安装，倾角为零。水平振动筛物料的运动主要靠筛面的振动所形成的物料抛射运动，筛网很容易被颗粒堵塞，要避免筛孔堵塞，筛面的振动强度应该大于某个临界值，这个临界值随筛孔大小而变，筛孔越大，所需临界振动强度越大，由于结构上的原因，振动筛振动强度只能限制在一定范围之内。所以，水平的振动筛一般只用在筛孔为40mm以下的中、小粒度的筛分或煤的脱水、脱泥和脱介。如果用于筛孔为50mm以上的筛分，振动筛应有一个角度，其倾角为5°~10°。

对于圆振动筛，因为物料在筛面上的抛射角比较大，输送物料能力差，为了使物料在筛面上有足够的运动速度，圆振动筛必须采用较大的倾角，一般地，常用圆振动筛的倾角为13°~20°，筛面大的倾角使筛上物料易流动和滚动，物料的松散性能好，所以圆振动筛多用于物料的分级。一般筛面长度不超过5m，否则，排料端物料运动可能向后，物料排不出去。我国目前使用的单轴振动筛用于预先筛分时，倾角为15°~20°；用于最终筛分时，倾角为13°~18°。

（3）振幅、频率和振动强度。振幅是指筛箱工作行程的一半，频率是指每分钟的振动次数。筛箱振幅和频率是表征筛面运动特性的一对参数，它们的大小决定了筛箱运动速度和加速度大小。振幅越大，频率越高，则筛箱的运动速度和加速度也越大。

筛箱运动的最大加速度为$A\omega^2$，也可写成：

$$a = A\omega^2 = A\pi^2 n^2/900 \tag{11-1}$$

式中 A——筛箱振幅，m；

n——筛箱振动频率，r/min；

ω——筛箱振动角频率，rad/s。

从式（11-1）中可见，加大振幅和频率的任何一个参数都能加大筛箱的加速度，但是，由于加速度与频率的平方成正比，所以加大频率比加大振幅的影响大得多。

在振动筛工作过程中，筛箱必须具备足够大的加速度才能使筛面上的物料跳起并向前移动，但是筛箱的加速度不能过大，因为加速度过大，不但会破坏物料的最佳工作状态，而且对筛箱的结构也提出更高的要求，或者超出振动筛结构强度所允许的范围。

经验表明：若使筛分效率和生产能力都具有较高的性能，对于粗粒筛分，应当采用低频大振幅；反之，对于细粒筛分，则用高频小振幅。目前，一般煤用振动筛的振幅为2～5mm，频率为800～1500r/min。

振动强度是筛箱加速度与重力加速度的比值，也就是筛箱加速度等于重力加速度的倍数。用公式表示为：

$$K = A\omega^2/g \tag{11-2}$$

振动强度的大小表明了振动筛振动的厉害程度，振动强度越大，说明振动筛振动越厉害，否则，说明振动筛振动越弱。所以，振动强度决定了筛箱的结构强度，振动强度越大，振动筛的强度越强，我国的煤用振动筛，振动强度在3～5。

（4）抛射角。抛射角是指直线振动筛运动方向与筛面所成的角度，也是颗粒物料跳离筛面时，颗粒运动方向与筛面的夹角，如图11-1所示。抛射角大则物料跳得高、跳得近，有利于物料透筛，但生产能力小，适用于难筛物料；抛射角小则物料跳得低、跳得远，物料透筛概率低，但生产能力大，适用于易筛物料。

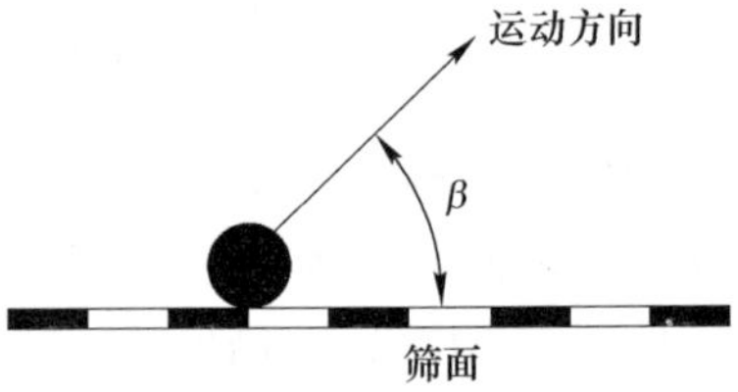

图11-1 抛射角

对于圆振动筛，筛面上物料的抛射角是圆运动轨迹的切线与筛面的夹角，与振动筛的振动强度有关，振动强度越大，颗粒被抛起的越早，抛射角越大；反之，抛射角越小。

（5）抛射强度或抛掷指数。表明物料在筛面上的活跃程度，抛射强度越大，物料跳得越高，越活跃，物料折算到振动筛参振质量的结合系数越小；反之，抛射强度越小，物料跳跃低，活跃程度差，物料结合系数越大。

$$K_v = \frac{A\omega^2 \sin\beta}{g\cos\alpha}$$

11.2 振动筛的动力学参数

（1）参振质量。

$$M = M_1 + M_2 + M_3 \quad (\text{kg}) \tag{11-3}$$

式中 M——参振质量，kg；

M_1——筛箱质量，kg；

M_2——激振器质量，kg；

M_3——物料结合质量，kg。

其中，

$$M_3 = f_w BL\gamma H_i \tag{11-4}$$

式中 f_w——物料结合系数，取0.2～0.4；

B—筛面的宽度，m；

L——筛面的长度，m；

γ—散密度，kg/m^3；

H_i——筛面上料层的平均厚度，m。

（2）振动筛固有频率。对于单质量系统，其固有频率的计算公式如下：

$$\omega_n = \sqrt{\frac{K}{M}} \tag{11-5}$$

式中 K——系统中弹簧的总刚度，N/m；

M——参振质量，kg。

（3）偏心块计算。偏心块是产生激振力的部件，它的参数将决定振动筛激振力的大小。常见的偏心块的形状多为扇形，如图11-2所示。偏心块参数的计算公式如下：

$$mr = MA \tag{11-6}$$

式中 m——偏心块的总质量，kg；

r——偏心块的偏心半径，m；

M——振动筛参振质量，kg；

A——振动筛工作振幅，m。

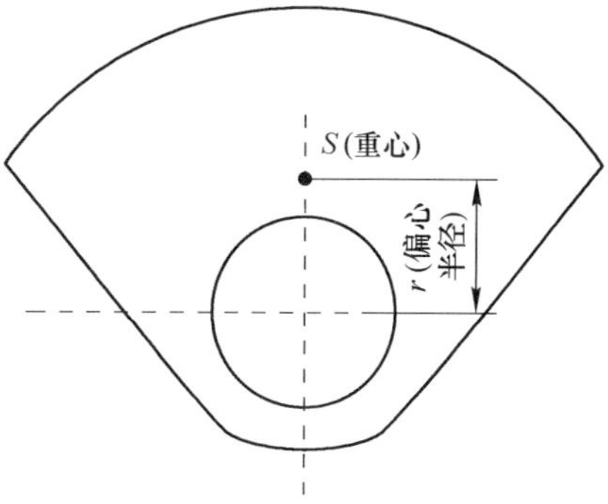

图11-2 偏心块示意图

复习思考题

1. 振动筛振幅的近似计算公式是什么？
2. 香蕉筛与普通的直线振动筛在结构上有哪些不同？
3. 香蕉筛适用条件是什么？
4. 香蕉筛与普通直线振动筛激振力线与质心的相对关系是什么？
5. 弛张筛筛框的振动强度有多少？
6. 弛张筛筛面的振动强度与抛掷指数有多少？与刚性筛面进行比较。
7. 振动强度和抛射强度的概念是什么？说明其物理意义。

第3篇　离心脱水设备

煤炭脱水是选煤作业的重要环节，对于粒煤脱水的主要设备有：振动筛和离心机。由于离心机离心力比重力大得多，所以，离心机的脱水比振动筛脱水效果好。对于块煤来说，经过振动筛脱水后的产品一般能够达到要求，但是，对于末精煤来说，用振动筛脱水后达不到用户要求，要经过离心机再次脱水，粗煤泥脱水更难一些，要经过离心力更大的煤泥离心机脱水。

离心机从用途上分为块煤离心机和煤泥离心机两大类；从卸料方式分为振动卸料和刮刀卸料两类；从筛篮轴线的方位分为立式离心机和卧式离心机两类。

根据振动原理的不同，目前，振动离心机分为反共振离心机、远共振离心机和近共振离心机三种。

刮刀离心机的传动部件是差速器，差速器的种类又分为摆线差速器、星星齿轮差速器和普通双齿轮传动差速器三种。

12　反共振卧式离心机

12.1　反共振卧式离心机机构

反共振卧式振动离心机的外形如图12-1所示，由底架、主电机、皮带罩、方体、振动电机、水仓体、入料管、排料口和离心液管组成。

图12-2是卧式振动离心脱水机结构简图，工作原理包括离心脱水和振动卸料两部分。

（1）离心脱水：主电机1旋转，通过小皮带轮2、三角带3和大皮带轮4减速后，驱动主轴5，带动筛篮6旋转；同时，物料从入料管给到筛篮底部，在离心力的作用下，使小于筛孔的物料透过筛篮（由于筛孔尺寸较小，筛下物绝大部分为离心液体），通过离心液出口12排除。

（2）振动卸料：振动电机10反向同步旋转产生水平激振力，使得筛篮以相同频率水平方向振动，内部的物料连续向筛篮大端运动，最后落入产品出口14，实现固液分离。

12.1.1　工作系统

工作系统指在物料从进入离心机到离开离心机的整个过程中与物料直接接触的部件，如图12-3所示，包括入料管、筛篮、离心液出口、水仓体和产品出口等。

入料管和离心液管是由钢管焊接而成，水仓体是大直径圆管，它是用钢板经卷板机轧

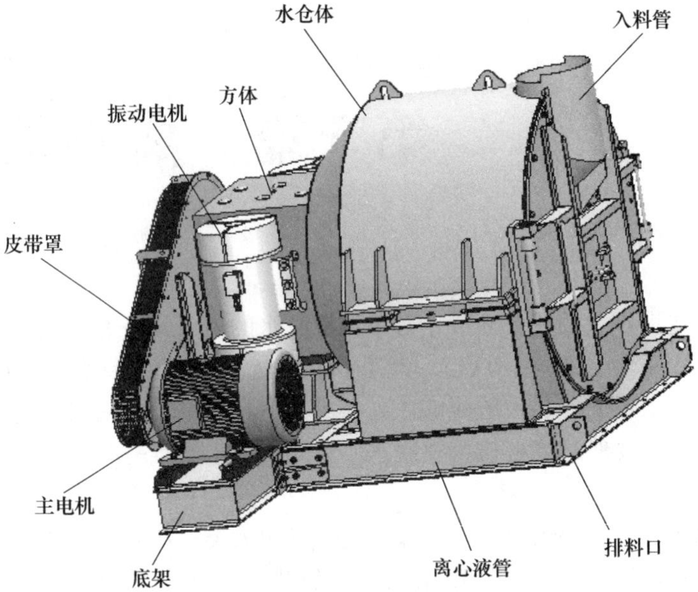

图 12-1 反共振卧式离心机

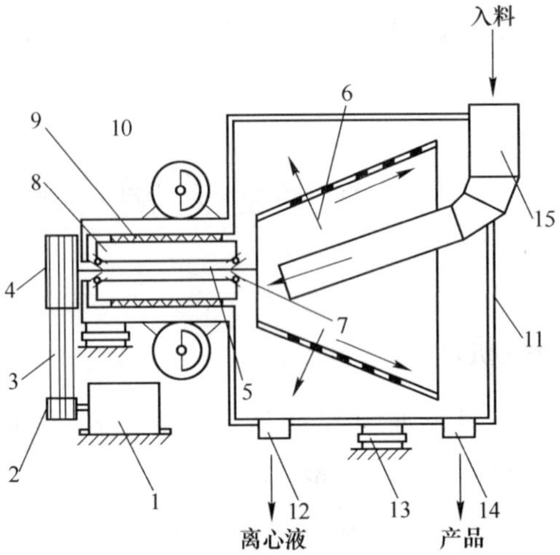

图 12-2 反共振离心机结构示意图

1—电动机；2—小皮带轮；3—三角带；4—大皮带轮；5—旋转主轴；6—筛篮；7—轴承；8—内方体；9—剪切橡胶弹簧；10—振动电机；11—水仓体（门板）；12—离心液管；13—橡胶弹簧；14—排料口；15—入料管

制后焊接而成，排料口用钢板焊接，出口为长方形，这些部件直接接触物料和液体，排料口和入料管内壁衬有耐磨瓷砖，而水仓体和离心液管内部涂有防腐胶，这些措施是为了耐磨和耐腐蚀以延长其使用寿命。

筛篮是离心脱水机的重要工作部件，如图 12-4 所示，其形状为圆锥形，把不锈钢筛片裁剪成扇形，然后卷成圆锥形，与筛篮支撑骨架焊接而成。由于筛篮大质量的旋转部件，其不平衡质量旋转会使振动离心机产生不必要的振动，造成损坏机械设备和基础的振

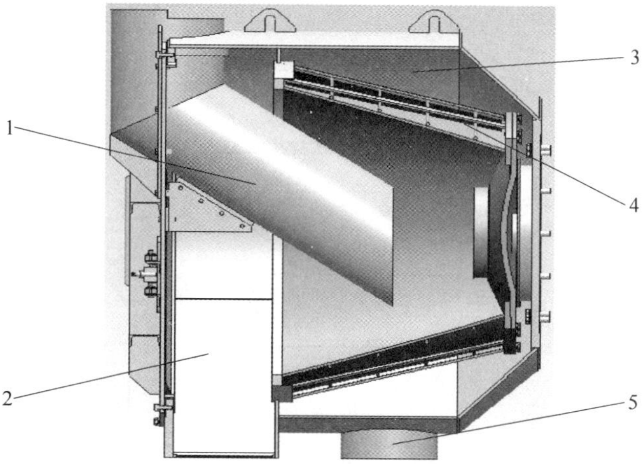

图 12-3 离心机工作系统

1—入料管；2—排料口；3—水仓体；4—筛篮；5—离心液管

动，为了消除或减小该振动，离心机筛篮必须做动平衡。

为了物料在筛面上的运动阻力和防止筛网的堵塞，筛丝的断面轧制成倒梯形，筛条按锥体母线顺物料流动方向排列，筛缝宽度 0.3 ~0.5mm，如图 12-5 所示。

图 12-4 筛篮

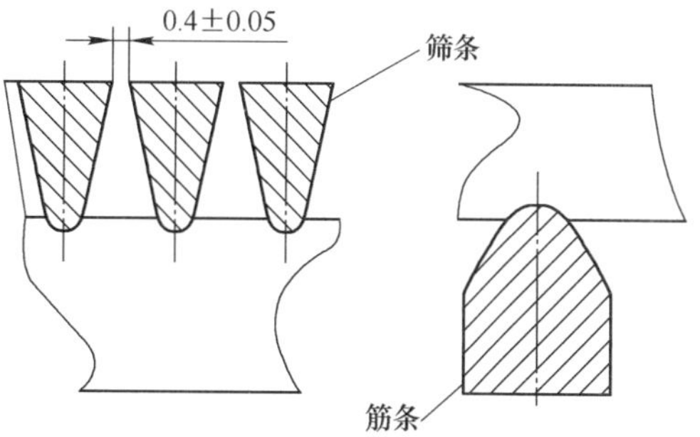

图 12-5 倒梯形筛条

筛面磨损后，筛缝隙就会增大，所以筛篮属易损件，一般使用 1500 ~2000h 后更换。

12.1.2 回转系统

离心机的回转系统和振动系统的主要结构是方体，其剖面如图 12-6 所示，主要有内外方体、主轴、一对相对使用的推力轴承、大皮带轮，内外方体之间每个平面放置 2 块橡胶板，共 8 块橡胶板，在橡胶板与外方体之间再放入压板，每面 1 块，共 4 块压板，最后在压板与外方体之间插入插板使橡胶板压缩，每面 1 块插板，共 4 块，这样内外方体就被橡胶弹簧连接到一起。

大皮带轮通过胀紧联结套与主轴固定在一起，胀紧联结套的结构如图 12-7 所示。胀紧联结套装在轴和轮毂之间，扭紧螺钉使一对圆锥环挤压内环和外环，内环缩小外环胀

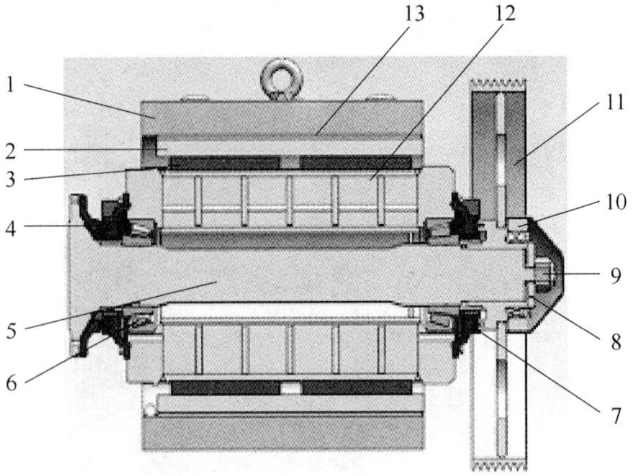

图 12-6 卧式振动离心机回转系统

1—外方体；2—压板；3—橡胶板；4—迷宫密封；5—主轴；6—轴承；7—轴承盖；8—端挡板；9—圆螺母；10—胀套；11—大皮带轮；12—内方体；13—插板

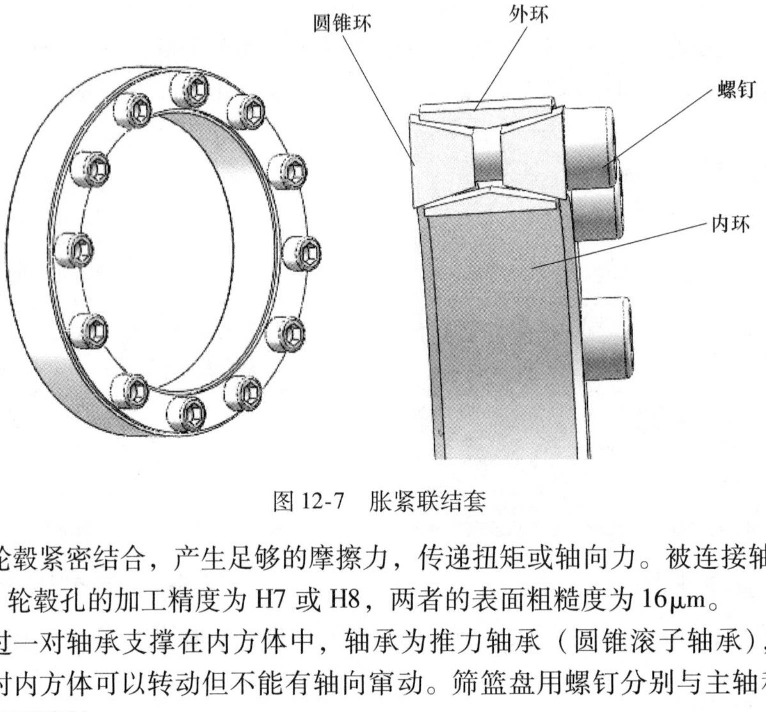

图 12-7 胀紧联结套

大。与轴和轮毂紧密结合，产生足够的摩擦力，传递扭矩或轴向力。被连接轴的加工精度为 h7 或 h8，轮毂孔的加工精度为 H7 或 H8，两者的表面粗糙度为 16μm。

主轴通过一对轴承支撑在内方体中，轴承为推力轴承（圆锥滚子轴承），相对安装，这样主轴相对内方体可以转动但不能有轴向窜动。筛篮盘用螺钉分别与主轴和筛篮连接，在主轴的带动下旋转。

12.1.3 振动系统

回转系统主要是筛篮回转，目的是物料的离心脱水。振动系统主要是筛篮的振动，目的是筛篮振动卸料。振动系统包括振动电机、橡胶弹簧和振动体。振动电机安装在离心机外方体上，外方体和内方体之间通过压板、橡胶弹簧和插板压紧，如图 12-8 所示。

外方体与水仓体用螺栓连接成为一个振动体，该振动体还包括振动电机、门板和入料管等，主轴、内方体、筛篮、轴承、大皮带轮组成另一振动体，两振动体由 8 块橡胶板连

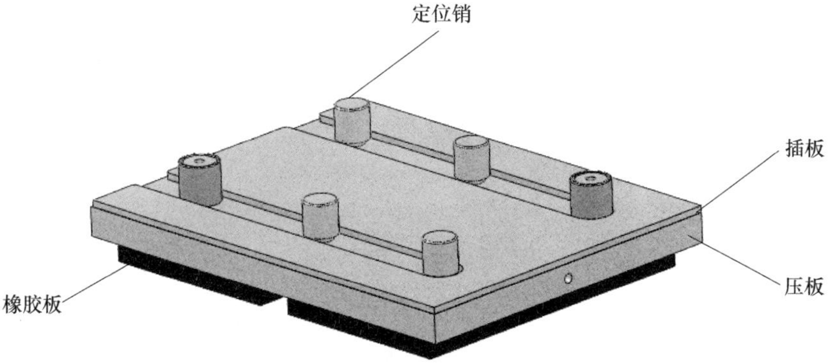

图 12-8 离心机橡胶弹簧

接。外方体和水仓体与底架之间还有 8 块隔振橡胶弹簧，该振动系统是双质体振动。

12.2 反共振离心机的基本理论

图 12-9 为反共振离心机在水平方向振动简化力学模型，振动电机安装在 m_1 上，由于阻尼很小忽略阻尼，列出双质体强迫振动微分方程：

$$\begin{cases} m_1\ddot{x}_1 + (k_1 + k_2)x_1 - k_2x_2 = 2m\omega^2 r\cos\omega t \\ m_2\ddot{x}_2 - k_2x_1 + k_2x_2 = 0 \end{cases} \tag{12-1}$$

式中，m_1 为外方体、水仓体、门板、入料管和振动电机组成的质量；m_2 为大皮带轮、主轴、内方体、轴承、迷宫、筛篮及筛篮盘组成的质量；k_1 为水仓体和外方体与基础之间的隔振弹簧在水平方向的刚度；k_2 为内外方体之间橡胶弹簧在水平方向的剪切刚度；每台振动电机的偏心质量为 m；偏心半径为 r；旋转角速度为 ω。

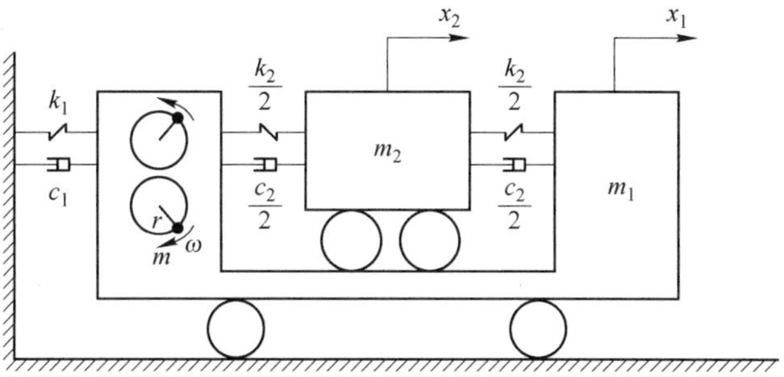

图 12-9 反共振离心机力学模型

假设两振动体的位移为：

$$\begin{cases} x_1 = X_1\cos\omega t \\ x_2 = X_2\cos\omega t \end{cases} \tag{12-2}$$

其中，X_1、X_2 为两振动体的振幅，振动体的加速度为：

$$\begin{cases} \ddot{x}_1 = -\omega^2 X_1\cos\omega t \\ \ddot{x}_2 = -\omega^2 X_2\cos\omega t \end{cases}$$

代入方程组，解得：

$$
\begin{cases}
X_1 = \dfrac{2mr}{m_1} \cdot \dfrac{\omega^2(\omega_2^2 - \omega^2)}{(\omega^2 - \omega_{01}^2) \times (\omega^2 - \omega_{02}^2)} \\
X_2 = \dfrac{2mr}{m_1} \cdot \dfrac{\omega^2\omega_2^2}{(\omega^2 - \omega_{01}^2) \times (\omega^2 - \omega_{02}^2)}
\end{cases}
\tag{12-3}
$$

其幅频特性曲线如图 12-10 所示。

$$
\begin{cases}
\omega_{01}^2 = \dfrac{\omega_1^2 + (1+\mu)\omega_2^2 - \sqrt{[\omega_1^2 + (1+\mu)\omega_2^2]^2 - 4\omega_1^2\omega_2^2}}{2} \\
\omega_{02}^2 = \dfrac{\omega_1^2 + (1+\mu)\omega_2^2 + \sqrt{[\omega_1^2 + (1+\mu)\omega_2^2]^2 - 4\omega_1^2\omega_2^2}}{2}
\end{cases}
$$

式中，$\mu = \dfrac{m_2}{m_1}$；$\omega_1 = \sqrt{\dfrac{k_1}{m_1}}$；$\omega_2 = \sqrt{\dfrac{k_2}{m_2}}$。

当振动电机的振动频率满足 $\omega = \omega_2$ 时，

$$
\begin{cases}
X_1 = 0 \\
X_2 = -\dfrac{2mr}{m_2}
\end{cases}
$$

这就是说，筛篮振动，水仓体及外方体不振动。筛篮振动输送物料，水仓体及外方体不振动，对基础没有动负荷，这都是我们希望的。事实上，剪切弹簧的阻尼是存在的，所以，振幅为零的点是不存在的，反共振点只是振幅最小的点。

在双质体及以上的振动系统中，当激励频率达到某一值时，有一个质体不振动，其余质体振动。不振动与共振现象正好相反，称为反共振状态，双质体振动的幅频特性曲线如图 12-10 所示。

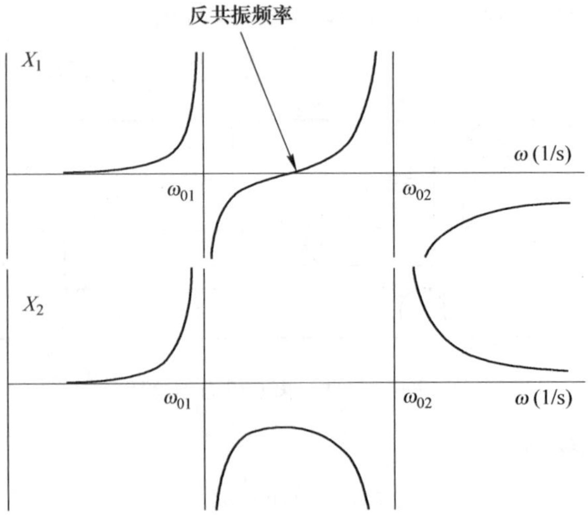

图 12-10 卧式振动离心机反共振工况

值得一提的是，利用反共振原理制作的振动卸料离心机只是双质体振动理论应用的一种，其着眼点是对基础的动负荷小。也有的振动卸料离心机的工况点工作在第二阶近共振区，利用共振原理，较小的激振力就可以获得我们想要的振幅，电机功率低，目的是为了节能。

13 远共振卧式振动离心机

13.1 远共振卧式振动离心机结构

20 世纪 90 年代，我国自行设计和制造的 WZY1400 型卧式振动离心机为远共振卧式离心机，其结构如图 13-1 所示。WZY1400 型卧式振动离心机是由旋转部分、振动部分、机体和润滑系统组成。

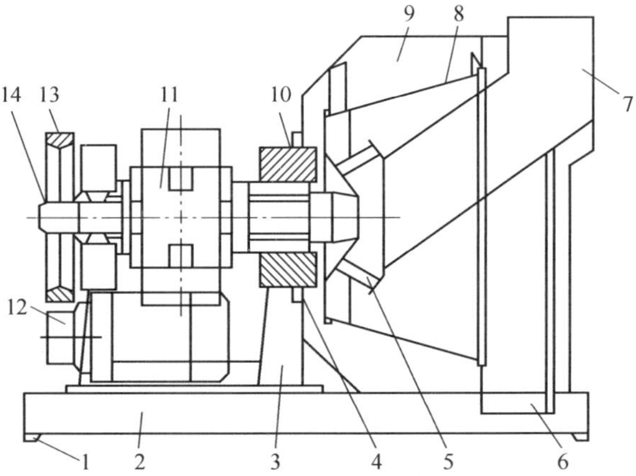

图 13-1 WZY1400 卧式振动离心机结构图

1—隔振弹簧；2—机架；3—支座；4—环形橡胶弹簧；5—分配环；6—排料口；7—给料管；8—筛篮；9—水仓体；10—轴承；11—振动电机；12—主电机；13—皮带轮；14—盘形弹簧

旋转系统：主轴的两端分别连接大皮带轮和筛篮，主轴由一对轴承安装在箱体内，为了保证主轴与箱体之间不会出现窜轴现象，一对推力轴承相向安装。主电机通过三角皮带经大皮带轮驱动主轴，使固定在主轴一端的筛篮作高速旋转运动。

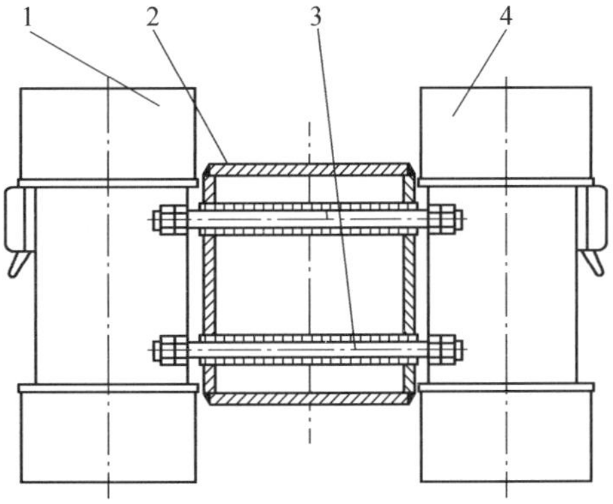

图 13-2 卧式振动离心机振动电机

1，4—振动电机；2—箱体；3—双头螺栓

振动系统：两台激振电机分别位于箱体两侧并与箱体相连，如图 13-2 所示。该箱体装在两端环形橡胶内。两台振动电机转向相反，形成与筛篮轴线相同方向的水平直线激振力，激励筛篮、主轴、大皮带轮、振动电机和箱体一起振动。

环形橡胶弹簧 4 是两个质体之间的弹簧，共有 3 个，皮带轮一侧一个，筛篮侧两个，保证筛篮轴线水平。环形橡胶弹簧将离心机分割成两个质体，筛篮、主轴、轴承、箱体、振动电机、皮带轮构成一个质体，水仓体、给料管、门板、机架、主电机等组成另一质体，由隔振弹簧与地基相连。

13.2 远共振离心机振动理论

如图13-3是WZY1400型卧式振动离心机的力学模型，属于双质体振动系统。筛篮、主轴、轴承、箱体、振动电机、大皮带轮、筛篮及其附件组成上质体 m_1；水仓体、给料管、门板、机架和主电机等组成下质体 m_2；3个环形橡胶弹簧水平方向的剪切刚度为 k_1；隔振弹簧水平方向的剪切刚度为 k_2。激振力 $f_1=2m_0\omega^2 r\sin\omega t$。

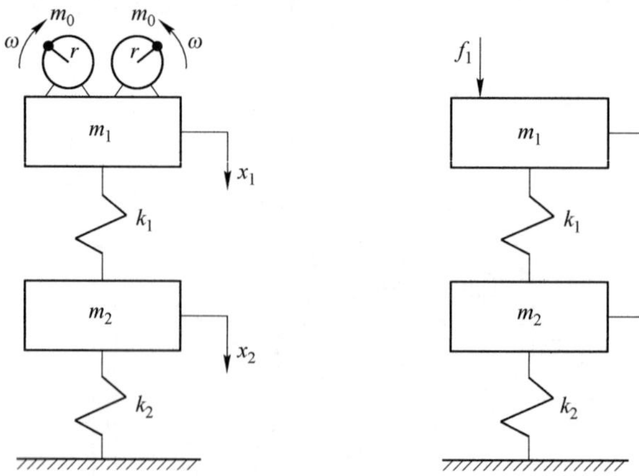

图13-3 远共振离心机力学模型

忽略阻尼的影响，其振动微分方程为：

$$\begin{cases} m_1\ddot{x}_1+k_1x_1-k_1x_2=f_1=2m_0\omega^2 r\sin\omega t \\ m_2\ddot{x}_2+k_2x_2+k_1(x_2-x_1)=0 \end{cases} \tag{13-1}$$

整理得：

$$\begin{cases} \ddot{x}_1+\dfrac{k_1}{m_1}x_1-\dfrac{k_1}{m_1}x_2=\dfrac{2m_0\omega^2 r}{m_1}\sin\omega t \\ \ddot{x}_2-\dfrac{k_1}{m_2}x_1+\dfrac{k_1+k_2}{m_2}x_2=0 \end{cases}$$

令

$$a=b=\frac{k_1}{m_1},\ c=\frac{k_1}{m_2},\ d=\frac{k_1+k_2}{m_2}$$

得：

$$\begin{cases} \ddot{x}_1+ax_1-bx_2=\dfrac{2m_0\omega^2 r}{m_1}\sin\omega t \\ \ddot{x}_2-cx_1+dx_2=0 \end{cases} \tag{13-2}$$

设 $x_1=X_1\sin\omega t$，$x_2=X_2\sin\omega t$，代入式（13-2），解得振幅与频率之间的关系：

$$
\begin{cases}
X_1 = \dfrac{2m_0 r}{m_1} \cdot \dfrac{\omega^2(d - \omega^2)}{(\omega_1^2 - \omega^2)(\omega_2^2 - \omega^2)} \\
X_2 = \dfrac{2m_0 r}{m_1} \cdot \dfrac{\omega^2 c}{(\omega_1^2 - \omega^2)(\omega_2^2 - \omega^2)}
\end{cases}
\tag{13-3}
$$

$$
\omega_{1,2}^2 = \frac{a + d}{2} \mp \sqrt{\left(\frac{a - b}{2}\right)^2 + bc}
$$

图 13-4 所示为该离心机的幅频特性曲线。

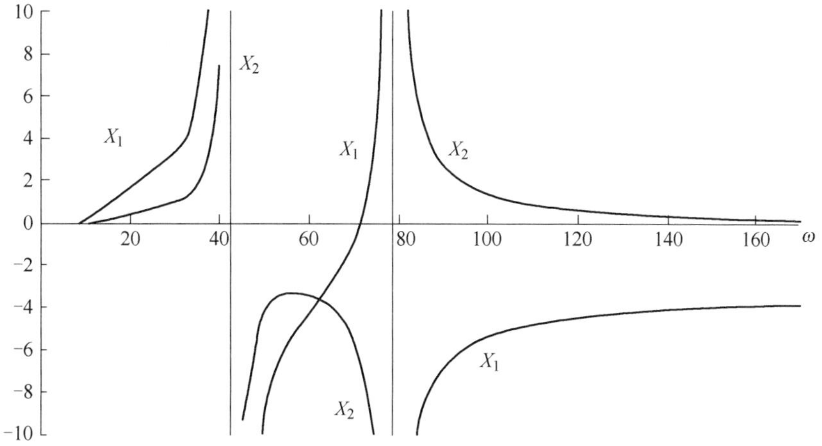

图 13-4　远共振离心机幅频特性曲线

从图中可以看出，当激励频率工作在远共振区时，$\omega = 151.7(1/s)$，上质体振幅 $X_1 \approx 2m_0 r/m_1$，下质体振幅越来越小，并逐渐趋近于 0。

如果将主轴、轴承、箱体、振动电机、大皮带轮、筛篮及其附件组成的上质体和环形弹簧作为独立的单质体进行受力分析，其幅频特性曲线在远共振区与图 13-4 中 X_1 近似重合。因此，为了简单起见，在分析双质体远共振离心机时，将力学模型简化为单质体受迫振动即可。

14 非线性卧式振动离心机

14.1 非线性卧式振动离心机结构

过去的几十年里，利用共振原理的振动机械，其弹簧大都是非线性，与线性振动机械相比较，其幅频特性曲线斜率小，当频率有所变化时，振幅几乎不变或变化不大。

非线性卧式振动离心机结构如图14-1所示，主电机带动小皮带轮运转，通过三角带带动大皮带轮转动，由于大小皮带轮直径不同，使大皮带轮减速，主轴的另一端联结筛篮，从而带动筛篮旋转。

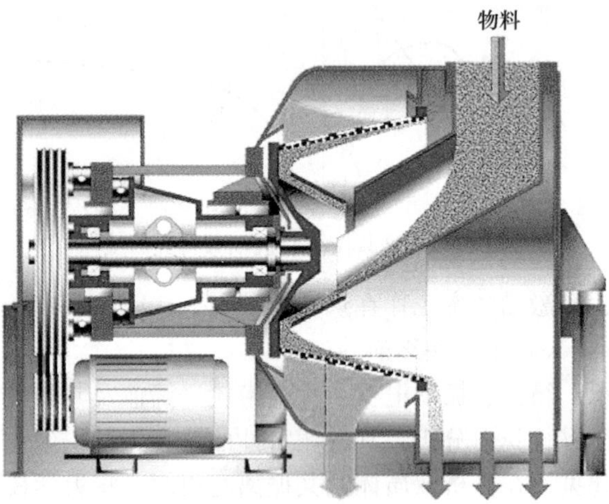

图14-1 非线性卧式振动离心机结构示意图

反共振卧式振动离心机采用振动电机激振，非线性卧式振动离心机的激振采用方箱式的双轴激振器，如图14-2所示。激振器有两根轴，每根轴上装有两个偏心块（轮），偏心块上下对称布置，并有一对齿数相同的齿轮强迫同步回转，激振力在水平方向叠加，在垂直方向互相抵消。该离心机激振器与主轴、筛篮为同一质体，使筛篮产生沿主轴方向的振动。

为了减小噪声，从动齿轮为胶木齿轮。在偏心轮上有圆孔，如图14-3所示，用加减圆柱销来改变偏心距，调节激振力的大小和调整振幅。主轴上的三角皮带轮是特殊的，三角带轮为单槽剖分式，增减中间的垫片可改变皮带轮的实际直径，达到调节激振频率的目的。

如图14-4所示是卧式振动离心机振动箱体剖面图，钢齿轮安装在主动轴上，与安装在从动轴上的胶木齿轮啮合，使主动轴和从动轴保持同步反向旋转，安装在两个轴上的偏心块也会同步反向旋转，产生沿主轴方向的激振力，激励筛篮沿主轴方向振动。

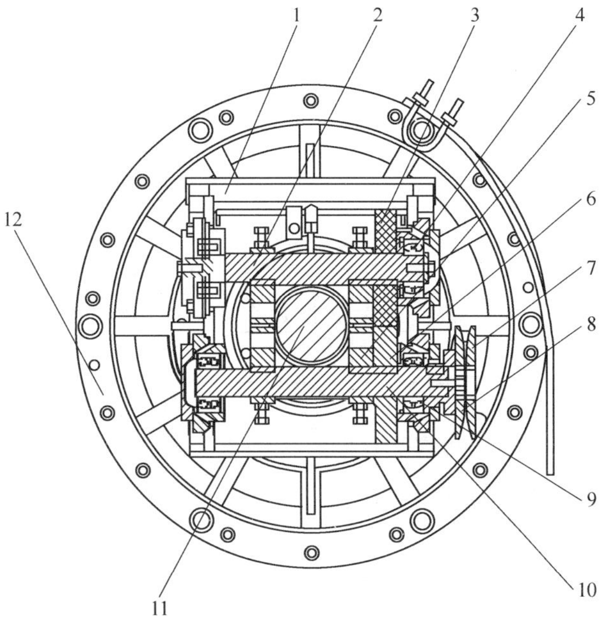

图 14-2　卧式振动离心机振动箱体纵剖图

1—振动箱体；2—从动轴；3—胶木齿轮；4，9—球面滚子轴承；5—偏心块；6—钢齿轮；7—三角带轮；8—调整垫片；10—主动轴；11—主轴；12—壳体

在振动过程中，两组扇形缓冲垫进行碰撞，扇形缓冲垫之间的间隙一般在 0.6 ~ 0.9mm，可以通过增加或减少缓冲垫内侧的调整垫片来改变间隙从而改变振幅。

图 14-5 所示为卸装网篮的专用工具。

网篮的锥角取决于要脱水的产品。例如，煤为 13°、15°，铝矾土为 22.5°。

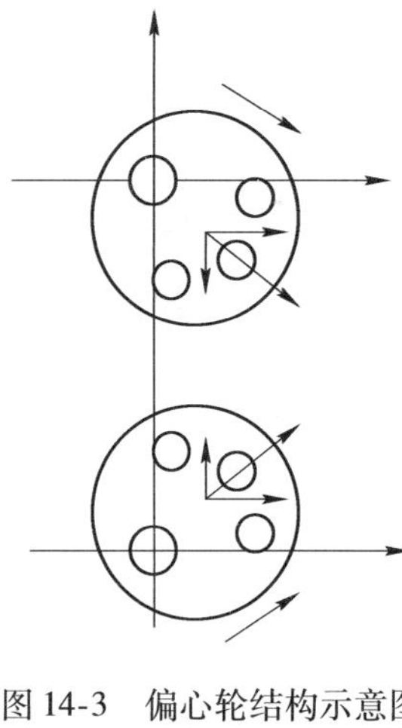

图 14-3　偏心轮结构示意图

14.2　非线性振动离心机的动力学

我们知道，当激振频率在共振频率附近工作时，较小的激振力可以产生很大的振幅，如果振幅保持不变，就可以使振动设备的装机容量减小，降低能耗。为了获得更稳定的振幅，共振原理的振动设备多采用非线性弹簧，并且工作在小于共振频率的附近，一般称为近共振或亚共振振动机。

如图 14-6 所示，近共振离心机弹簧的弹性力 F 与变形 x 的函数为折线形。弹性力是对称的，或者是接近于对称。非线性卧式振动离心机为双质体式，力学模型如图 14-7 所示。

由于隔振弹簧的刚度 k'和阻尼力与主振弹簧的刚度和阻尼力相比较可以忽略，所以振动力学方程：

$$\begin{cases} m_1\ddot{x}_1 + F(\dot{x},x) + \psi(x) = 0 \\ m_2\ddot{x}_2 - F(\dot{x},x) - \psi(x) = \sum m_0 r\omega^2 \sin\omega t \end{cases} \tag{14-1}$$

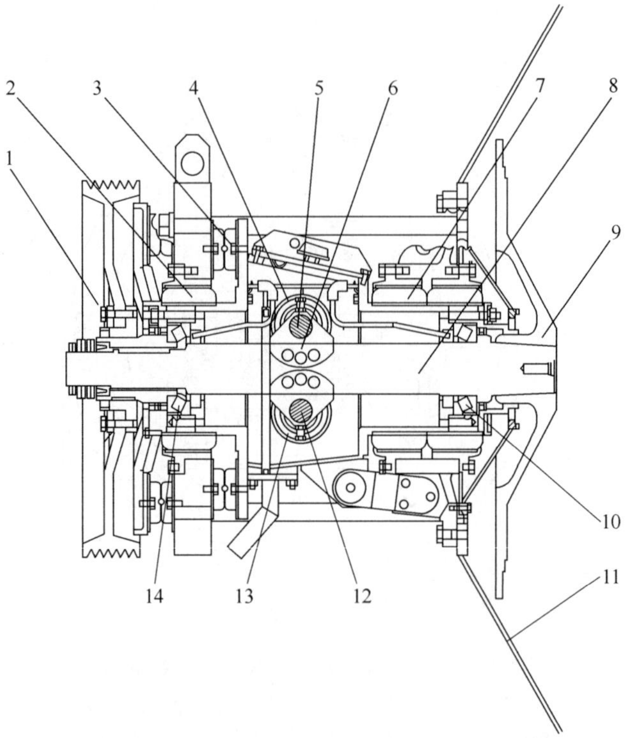

图 14-4 卧式振动离心机振动箱体横纵剖图

1—大皮带轮；2—橡胶环形缓冲垫；3—扇形弹簧；4—胶木齿轮；5—从动轴；6—偏心块；7—橡胶环形弹簧；8—主轴；9—筛篮背板；10，14—锥面滚子轴承；11—壳体；12—主动轴；13—钢齿轮

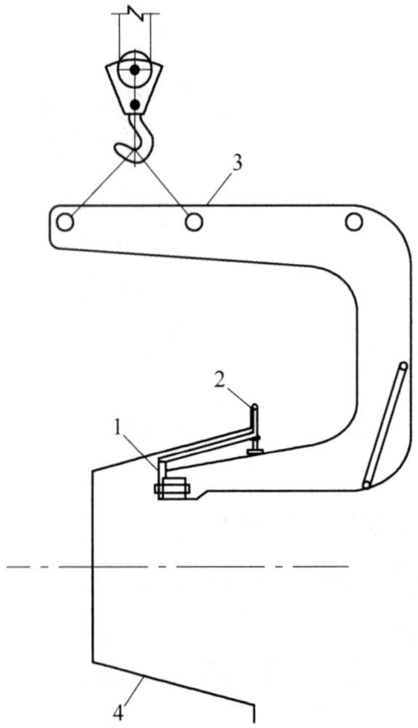

图 14-5 筛篮拆卸工具

1—拆卸工具；2—筛篮拆卸托架；3—曲臂；4—筛篮

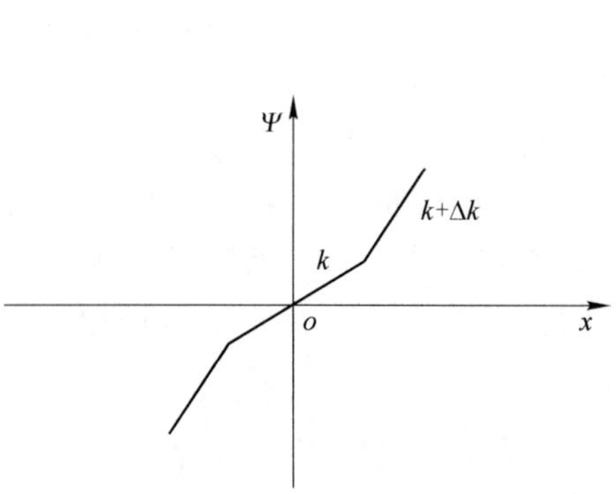

图 14-6 卧式振动离心机非线性弹簧力曲线

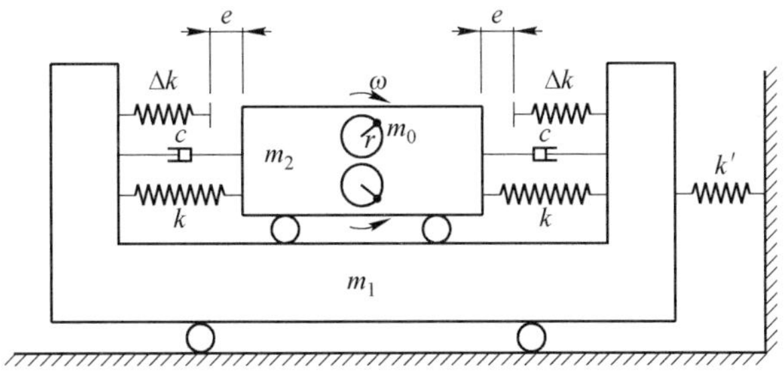

图 14-7 近共振离心机力学模型

式中，m_1、m_2 为质体 1 和质体 2 的质量；x_1、x_2 为质体 1 和质体 2 的位移；$F(\dot{x},x)$、$\psi(x)$ 为质体 1 所受的阻尼力和弹性力。质体 2 所受的阻尼力和弹性力，与质体 1 的大小相等方向相反。

非线性阻尼力可表示为：

$$F(\dot{x},x)=\begin{cases}(f+\Delta f)\dot{x} & (|x|>e)\\ f\dot{x} & (|x|\leqslant e)\end{cases}\tag{14-2}$$

非线性弹性力可表示为：

$$\psi(x)=\begin{cases}kx & (-e<x<e)\\ kx+\Delta k(x-e) & (x\geqslant e)\\ kx+\Delta k(x+e) & (x\leqslant -e)\end{cases}\tag{14-3}$$

式中 k，f——弹簧线性部分的刚度及阻尼系数；

Δk，Δf——附加弹簧的刚度与附加阻尼系数；

e——弹簧间隙。

方程（14-1）中的第一式乘以 $\frac{m_2}{m_1+m_2}$，方程中的第二式乘以 $\frac{m_1}{m_1+m_2}$，并用一式减去二式得：

$$m\ddot{x}+F(\dot{x},x)+\psi(x)=P\sin\omega t\tag{14-4}$$

其中：

$$m=\frac{m_1m_2}{m_1+m_2},\ P=-\frac{m_1}{m_1+m_2}\sum m_0r\omega^2\tag{14-5}$$

式中 x——x_1-x_2，为质体 1、2 之间的相对位移；

m——诱导质量，kg；

P——当量激振力，N。

令方程的一次近似解为：

$$x=A\sin(\omega t-\alpha)\tag{14-6}$$

式中 A——一次近似振幅；

α——位移落后激振力的相位差角。

为了求出弹簧的等效刚度，利用最小平方矩方法，等效刚度为：

$$k_e=\frac{5}{2A^5}\int_{-A}^{A}\psi(x)x^3\mathrm{d}x$$

$$= \frac{5}{2A^5}\left[\int_{-A}^{A} kx^4\mathrm{d}x + \int_{e}^{A}\Delta k(x-e)x^3\mathrm{d}x + \int_{-A}^{-e}\Delta k(x-e)x^3\mathrm{d}x\right]$$

$$= k + \Delta k\left[1 - \frac{5}{4}\frac{e}{A} + \frac{1}{4}\left(\frac{e}{A}\right)^5\right] \tag{14-7}$$

根据求得的等效刚度，可以计算出等效固有频率：

$$\omega = \sqrt{\frac{k}{m}} = \sqrt{\frac{1}{m}\left\{k + \Delta k\left[1 - \frac{5}{4}\frac{e}{A} + \frac{1}{4}\left(\frac{e}{A}\right)^5\right]\right\}} \tag{14-8}$$

可以看出，等效弹簧刚度与等效固有频率随振幅的增大而增加，非线性振动离心机具有硬特性非线性的性质。

将弹簧等效刚度代入式（14-4）演变的线性系统 $m\ddot{x} + f\dot{x} + k_e x = P\sin\omega t$ 中，求得相对运动的振幅：

$$A = \frac{P\cos\alpha}{k + \Delta k\left[1 - \frac{5}{4}\frac{e}{A} + \frac{1}{4}\left(\frac{e}{4}\right)^5\right] - m\omega^2}$$

$$= \frac{P}{\sqrt{\left\{k + \Delta k\left[1 - \frac{5}{4}\frac{e}{A} + \frac{1}{4}\left(\frac{e}{A}\right)^5\right] - m\omega^2\right\}^2 + f^2\omega^2}} \tag{14-9}$$

$$\alpha = \arctan\frac{f\omega}{k + \Delta k\left[1 - \frac{5}{4}\frac{e}{A} + \frac{1}{4}\left(\frac{e}{A}\right)^5\right] - m\omega^2} \tag{14-10}$$

根据振幅公式，给出 k、Δk、m、f、e 可以作出非线性卧式振动离心机的幅频特性曲线，如图14-8所示。

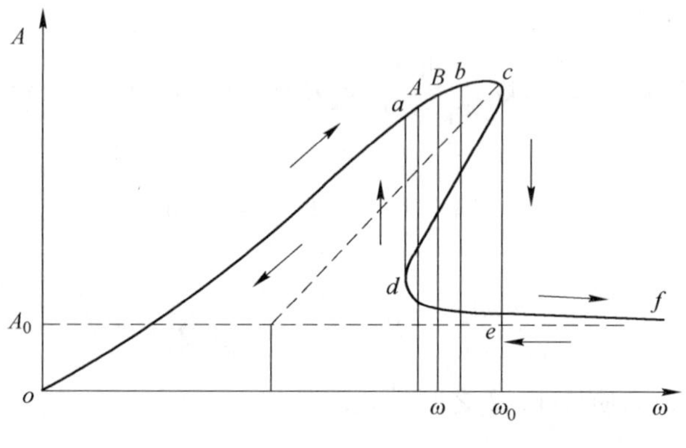

图14-8 非线性卧式振动离心机的幅频特性曲线

由图14-8可以看出：

（1）近共振离心机的幅频特性曲线具有硬特性（共振曲线头部向右倾斜）。随着振幅的增大，固有频率增高。因此，在低临界的区域内（如线段 AB），共振曲线较为平缓。而线性系统共振曲线陡峭，相比之下，近共振离心机能够获得比较稳定的振幅。

（2）当激振频率由小增大时，幅值沿曲线 $oabc$ 变化，再增加频率，幅值突然降低沿 ef 变化。当频率由高向低变化时，幅值到 e 点后不按原路返回，而是由 e 到 d，然后，振幅突然增加到 a 点，再按曲线 ao 返回。因此，近共振离心机的工作曲线在 AB 段，即近共振低临界的工作状态，一般取频率比 0.75 ~ 0.92ω_0。

为了求出质体 1 和质体 2 的振幅，将方程（14-1）简化为等效刚度后的线性微分方程：

$$\begin{cases} m_1\ddot{x}_1 + f\dot{x} + k_e x = 0 \\ m_2\ddot{x}_2 - f\dot{x} - k_e x = \sum m_0 r\omega^2 \sin\omega t \end{cases} \tag{14-11}$$

设 $x_1 = A_1\sin(\omega t - \alpha_1)$，$x_2 = A_2\sin(\omega t - \alpha_2)$，$x = x_1 - x_2 = A\sin(\omega t - \alpha)$ 代入式（14-11），得：

$$A_1 = \frac{k_e}{m_1\omega^2\cos\gamma_1}A$$

$$= \frac{1}{m_1\omega^2}\frac{P\sqrt{\left\{k + \Delta k\left[1 - \frac{5}{4}\frac{e}{A} + \frac{1}{4}\left(\frac{e}{A}\right)^5\right]\right\}^2 + f^2\omega^2}}{\sqrt{\left\{k + \Delta k\left[1 - \frac{5}{4}\frac{e}{A} + \frac{1}{4}\left(\frac{e}{A}\right)^5\right] - m\omega^2\right\}^2 + f^2\omega^2}} \tag{14-12}$$

$$\gamma_1 = \text{acrtan}\frac{f\omega}{k_e} \tag{14-13}$$

$$A_2 = \left(\frac{k_e}{m_1\omega^2} - 1\right)\frac{1}{\cos\gamma_2}A$$

$$= -\frac{1}{m_1\omega^2}\frac{P\sqrt{\left\{k + \Delta k\left[1 - \frac{5}{4}\frac{e}{A} + \frac{1}{4}\left(\frac{e}{A}\right)^5 - m_1\omega^2\right]\right\}^2 + f^2\omega^2}}{\sqrt{\left\{k + \Delta k\left[1 - \frac{5}{4}\frac{e}{A} + \frac{1}{4}\left(\frac{e}{A}\right)^5\right] - m_1\omega^2\right\}^2 + f^2\omega^2}} \tag{14-14}$$

$$\gamma_2 = \text{acrtan}\frac{f\omega}{k_e - m_2\omega} \tag{14-15}$$

$$\alpha_1 = \alpha + \gamma_1,\ \alpha_2 = \alpha + \gamma_2 \tag{14-16}$$

最小平方矩法是求非线性弹簧刚度的一种方法，求出刚度以后，非线性近似看作线性系统，微分方程简化为线性微分方程，例如非线性系统 $m\ddot{x} + F(\dot{x}, x) + \psi(x) = P\sin\omega t$，简化为线性系统：

$$m\ddot{x} + f\dot{x} + k_e x = P\sin\omega t$$

用 $\frac{\partial}{\partial k_e}\int_{-A}^{A}[\psi(x) - k_e x]^2 x^2 dx = 0$，求得 k_e。

$$\frac{\partial}{\partial k_e}\int_{-A}^{A}[\psi^2(x)x^2 - 2\psi(x)k_e x^3 + k_e^2 x^4]dx = 0$$

$$\int_{-A}^{A} - 2\psi(x)x^3 dx + \frac{4}{5}k_e A^5 = 0$$

$$k_e = \frac{5}{2A^5}\int_{-A}^{A}\psi(x)x^3 dx$$

15 振动卸料离心机工艺参数

15.1 分离因数

离心过滤是把所处理的含水物料加在转动的多孔筛面上，由于离心力的作用，固体物料在筛面上形成沉淀，液体则通过沉淀物和筛面的孔隙排出。液体是通过物料的孔隙排出，所以，离心力就是克服液体流过空隙阻力的动力；而脱水物料的粒度组成影响着孔隙的大小，所以，脱水效果受粒度组成的影响很大。

离心脱水机是利用离心力进行固液分离的，其离心力要比重力场中的重力大上百倍，甚至上千倍，通常用分离因数表示离心力的大小，亦称离心因数或离心强度。所谓分离因数是指物料所受的离心加速度和重力加速度的比值。

$$F_c = \frac{r_c \omega_0^2}{g} = \frac{4\pi^2 n_0^2 r_c}{3600g} = 1.12 \times 10^{-3} n_0^2 r_c \tag{15-1}$$

式中 r_c——筛篮半径，m；

ω_0——筛篮旋转角速度，rad/s；

n_0——筛篮转速，r/min；

g——重力加速度，9.81m/s^2。

离心机用途很广，在医学、环保、选矿等行业均为重要设备。在其他行业，离心机的刮刀也叫螺旋，离心机的筛篮被称为转鼓。

一般情况下，离心机分离因数越高，产品水分越低。而提高分离因数最常用的方法是提高离心机转速，兼顾离心机转鼓的受力，有时还要减小转鼓直径。所以，按分离因数的大小分类，可将离心机分为以下三种转速的离心机。

（1）常速离心机。$F_c \leqslant 3500$，这种离心机的转速较低，直径较大。煤泥离心机的离心因数在300左右，而末煤离心机的分离因数只有70左右。

（2）高速离心机。$F_c = 3500 \sim 50000$，这种离心机的转速较高，一般转鼓直径较小，而长度较长。

（3）超高速离心机。$F_c > 50000$，由于转速很高（50000r/min以上），所以转鼓做成细长管式。

工业离心机的分离因数一般为50～20000，超高速管式离心机的分离因数可高达62000。

在分离因数不变的条件下，离心机处理能力的主要影响因素是转鼓的直径，直径越大处理能力越大。所以，目前的煤用离心机直径不断增大，主要是为了适应洗煤厂的入洗能力的增加。

分离因数是表明离心机脱水效果的主要指标，改变离心机转鼓直径和转速，就能改变分离因数的大小。由于分离因数与转速的平方成正比，所以，为了提高分离因数，改变转速的效果比改变直径的效果要明显。因此，在一般离心脱水机中，都是通过提高转鼓的转速来提高其分离因数，有时还要降低转鼓直径，总的来说仍然是提高了分离因数。

15.2 振动离心机转鼓内颗粒的运动

如图15-1所示，卧式振动离心机筛篮锥角为 α，筛篮内部的颗粒受到旋转离心力 C，轴向振动的惯性力 P，物料向前滑动时，筛篮对物料的摩擦力 F，筛篮对物料的支持力 N，因重力比离心力小得多，故将其忽略。

物料在运动过程中，物料与筛面保持接触和挤压是脱水的条件，也就是筛篮对物料的压力 $N>0$

$$C\cos\alpha > P\sin\alpha \tag{15-2}$$

式中 C——离心力，N；

P——轴向振动惯性力，N；

α——筛篮锥角。

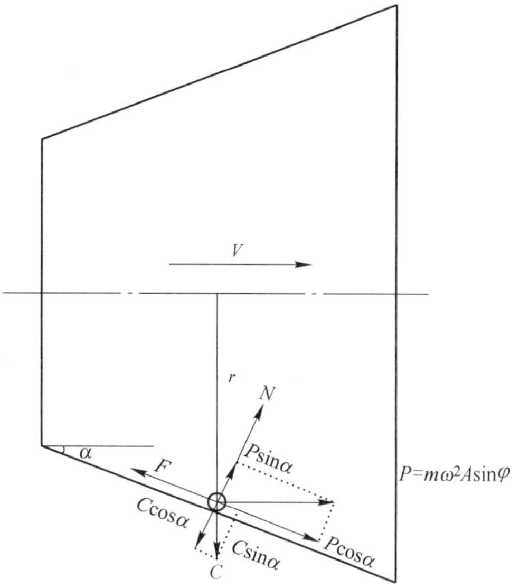

图15-1 振动离心脱水机物料的受力

即：

$$m\omega_0^2 r\cos\alpha \geqslant m\omega^2 A\sin\varphi\sin\alpha \tag{15-3}$$

式中 m——颗粒的质量，kg；

ω_0——筛篮的回转角速度，rad/s；

ω——筛篮的轴向振动角频率，rad/s；

r——颗粒的回转半径，m；

A——筛篮的振幅，m；

φ——偏心轮回转的相位角，$\varphi=\omega t$。

为了保证离心脱水效果，就应该使物料任何时候都能紧贴筛篮，所以，当 $\sin\varphi=1$ 时，式（15-3）仍能成立。

$$\omega^2 A \leqslant \omega_0^2 r\cot\alpha \tag{15-4}$$

式（15-4）是保证离心机任何时刻都脱水的条件。此外，为了保证离心机的连续排料，还要使物料沿筛篮做正向滑动，其条件是：

$$C\sin\alpha + P\cos\alpha \geqslant F \tag{15-5}$$

式中 F——筛面对颗粒的摩擦力。

即：

$$m\omega_0^2 r\sin\alpha + m\omega^2 A\sin\varphi\cos\alpha \geqslant f(m\omega_0^2 r\cos\alpha - m\omega^2 A\sin\varphi\sin\alpha) \tag{15-6}$$

式中 f——颗粒与筛面的摩擦因数。

$$f = \tan\mu$$

式中 μ——静摩擦角。

$$\sin\varphi \geqslant \frac{\omega_0^2 r}{\omega^2 A}\tan(\mu - \alpha) \tag{15-7}$$

或

$$D = \frac{1}{\sin\varphi} = k\cot(\mu - \alpha) \tag{15-8}$$

式中，D 为滑行指数，当 $D>1$ 时，式（15-8）有解，物料能够滑行；k 称为振动离心机相对振动强度。

$$k = \frac{\omega^2 A}{\omega_0^2 r} = \left(\frac{n}{n_0}\right)^2 \frac{A}{r} \tag{15-9}$$

式中，n 为偏心块的转速，r/min；n_0 为筛篮的转速，r/min。

一般情况下，煤粒与不锈钢筛面的静摩擦角 μ 为 25°左右，筛篮锥角为 15°，筛篮大端直径为 1400mm，转速为 270r/min，振动电机为 4 级，转速为 1460r/min，代入式（15-8），振幅要大于 2.4mm。

15.3 物料平均速度 v 及在筛篮中停留的时间 t

物料在筛篮中滑动的总距离为 $\frac{H}{\cos\alpha}$（H 为筛篮高度），它是在筛篮中每次滑行相对位移的叠加，即：

$$\frac{H}{\cos\alpha} = \sum_{i=1}^{j} S_i = S_1 + S_2 + \cdots + S_j \tag{15-10}$$

式中 S_i——第 i 次滑行的相对位移；

j——物料在筛篮中滑行的总次数。

当滑行总次数 j 决定后，物料在筛篮中停留的时间为：

$$t = j\frac{60}{n} \tag{15-11}$$

物料滑行的平均速度为：

$$v_m = \frac{H}{t\cos\alpha} = \frac{nH}{60j\cos\alpha} \tag{15-12}$$

物料在筛篮内的停留时间或滑行次数可由实验测得，通过实验数据计算平均速度。

理论计算出给料端物料速度 v_a 和排料端物料速度 v_b，则物料在筛篮内的平均速度近似为：

$$v_m = \frac{v_a + v_b}{2} \tag{15-13}$$

已知平均速度后，便可近似求出物料在筛篮内停留的时间：

$$t = \frac{H}{v_m \cos\alpha} \tag{15-14}$$

当处理量一定时，产品的水分与分离因数和脱水时间有很大关系。

15.4 物料层厚度

通过筛孔排出的固体物料占给入的固体物料的 $b\%$，则排料端和给料端固体物料层厚度的比为：

$$\frac{h_b}{h_a} = \frac{100 - b}{100}\frac{2\pi r_a v_a}{2\pi r_b v_b} = \frac{100 - b}{100}\frac{r_a v_a}{r_b v_b} \tag{15-15}$$

式中　h_a，h_b——给料端和排料端物料层的厚度；

r_a，r_b——给料端和排料端筛篮半径。

15.5　离心机的处理量

离心机处理量：

$$Q_B = 3600 \times 2\pi r_b h_b v_b \gamma \quad (\mathrm{t/h}) \tag{15-16}$$

式中　v_b——排料端物料运动的平均速度，m/s；

r_b——筛篮排料端半径，m；

h_b——排料端物料层厚度，m；

γ——排料端物料容重，t/m^3。

当考虑排料中的水分 $a\%$，去掉水分后的干料生产率为：

$$Q'_B = Q_B \frac{100 - a}{100} \tag{15-17}$$

15.6　筛篮内物料重量

筛篮中固体物料重量可按实际生产率求出：

$$\frac{Q_B H}{\cos\alpha} = \frac{3600 \times 2\pi r H h v_m \gamma}{\cos\alpha}$$

$$\frac{Q_B H}{\cos\alpha} = 3600 v_m G_m$$

$$G_m = \frac{1000 Q_B H}{3600 v_m \cos\alpha} = \frac{Q_B H}{3.6 v_m \cos\alpha} \tag{15-18}$$

如果把物料中水分去除，则干物料重量为：

$$G'_m = \frac{Q_B H}{3.6\cos\alpha_0 v} \frac{100 - a}{100} \tag{15-19}$$

式中　a——物料中的平均水分含量。

16 刮刀离心机

从卧式振动离心机中的理论知道，振动卸料与离心脱水是一对矛盾，离心因数大有利于物料脱水，但却阻碍着振动卸料，随着离心因数的增加，振动强度必须增加以克服离心力的阻碍。一般地，末煤脱水的离心因数为70g左右，卸料的振动强度为5~7g。

机械设备的振动强度不能过高，否则，设备的循环应力过大，可靠性就会变差。例如，煤泥黏度大粒度细，不容易脱水，离心因数很高，一般地，煤泥离心机离心因数300g左右，这时，如果采用振动卸料，振动强度为20~30g，这样高的振动强度设备根本不能承受，因此，只能采用其他卸料方式。筛篮内部螺旋强制排料就是常用的排料方式，通常称为卧式刮刀离心机，如图16-1所示。

16.1 卧式刮刀离心机结构

图16-1和图16-2所示是卧式刮刀离心机两个不同角度的视图。从外形上看，卧式刮刀离心机与卧式振动离心机大体相似，局部有所不同，两种机型相似和区别主要有：

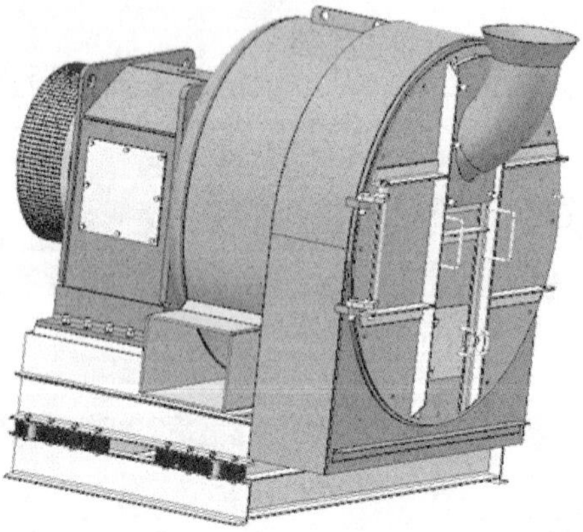

图16-1 卧式刮刀离心机

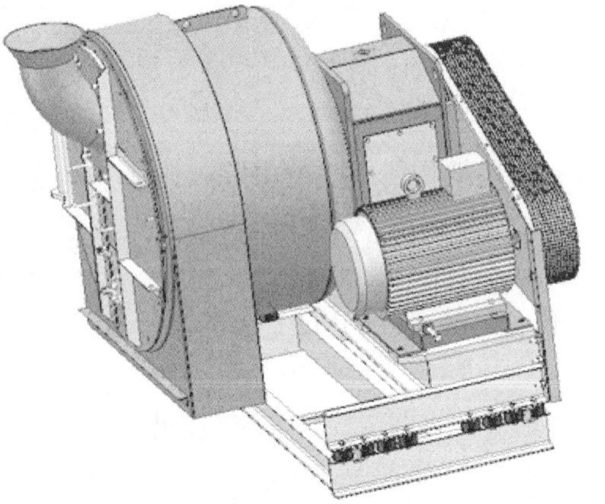

图16-2 刮刀离心机外形

（1）都有三角带传动和皮带防护罩，但刮刀离心机电机功率大，1m的刮刀离心机的电机功率为75kW，1.4m振动离心机的电机功率为45kW。

（2）都有方体，刮刀离心机方体的外侧没有振动电机，而振动离心机有两台振动电机安装在方体的两侧。

（3）都有水仓体、门体和入料管。刮刀离心液出口是方形，从侧面流出，振动离心机离心液出口是圆形，向下流出。刮刀离心机出料口是直立的，有利于黏性煤泥卸料；卧式振动离心机的出料口有倾斜角度收口。

（4）卧式刮刀离心机隔振弹簧为圆柱形，数量多、硬度低；卧式振动离心机隔振弹簧为立方体形，数量少、硬度高。

图 16-3 是卧式刮刀离心机剖视图和原理图，a 为剖视图，包括：隔振弹簧、皮带轮、皮带罩、差速器、箱体、筛篮、刮刀和入料管等；b 为原理图，差速器的输入轴固定不动，主电机通过三角带带动大皮带轮转动，大皮带轮、差速器的外壳和筛篮为一体，从而驱动筛篮转动。差速器的输出轴连接刮刀，刮刀与筛篮转向相同转速不等，输出轴带动刮刀转速较快一些。

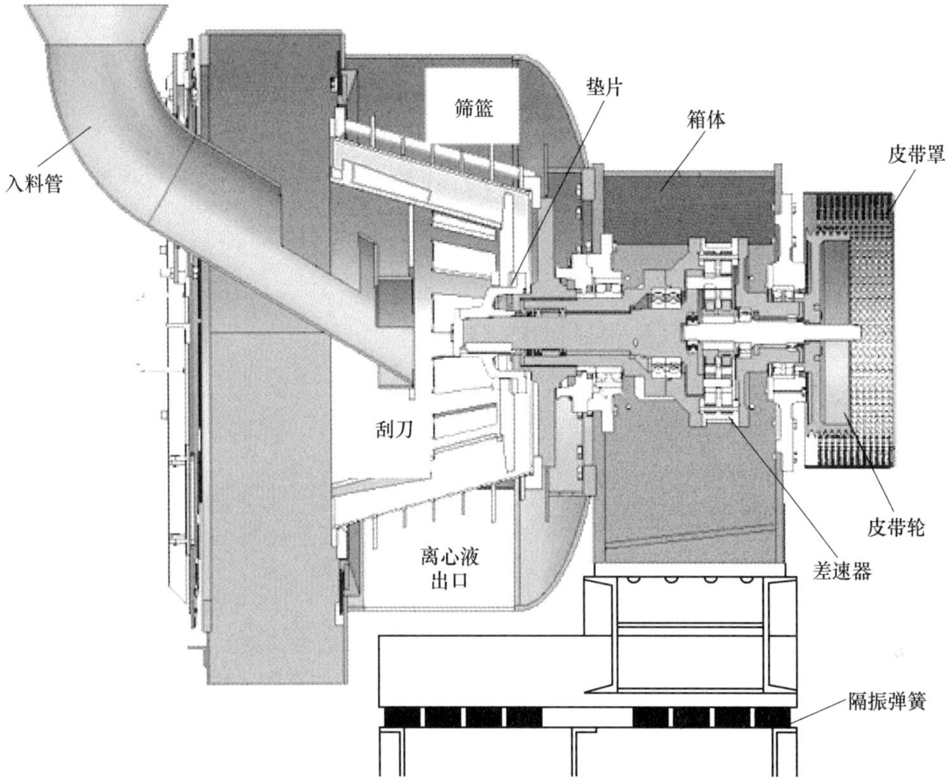

a

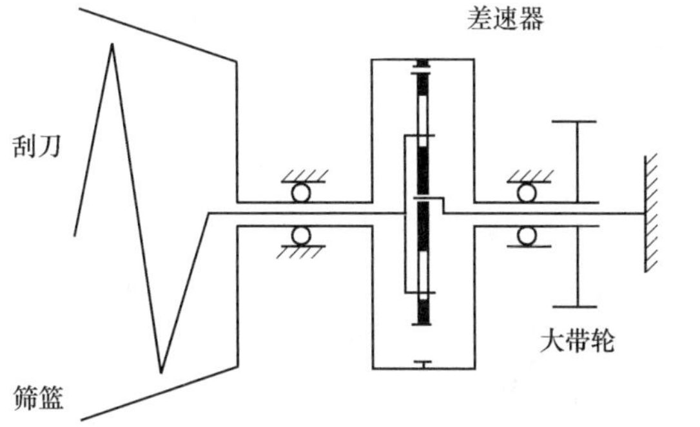

b

图 16-3 卧式刮刀离心机结构及原理

a—刮刀离心机剖面图；b—刮刀离心机原理图

一定浓度的煤泥水通过入料管流入刮刀小端，利用刮刀高速旋转使煤泥水在离心力的作用下，通过刮刀圆周的若干方形孔，被送入刮刀外面的筛篮小端，筛篮的高速旋转使煤泥中的水通过筛篮缝隙甩出，甩出筛篮的水通过水仓体汇集后通过排液方形管排出，而脱水之后的煤炭在筛篮和螺旋刮刀中间，螺旋刮刀和筛篮之间存在速度差，从而将煤炭推出筛篮，通过排料口排出。

刮刀离心机的刮刀，就好像电风扇的扇叶，方形的离心液出口有很强的风排出，所以与离心液出口相连接的管路，一般是开放的。

（1）水仓体，如图16-4所示。为了增加耐腐蚀性，在水仓体与离心液接触的部位涂耐磨耐腐颗粒胶；在与煤炭接触的排料部位，粘贴陶瓷耐磨砖。

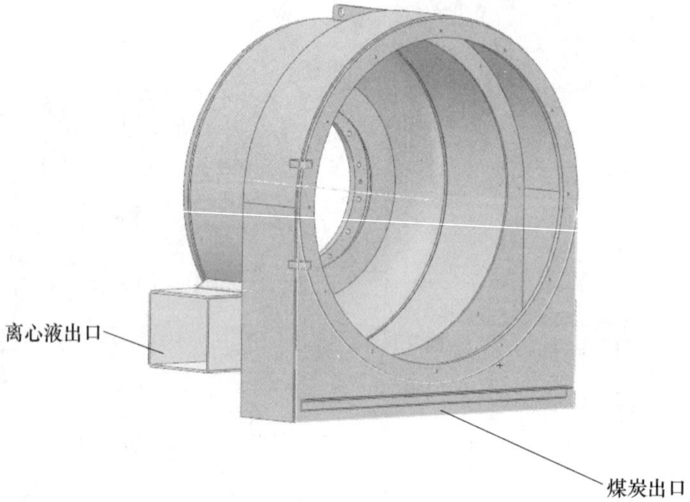

图16-4 水仓体

（2）刮刀，如图16-5所示。刮刀叶片是螺旋升角很大的多头螺旋，就是因为升角大，人们习惯称螺旋为刮刀，一般叶片为12支，底部有12个方孔，在叶片磨损部位粘贴上小块的马赛克耐磨砖。

图16-5 刮刀

刮刀和筛篮是一个直径大、重量重、高度高以及转速快的设备，所以要进行动平衡试验，以减轻整机的振动。

筛篮与卧式振动离心机筛篮相似，由于煤泥刮刀离心机转速更高、受力更大，所以刮刀离心机筛篮有筛篮架，辅助支持筛篮，减小筛丝的应力。

(3) 入料管，如图 16-6 所示。与水仓体类似，为了增加耐腐蚀性和耐磨性，管的内部粘贴耐磨砖。

(4) 尽管刮刀离心机没有激振器，理论上是不振动的，但是，由于制造误差，旋转的筛篮和刮刀不可能完全动平衡，一定会产生动不平衡振动，为了降低设备对基础的动负荷，卧式刮刀离心机一般采用橡胶弹簧隔振，如图 16-7 所示。

图 16-6 入料管

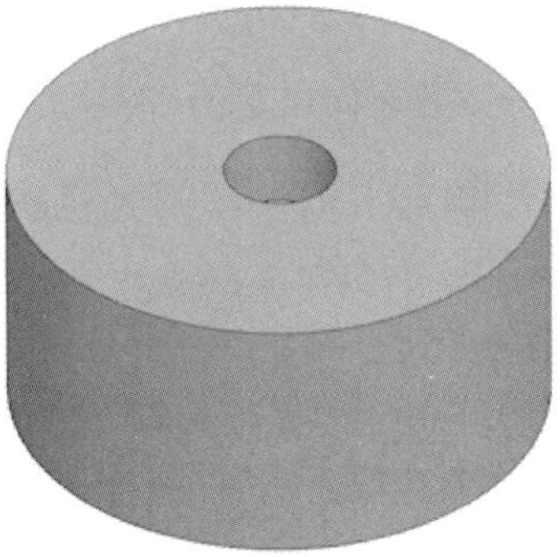

图 16-7 卧式刮刀离心机的隔振弹簧

(5) 差速器，图 16-8 是刮刀离心机摆线差速器，通过两侧轴承支撑在方形箱体上，输入轴用力矩限制器固定在机架上，皮带轮与差速器壳体用螺栓连接，壳体与筛篮固结，输出轴与刮刀连接。差速器的差速比是输入轴与壳体的速度差除以输出轴与壳体速度差等于常数。

另一方面，离开刮刀离心机，差速器又可以是减速器，这时，只要固定差速器外壳，输入轴高速旋转，输出轴低速旋转，起到减速的作用。

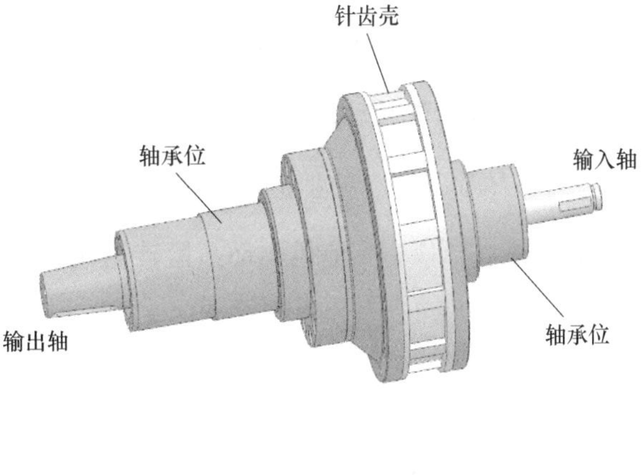

图 16-8 差速器

(6) 箱体，如图 16-9 所示（为了看见内部，去掉了左侧板），箱体上有两个轴承孔，用来安装轴承座，安装轴承支撑差速器，另外两个孔是观察孔。箱体的另一个作用就是收集润滑油，润滑油通过固定不动的差速器输入轴中心孔，压入差速器内部，润滑和冷却差速器后，喷射到支撑差速器两端轴承，润滑轴承后，自由流出汇聚在该箱体，箱体底部为倾斜斜面，目的是为了将润滑油流到差速器箱体底部一侧，最后通过回油孔流到油箱中，经过滤、冷却后重复使用。

（7）刮刀与筛篮之间有一定间隙，一般情况下，缝隙越小越好，从这一点来说，筛篮和刮刀不仅要进行动平衡，还要有径向跳动的要求，防止筛篮和刮刀之间缝隙过小时发生剐蹭。可通过调整刮刀轮毂上的垫片数量和厚度，调整刮刀的轴向位置，对刮刀与筛篮间隙进行调节（如图 16-3a 所示）。

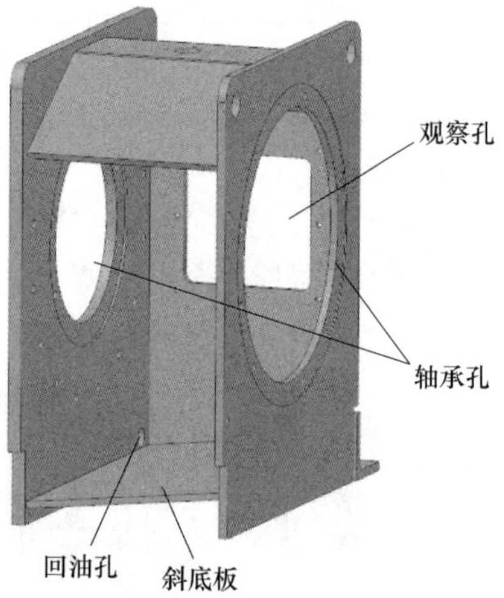

图 16-9 箱体

16.2 摆线差速器工作原理

摆线减速机有输入轴、输出轴和壳体，壳体固定不动，输入轴转速 n_1 与输出轴转速 n_2 之比就是减速比 $i=\frac{n_1}{n_2}$，减速比是定值。实际上，将摆线减速机中壳体也旋转起来 $n_3\neq0$，减速机就是差速器。在刮刀离心机中，摆线差速器是输入轴转速为 $n_1=0$ 的特例而已。

所谓的差速有两个，一个是输入差速，就是输入轴 n_1 与壳体 n_3 之间的速度之差，另一个是输出差速，就是输出轴 n_2 与壳体 n_3 之间的速度之差。

如果在差速器上施加一个转速 $-n_3$，输入轴的转速为 n_1-n_3，输出轴的转速为 n_2-n_3，壳体的转速为 $n_3-n_3=0$，差速器就转变为了减速机，减速比为 $i=\frac{n_1-n_3}{n_2-n_3}$，这也是差速器的差速比公式，所以差速比就等于减速比。

（1）事实上，减速器是差速器的特殊情况，当壳体的转速等于 0 时，也就是将外壳固定时，差速器就是减速器，差速比公式就变为减速比公式 $i=\frac{n_1}{n_2}$，在具体应用该公式时，由于输入轴和输出轴转动方向相反，所以 i 是负数。

（2）刮刀离心机的差速器是另一个特殊情况，输入轴固定 $n_1=0$，这时，$i=\frac{-n_3}{n_2-n_3}$，由于 i 是常数，所以，主电机驱动筛篮转速 n_3 一定时，刮刀的转速 n_2 就随之确定，$n_2=\frac{i-1}{i}n_3$。

16.3 差速器的结构

（1）如图 16-10 所示，差速器壳体的主要部件是针齿壳，其功能为内齿圈，H1000 型刮刀离心机差速器内齿圈的齿是 60 个带套的圆柱销，共两排，其余部分是包围输入轴和输出轴的壳体，主要用于安装轴承支撑输入和输出轴。

（2）如图 16-11 所示，与之相啮合的是摆线轮，摆线轮有 59 个摆线齿，比壳体上内齿圈少 1 齿，摆线轮是差速器的主要零件，是差速器的纽带，摆线齿与壳体针齿啮合，中心孔通过轴承和偏心套与输入轴配合，输出轴上固定的 12 个销轴穿过摆线轮上的 12 个圆

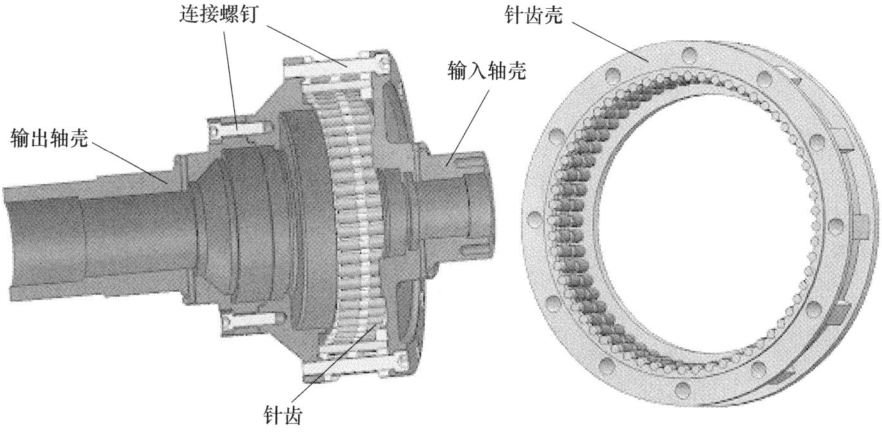

图 16-10 差速器壳体

周孔。

（3）输入轴如图 16-12 所示。在输入轴上装有一个错位 180°的对称偏心套，用键槽与轴固结，这样，输入轴就变成了偏心轴。在偏心轴上装两盘滚珠轴承，两个摆线轮的中心孔与轴承配合。

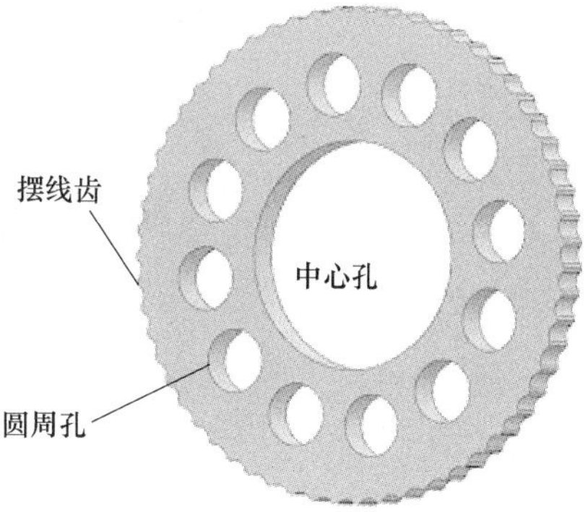

图 16-11 摆线轮

两个摆线轮与针齿轮啮合点相差 180°，永远相对，在普通差速器中主要作用有：

（1）惯性力平衡，由于偏心套轴承及摆线轮的偏心，旋转起来会产生离心惯性力，该惯性力就像振动筛的激振力一样，会使设备产生振动。两套相对的摆线轮、偏心套和轴承，就能够互相抵消惯性力。

（2）传递功率增大，两套传动系统，传递功率在理论上提高 1 倍，如果传递功率不变，轴承及啮合传动的受力就会减小，针齿、轴承尺寸减小，差速器直径就小。

16.4 差速器差速比的计算

设计刮刀离心机时要用到差速器，知道差速器的差速比才能计算筛篮和刮刀的转速，才能计算该离心机的排料速度、处理量和脱水效率等参数，因此，差速器的差速比的计算是设计刮刀离心机的前提。

差速器原理如图 16-13 所示，输入轴转速为 n_1，输出轴转速为 n_2，壳体转速为 n_3；摆线轮齿数为 z，那么针齿数则为 $z+1$。

差速器整体上施加一个与输入轴速度相等方向相反的旋转运动，则输入轴的转速等于 0，差速器就变成了定轴转动轮系，输出轴的转速为 $n_2 - n_1$，壳体的转速为 $n_3 - n_1$，那么，摆线轮的转速与壳体转速之比就等于齿数的反比。

$$\frac{n_2 - n_1}{n_3 - n_1} = \frac{z+1}{z}$$

利用两次分比定理：

$$\frac{n_3 - n_1 - (n_2 - n_1)}{n_2 - n_1} = \frac{z - (z+1)}{z+1}$$

$$\frac{n_2 - n_3}{n_1 - n_3} = -\frac{1}{z}$$

$$i = \frac{n_1 - n_3}{n_2 - n_3} = -z$$

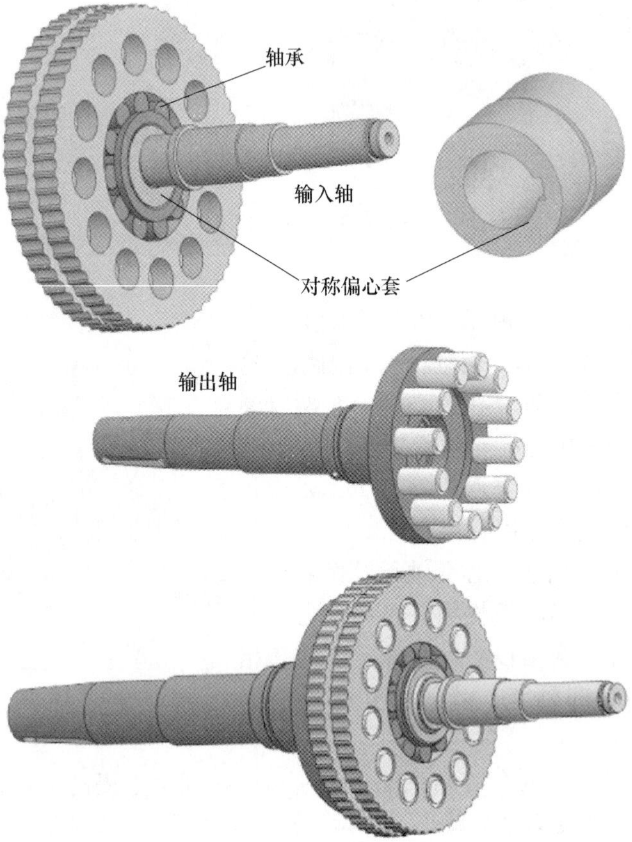

图 16-12 输入输出轴的联系

这就是差速比计算公式，输入差速与输出差速的比等于摆线轮的齿数，负数表示输出轴与输入轴转动方向相反。

（1）当 $n_3=0$ 时，也就是固定差速器的壳体时，差速器就是减速机。

$$i = \frac{n_1}{n_2} = -z$$

（2）当 $n_1=0$ 时，也就是固定差速器的输入轴，差速器就是在 H1000 卧式刮刀离心机的应用。

$$i = \frac{-n_3}{n_2 - n_3} = -z$$

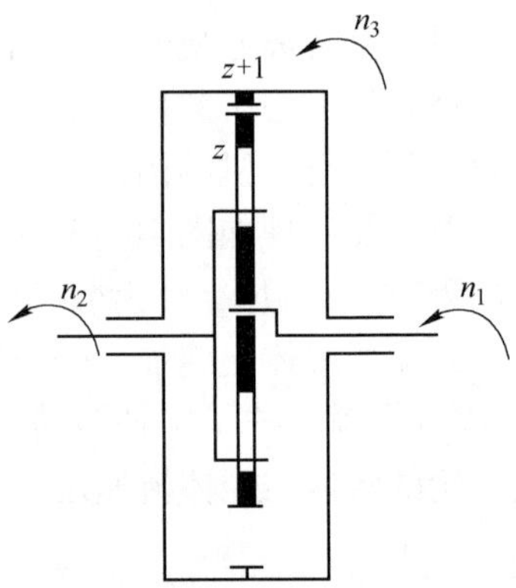

图 16-13 差速器原理图

摆线差速器有以下优点：

（1）转臂轴承承受的载荷只有渐开线齿形60%左右，轴承寿命约提高5倍。

（2）摆线轮和针轮间几乎有半数以上的齿同时接触啮合，所以运转平稳、噪声小。

（3）针齿销上有套筒，使其与摆线轮间的摩擦为滚动摩擦，可增加摆线轮的寿命。

（4）传动效率高，一般单级效率为90%~95%，而渐开线少一齿行星传动的效率只有85%~90%。

（5）结构紧凑、体积小、重量轻。

例如，H1000卧式刮刀离心机的差速器，摆线轮齿轮 $z=59$，则差速器的差速比为 $i=-59$，电机转速为1480r/min，电机皮带轮直径为 $d=280\text{mm}$，大皮带轮直径 $D=530\text{mm}$，则差速器壳体的转速为 $n_3 = 1480\dfrac{d}{D} = 1480\times\dfrac{280}{530} = 782\text{r/min}$。

由于 $i=\dfrac{-n_3}{n_2-n_3}=-z$，$n_2=\dfrac{n_3}{z}+n_3$，$n_2=\dfrac{782}{59}+782=795.2\text{r/min}$，电机额定功率为 $P=75\text{kW}$，筛篮转速 $n_3=782\text{r/min}$，减速比 $i=59$。

$$T\Delta\omega = P\eta$$

$$\Delta\omega = \omega_2-\omega_3 = \frac{3.14\times13.2}{30} = 1.38(1/\text{s})$$

$$\eta = \eta_1\eta_2\eta_3$$

式中 η_1——带传动效率85%；

η_2——差速器传递效率90%；

η_3——轴承传动效率90%。

筛篮或刮刀最大扭矩为：$T=\dfrac{P\eta}{\Delta\omega}=37420\text{N}\cdot\text{m}$，这么大的扭矩一旦发生，筛篮必定被损坏。

16.5 扭矩限制器

我们知道，差速器提供的扭矩有37000N·m之多，如果筛篮与刮刀之间有较大坚硬物，刮刀和筛篮就会被卡住，刮刀和筛篮有同步运行的趋势，差速器壳体、输入轴、输出轴同步运转，此时的差速器就是一个不可分割的整体，筛篮和刮刀才会同步运转，从而保护了强度相对薄弱的筛篮。

如果皮带轮旋转，输入轴仍然固定不动，刮刀与筛篮之间就会有差速，坚硬物体在刮刀旋转和挤压下，较薄弱的筛篮必然损坏。同时，由于坚硬物在筛篮和刮刀之间卡住，筛篮和刮刀之间的扭矩剧增，因为这时的差速为0，所以，差速器的输出扭矩是无穷大，或损坏差速器，或电机“闷车”，或输入轴脱离束缚而转动起来。

如图16-14所示，为了对差速器、筛篮等提供机械保护，在差速器输入轴与固定该轴的力矩臂之间安装力矩限制器，在正常工作情况下，力矩臂固定在机架上，差速器输入轴不动，以便从该轴的中心孔泵入润滑油对差速器进行润滑和冷却。皮带轮通过螺栓与差速器壳体连接，带动筛篮转动，差速器输出轴带动刮刀转动。

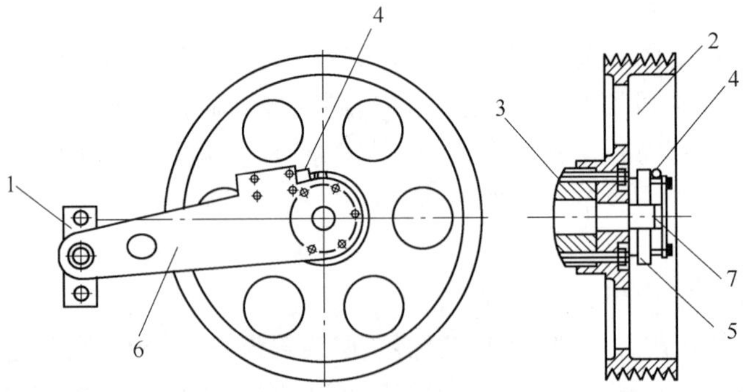

图 16-14 扭矩限制器

1—机架；2—皮带轮；3—差速器壳体；4—位移开关；5—力矩限制器及附件；6—力矩臂；7—输入轴

当机械过载时，输入轴的力矩就会增大，当超过力矩限制器预先设定值时，扭矩限制器就会打滑，将力矩臂和输入轴分开，输入轴就会旋转起来，差速器整体以同一速度旋转，筛篮和刮刀之间就没有了差速。力矩限制器打滑的同时还伴随轴向移动，碰触位移开关动作，释放一个信号，停止驱动电动机，同时报警。当过载情形消失后，力矩限制器自行复位。

扭矩限制器的最大扭矩可以调整，根据不同场合分别设定。扭矩限制器有很多种，调节方法不同。一般地，以螺帽或螺栓调整弹簧力，预设其滑动扭矩。

16.6 卧式刮刀离心机润滑系统

在离心机运转过程中，差速器内部针齿销、摆线轮及输入轴、输出轴两端的滚子轴承高速运转，所有轴承和啮合部位都产生大量的热量，此时润滑系统不但要对差速器内部结构进行润滑，还要求能带走运转过程中产生的热量，从而保证差速器及内部、外部轴承的寿命。

在图 16-15 中箭头所指方向表示润滑油的流向，填充部分表示润滑油流经的地方，润滑油先由进油管 1 压入输入轴内部，输入轴轴心有一个贯通的轴孔，润滑油从这个孔进入输入轴另一端，从这里分出一股润滑油流入差速器内部，润滑针齿销、摆线轮、偏心轴承等，最后通过轴承 5，由回油口 6 排入差速器箱体 3 中；从输入轴进入的润滑油除一部分润滑差速器内部外，还有一部分继续向前，进入输出轴轴孔，然后方向折返润滑调心滚子轴承 9，最后由回油口 10 流入差速器箱体 3。

有些离心机，在差速器箱体一侧直接由油泵的出油管分出一路润滑油对差速器两个滚子轴承进行喷雾润滑，降低轴承部位的温度，最后润滑油全部汇集到差速器箱体底部，通过差速器箱体底部的回油口回到油箱中。

如图 16-16 离心机润滑系统采用有压循环油润滑，包括油箱、油泵、电机、滤油器、压力表、开关等部件。电机带动油泵将润滑油泵入输入轴内部的轴孔中，然后进入差速器内部和外部，对差速器及轴承等部位进行润滑，最后流回油箱，再通过滤器的过滤和油箱的冷却，又被油泵送入差速器中进行循环使用。

油箱的主要功能是贮油。送往机器润滑点的润滑油从油箱吸取，又从机器润滑点流回

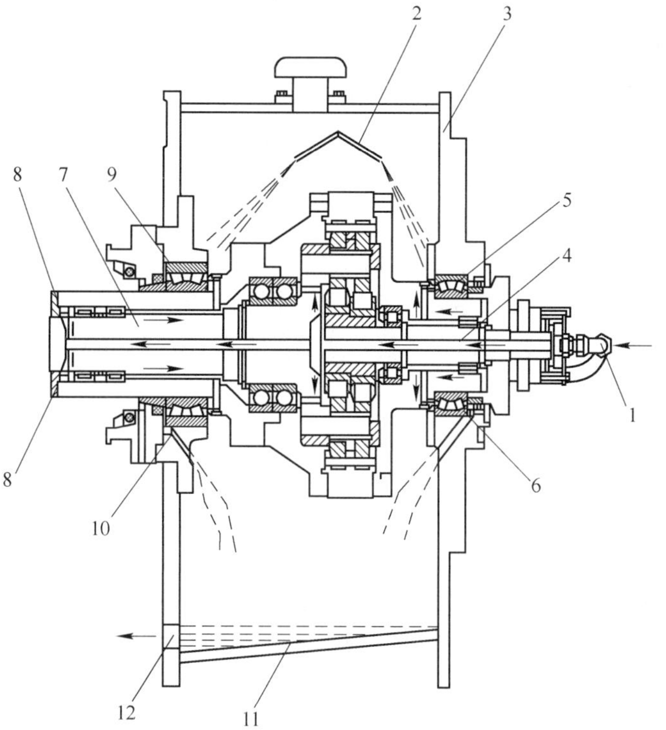

图 16-15 润滑油油路

1—进油管；2—油雾润滑；3—差速器箱体；4—输入轴；5，9—轴承；6，10—回油口；7—输出轴；8—回油路；11—润滑油；12—回油孔

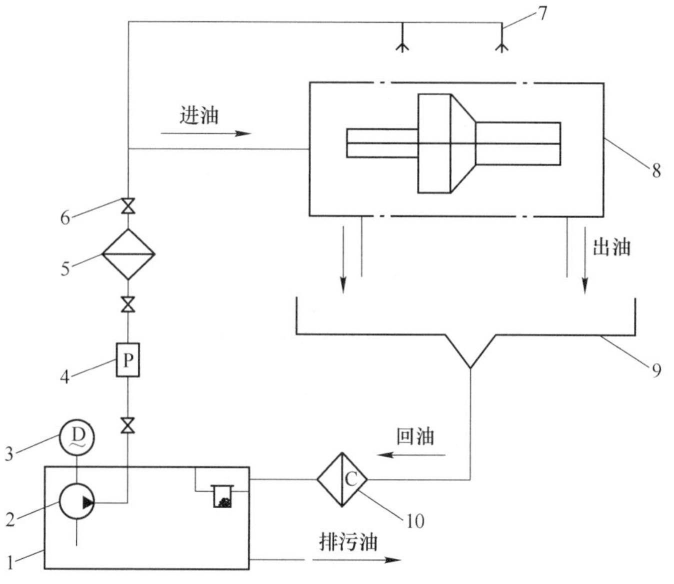

图 16-16 摆线差速刮刀离心机润滑系统

1—油箱；2—齿轮油泵；3—油泵电机；4—压力开关；5—过滤器；6—截断阀；7—喷雾润滑；8—差速器润滑；9—差速器箱体；10—磁性滤油器

油箱，在油箱内经过沉淀、油与机械杂质分离、消除油内泡沫、发散气体等处理后，以备再用。同时油箱本身也起散热和冷却作用。如果要加油，可以打开箱体上的空气过滤帽直接加油，如果要放油，可以打开油箱底部的放油孔。

油箱根据容量的不同，选用厚度不同的钢板焊接而成，在回油口法兰处安装磁性过滤器，以滤除返回油中的铁磁性杂质。油箱内增设圆筒形过滤网装置，以滤除润滑油中的部分杂质，提高油箱内润滑油的清洁度。

油箱内上下长形油标，油箱有油位控制器，当润滑油量不足时，将不能启动主电机。油箱内油量为油箱容量的1/2~3/4。在常温下，摆线针轮差速器用40号或50号机械油润滑即可，离心机的工作条件恶劣，为了使差速器的性能和寿命得到保证，用70号或90号极压齿轮油为宜。

16.7 立式刮刀离心机

16.7.1 工作原理

图16-17是立式刮刀离心机工作原理图。电机经皮带轮减速后驱动中间轴旋转，在中间轴上，安装两个斜齿轮。两个斜齿轮分别与装在芯轴和空心套轴上的两个斜齿轮啮合，形成两组减速比不同的齿轮减速机构。使空心套轴和芯轴同向旋转并形成差速。空心套轴通过钟形罩与筛篮相连，芯轴上装有刮刀转子，在刮刀转子上端装有给料盘，则转子和筛篮同向旋转且形成差速。物料落入给料盘上，马上被甩到筛篮和转子中间间隙中，在离心力的作用下，互相挤压，在筛网内壁形成具有大量空隙的物料层。这时，煤粒空隙间的水及附着在煤粒表面的水，透过物料层和筛篮缝，集中到机体下部的两个半圆形溜槽中，排

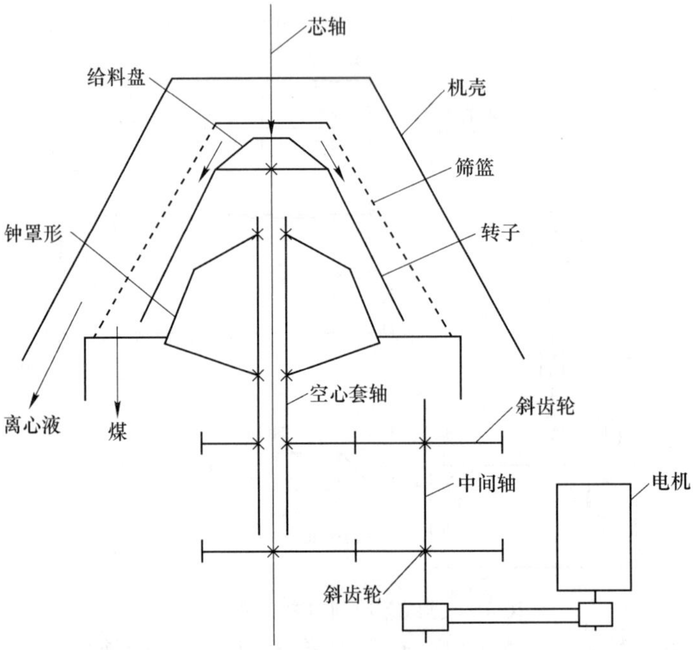

图16-17 立式刮刀离心机工作原理图

于机外，形成离心液。筛网内壁的物料层即脱除水分的煤被转子上的刮刀刮到漏斗中，排出机外。

16.7.2 技术特征

表16-1是立式刮刀离心机主要的技术特征。

表16-1 LL-9型立式刮刀离心机技术特征

型号	入料粒度/mm	生产能力/t·h^{-1}	产物水分/%	筛面面积/m^2	筛网缝隙/mm	筛篮大端直径/mm	筛面倾角/(°)	筛篮转速/r·min^{-1}	螺旋转子转速/r·min^{-1}	分离因数	电机功率/kW	外形尺寸(长×宽×高)/mm×mm×mm	总质量/kg
LL-9	<13	50	7~12	1.1	0.5	930	70.25	558	551	162	40	2785×2045×2298	6781

16.7.3 主要部件

（1）传动系统。立式刮刀离心机的传动系统如图16-18所示。它的主要部件是一根贯穿离心机的垂直芯轴7，在芯轴7上，套着空心套轴6。离心机下部装有减速器。电动机2通过三角皮带轮10带动中间轴1，中间轴上装有两个斜齿轮11和12，分别与装在空心套轴和芯轴上的斜齿轮13和14相啮合，使空心套轴和芯轴同向回转，由于空心套轴上端与安装筛篮3的钟形罩5相连接，而芯轴上端则与装设刮刀的转子8相连，所以筛网和刮刀转子也同向转动。

斜齿轮的法向模数 $m_n=4$，端面模数为 $m_t=\dfrac{m_n}{\cos\beta}$，齿轮11的齿数 $Z_1=72$，齿轮12的齿数 $Z_2=71$，齿轮13和14的齿数 $Z_3=Z_4=88$。齿轮11与齿轮13，齿轮12与齿轮14分别形成两组齿轮减速，由于螺旋升角不同，所以它们具有相同的中心距：

$$m_{t1}(z_1+z_3)=m_{t2}(z_2+z_4)=a$$

减速比分别为1.222和1.239，所以，当中间轴的转速为683r/min左右时，筛篮转速为558r/min，而刮刀转子的转速为551r/min，筛篮转速比刮刀转子的转速高7r/min，二者保持相对运动。

齿轮的模数较小，要求材质较高，采用18CrMnTi合金钢制造，经渗碳处理后磨齿，以提高其加工和装配精度。

传动系统的所有轴承都采用双列向心球面滚柱轴承，由于两个旋转部件的轴向重力被刮刀转子刮煤引起的反作用力及斜齿轮传动产生的轴向推力部分抵消，所以轴承一般只受径向力。为了装卸三角皮带，设置了一个可绕固定轴做单臂转动的皮带压紧轮，它在皮带的松边与一个摩擦轮相接触，依靠摩擦力的作用，带动与摩擦轮连接的齿轮油泵。

（2）旋转系统。离心脱水机的旋转体包括筛篮3，钟形罩5，刮刀转子8及分配盘4（见图16-18）。

筛篮由骨架与筛网构成。骨架由小法兰、大法兰、母线立筋和圆环加强筋焊接成的整体结构，筛网裁成扇形焊接在骨架内侧，其筛网的工作内表面向内。将整体的筛篮用螺栓

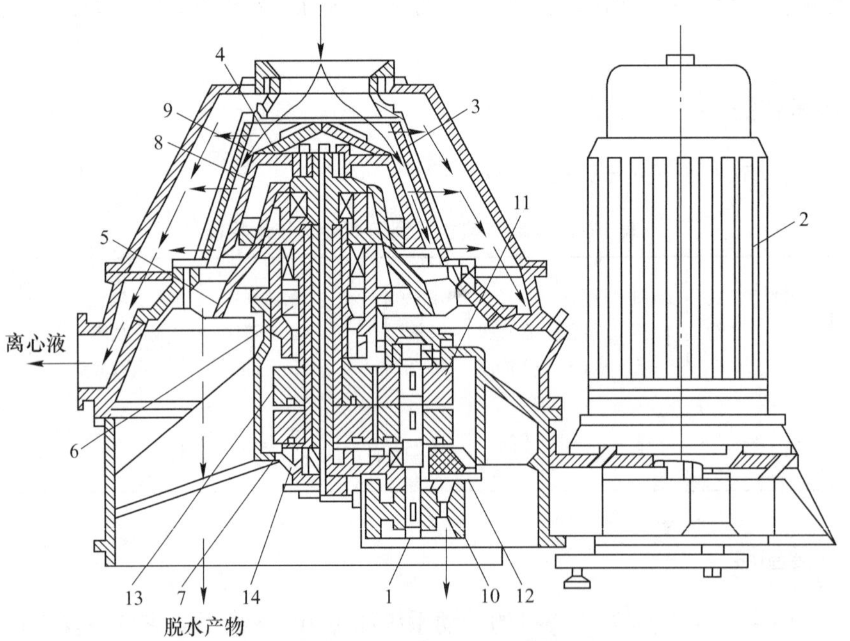

图 16-18 立式刮刀离心机结构

1—中间轴；2—电动机；3，9—筛篮；4—给料分配盘；5—钟形罩；6—空心套轴；7—垂直芯轴；8—刮刀转子；10—三角皮带轮；11～14—斜齿轮

安在铸钢钟形罩的轮缘上，筛篮便可随钟形罩旋转。因此，筛篮的装卸非常方便。筛篮的内表面应保证圆形。对于刮刀卸料离心机，这点尤为重要；否则，就不能保证筛面与螺旋叶片之间的间隙一致，容易造成筛篮损坏。

条缝筛面的缝隙通常为 0.35～0.5mm，筛条用不锈钢（1Cr18Ni9Ti）制成，以提高其耐磨及防锈功能，一般一套筛网可以处理3万吨左右的煤，也就是说使用期限大约3～4个月。

离心机工作时，筛篮以较高速度转动，因此安装前须进行动平衡试验。

如图 16-19 所示的锥形刮刀转子是铸钢的。沿转子圆锥形外壁铸出 16 条螺旋形肋缘，以前的刮刀是用螺栓固定在圆锥外壁上，刮刀磨损后可以更换。现在大多数是整体铸造。转子顶端有一个与芯轴一样粗细的圆孔，转子支撑在芯轴上端凸缘上，用螺栓固定。

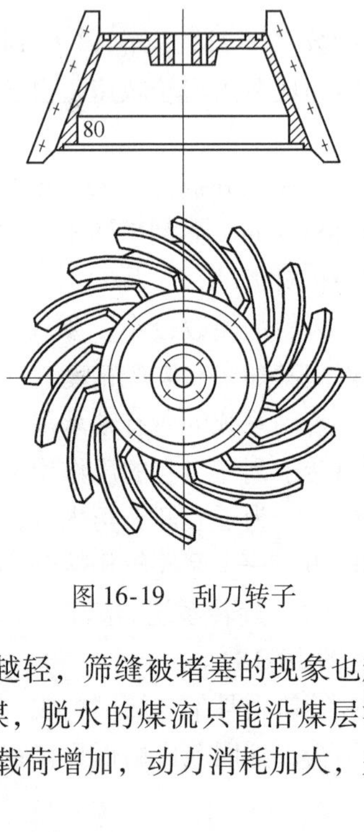

图 16-19 刮刀转子

转子要用车床加工，使之成为规整的锥形，并且还要进行动平衡试验。

筛篮和刮刀转子之间的间隙，对离心机的工作影响很大。配合间隙越小，筛篮上滞留的煤也越少，离心机的载荷越轻，筛缝被堵塞的现象也越少，这样有利于脱水。配合间隙过大，筛面上会黏附一层煤，脱水的煤流只能沿煤层滑动，这样会加大移动阻力，在相同的处理量下，使离心机的载荷增加，动力消耗加大，并使煤粒破碎现象严重。由于筛面上黏附煤层，水流通过的阻力也加大，影响脱水的效果。可见，筛篮和刮刀之间的间隙是离心机调整参数之一。

根据上述要求，配合间隙应为（2 ±1）mm。如果间隙因磨损而加大，应及时调整。增减芯轴凸缘上的垫片，可以使刮刀转子升高或降低，以调整间隙。如果磨损太严重，则应更换新刮刀。

分配盘由球墨铸铁铸成，并用螺栓固定在刮刀体上，当刮刀转子转动时，分配盘上的物料被均匀地甩向筛篮内壁，从而改善离心机的脱水效果。

（3）机壳。机壳是离心机的不动部件（见图16-20），包括上部壳体（壳盖）、中部壳体、下部壳体及减速器壳体。下部壳体和减速器壳体是铸铁铸造的整体。在支撑立柱的下面有螺栓孔，用地脚螺栓把机壳牢固地固定在槽钢梁上，钢梁承受离心机的净载荷及动载荷。

图16-20 立式刮刀离心机实物图

中部壳体为一个单独铸铁件，与下部壳体用螺栓固定。上部壳体是用钢板焊接成的组合件，用来罩住筛篮，有两种作用：一是保护筛篮；二是收集筛缝里甩出来的高速水流，使之落入排水槽内。更换筛篮时，需拆卸和安装上部壳体，因此，它应具有重量轻、强度高、装卸简便等特点。

带动离心机转子回转的是立式电动机；它垂直安装在电动机底座上，电动机底座的一端用地脚螺栓固定在槽形钢梁上，另一端用螺栓与离心机下部支承机壳固定。这样，离心机和电动机就组成了一个整体。

（4）隔振装置。离心脱水机在较高的转速下工作，虽然在装配回转部件前已经做过动平衡试验，但实际使用时，仍不免有振动和摇摆现象。原因是：

1）离心机回转部件磨损后，质量不均匀，工作中失去平衡而产生振动。

2）单位时间内离心机给料不均匀或分配盘向四周甩料不均匀，也是产生振动的主要原因。

为了减少机器振动对厂房结构的不利影响。立式刮刀离心机采用了隔振弹性地脚螺栓。隔振弹性地脚螺栓的优点是：结构简单、工作可靠、尺寸小、价格便宜、安装和拆卸方便。在使用过程中，弹性地脚螺栓周围应保持清洁、防止被杂物和煤粒等堵塞而失去弹性，丧失吸收振动的作用。当隔振弹性地脚螺栓的弹性橡胶块老化后，需要更换。

17 沉降式和沉降过滤式离心脱水机

17.1 概述

沉降式离心脱水机是利用离心力使煤泥水中的固体物料沉降和浓缩，并用螺旋刮刀进行卸料的一种脱水设备。沉降式离心机在选煤厂主要适用于含泥较多的原生煤泥、浮选尾煤和浮选精煤的脱水，以及洗水的澄清。其入料的粒度上限一般为1~3mm，但有时也可达13mm。这种离心机既能够在入料浓度较低的情况下进行工作，又可以处理经过浓缩的浓度达300~500g/L的煤浆。其沉淀物的水分和溢流的含固量主要由离心机的工作参数和入料的物理性质等决定。

沉降式离心机被普遍认为是一种高效和多功能的脱水设备。它具有分离性能好、适应性较强、连续作业、工作稳定、辅助设备少及占地面积小等优点。自20世纪60年代以来，随着工业的迅猛发展，对连续高效分离设备的要求日益迫切，这使得沉降式离心机得到了飞快的发展，其发展的方向是大型、高效、自动化和多样化。

沉降式离心机根据其给料的部位不同，可分为逆流式和顺流式两类（见图17-1a、b）。其中逆流式是由于物料从转筒中部适当的部位给入，经脱水后的沉淀物与澄清溢流的运动方向相反而得名。而顺流式（又称并流式）则是将物料从转筒的大端给入，溢流和沉淀物同向转筒的小端运动，当到达溢流管管口时，溢流再折回沿溢流管向转筒大端的溢流口流去。目前，国内用于选煤厂脱水作业的沉降式离心机中，WX-1、WLC-800、TC型属逆流式，S4-1型属顺流式。

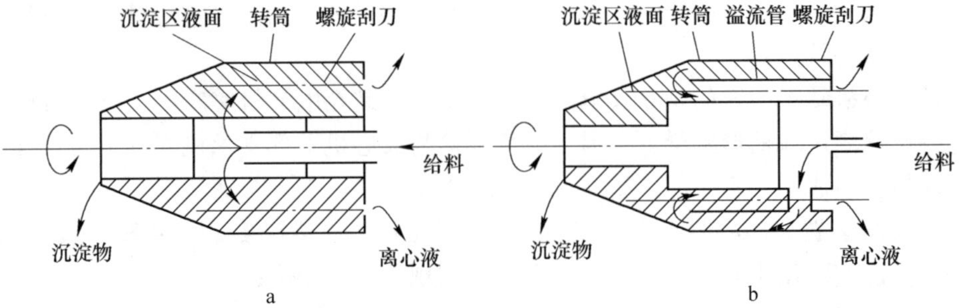

图17-1 沉降式离心机工作原理
a—逆流式；b—顺流式

沉降过滤式离心脱水机是在沉降式离心机的基础上，于60年代中期发展起来的一种脱水设备。在结构上，它是一个沉降式离心机和一个过滤式离心机的组合。因而，它兼有两者的优点，其工作原理见图17-2。

进入离心机的矿浆，先经离心沉降段使固体颗粒沉降于转筒壁上，随后由螺旋将沉淀

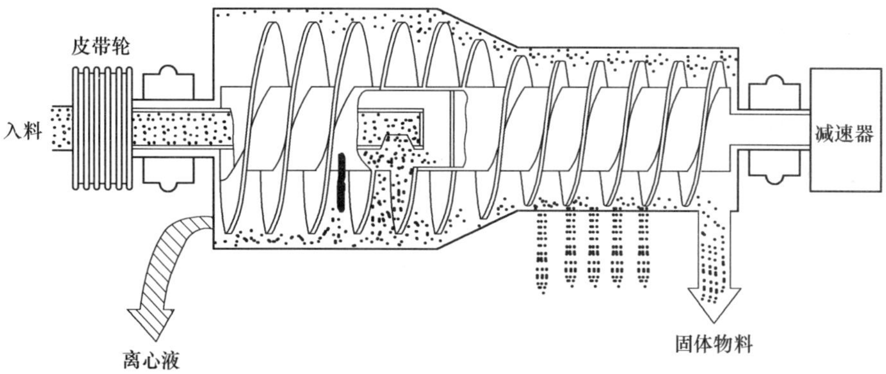

图 17-2　沉降过滤式离心机工作原理

物推入离心过滤段，做进一步脱水后排出机体。必要时可以冲洗滤网，单独排出冲洗液。这种离心机常用于浮选精煤、浮选尾煤和旋流器底流的脱水，并大量应用于管输煤浆的脱水。我国选煤厂常见的有国产 TCL 型、WLG 型、美国伯德、德国的洪堡特-维达格型沉降过滤式离心机。

各种离心机的主要技术参数，制造厂和使用单位等可参见表 17-1 和表 17-2。

表 17-1　沉降式离心脱水机主要技术参数

制造厂		沈矿	洛矿	德国	洛矿	洛矿
使用厂		谢一、潘一、杨庄	田庄、巴关河	范各庄		
型号		WX-1	WLC-800	S_4-1	$TC_0$924	TC1134
规格		ϕ1100×1750	ϕ800×1400	ϕ900×2500	ϕ915×2440	ϕ1120×2250
转筒	最大内直径/mm	1100	800	900	915	1120
	转速 n/r·min^{-1}	700～900	1000、1300、1500、1700	650	700～1600	700～1250
	离心强度 K	554	450、750、1000、1040	407	1300	
	长径比	1.5	1.75			
	转筒形式	锥	柱-锥		柱-锥	柱-锥
	转筒总厂 L/mm	1750	1400		2440	3360
	转筒圆柱长 L 柱/mm		450			
	转筒圆锥长 L 锥/mm		950			
	转筒链角/(°)	20	21			
差转速 Δv_0/r·min^{-1}			17、22、25 超前	12 超前		
转差率 s/%		2 滞后				

续表 17-1

制造厂		沈矿	洛矿	德国	洛矿	洛矿
螺旋	形式	双头右旋	双头左旋			
	螺距/mm	125/2	250/2			
溢流直径/mm			680、640、600、560			
沉降区长度/mm		960、800	774、882、990			
处理能力（干物料）						
产品水分/%		20~30		10	10~20	20~30
回收率/%					30~35	30~35
溢流含固量/%					99（加絮凝剂）	99（加絮凝剂）
差速器形式		行星齿轮差速器	摆线针轮	CYCLODFSF 11~25		
液压联轴器型号		无	无	VOITH 型 562	VOITH 型	VOITH 型
电动机功率/kW		130	75	90	75~112	112~150
外形尺寸（长×宽×高）/mm×mm×mm		4795×3625×1390				
机器重量/t		10.15		10.67	10	

表 17-2 沉降过滤式离心脱水机主要技术参数

制造厂		洛矿	洛矿	洛矿	洛矿	西德	唐山分院、本溪
使用厂						范各庄	灵山
型号		TCL-0918	TCL-0924	TCL-1134	TCL-1418	SVS800×1300	WLG-900
规格		ϕ915×1830	ϕ915×2440	ϕ1120×3350	ϕ1370×1780	ϕ800×1300	ϕ900×1700
转筒	最大内径/mm	915	915	1120	1370	800	900
	转筒长度/mm	1830	2440	3350	1780	1300	1700
	转速/$r \cdot min^{-1}$	700~1600	700~1400	700~1150	300~900	1010~1280	800、900、1000
	筛网长度/mm						500
	筛缝/mm	0.3~0.35	0.3~0.35	0.3~0.35	0.25~0.35	0.2~0.3	0.2~0.25
螺旋刮刀转速/$r \cdot min^{-1}$						985~1248	
差转速/$r \cdot min^{-1}$					13.9~16.7		
主电动机功率/kW		112	150	187~300	150~225	110	115
主电动机转速/$r \cdot min^{-1}$		1500	1500	1500	1500		980
液压联轴器型号		VOITH	VOITH	VOITH	VOITH	$VOITH_{487}$	
齿轮箱扭矩/kg·m		3000	3000	7000	7000		
外形尺寸（长×宽×高）/mm×mm×mm				9600×2900×1860	4690×4150×1900		
机器重量/t		8	10	17	15	8.61	11.788

续表 17-2

制造厂		洛矿	洛矿	洛矿	洛矿	西德	唐山分院、本溪
入料条件	粒度（-44 比例）/%	15~20	15~20	15~20	17~25		20
	浓度/g·L^{-1}	200~270	200~270	200~270	250		230~270
	灰分/%	8~14	8~14	8~14	35~40		
矿浆量/m^3·h^{-1}		200	200	400	250		
处理能力/t·h^{-1}		14~20	14~20	40~45	60		
最大处理能力/t·h^{-1}		25	35	60	100		
产品水分/%		15~20	15~20	15~20	13~17	10	15~20
回收率/%		95~97	95~98	97~98	80~90		
溢流含固量/%		2~3	2~3	2~3	3~7		

17.2 沉降式离心机的工作原理和基本结构

17.2.1 逆流工作方式的沉降式离心机

各种逆流式沉降离心机的工作原理基本相同，只是机械结构和工作参数有些区别，图 17-3 为 WX-1 型沉降式离心机的工作原理图。

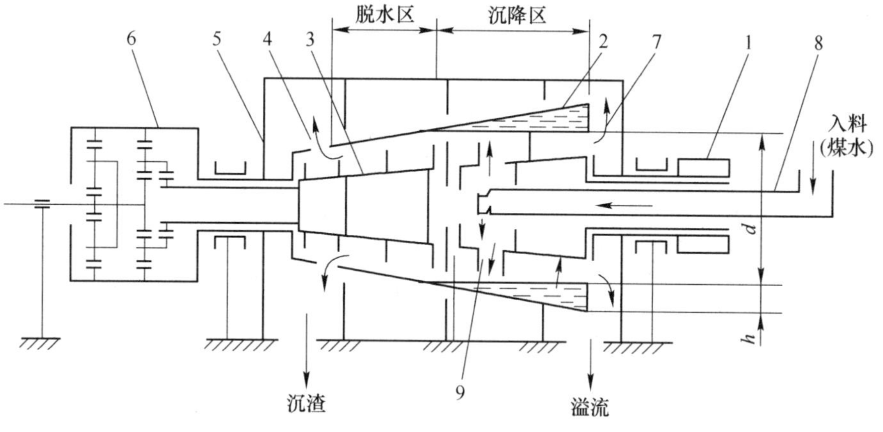

图 17-3 WX-1 型沉降式离心机工作原理图

1—三角皮带轮；2—锥形转筒；3—螺旋；4—排料口；5—外壳；6—行星齿轮差速器；
7—溢流口；8—给料管；9—喷料口

锥形转筒 2 由电动机通过三角皮带轮 1 带动回转。同时，锥形转筒又通过行星齿轮差速器 6 带动转筒内的螺旋 3 旋转，两者作同向不等速回转，螺旋比转筒慢 2% 转。

工作过程是，煤水由给料管 8 给入，经螺旋 3 上的喷料口 9 进入转筒内，在离心力的作用下，煤水形成环状的沉降区，固体颗粒附在转筒内壁上逐渐形成沉淀层。当连续给入煤水时，转筒内的环状液体不断地向溢流口 7 流动，并从溢流口排出澄清后的溢流水。由于螺旋与转筒的相对转动，已形成沉淀层的沉渣，被螺旋沿转筒内壁推向小端，并在脱水区进一步脱除水分，直至从转筒小端排料口 4 排出。

从上述工作过程可知，离心沉降过程可分为两个阶段：第一阶段是离心沉降，即固体颗粒在沉降区受离心力的作用而沉降，并形成沉淀层；第二阶段是沉淀层在脱水区进一步被压紧，使沉淀物间隙中的残留水分被挤出。在离心机中，固体和液体的离心分离主要依靠离心沉降来实现，而残余水分从沉淀层中被挤走，只是离心分离过程的一个微弱的继续。

图 17-4 是 WX-1 型沉降式离心机的构造，它主要有转筒、螺旋、差速器、传动装置、过载保护装置、润滑系统、机壳和机座几部分组成。

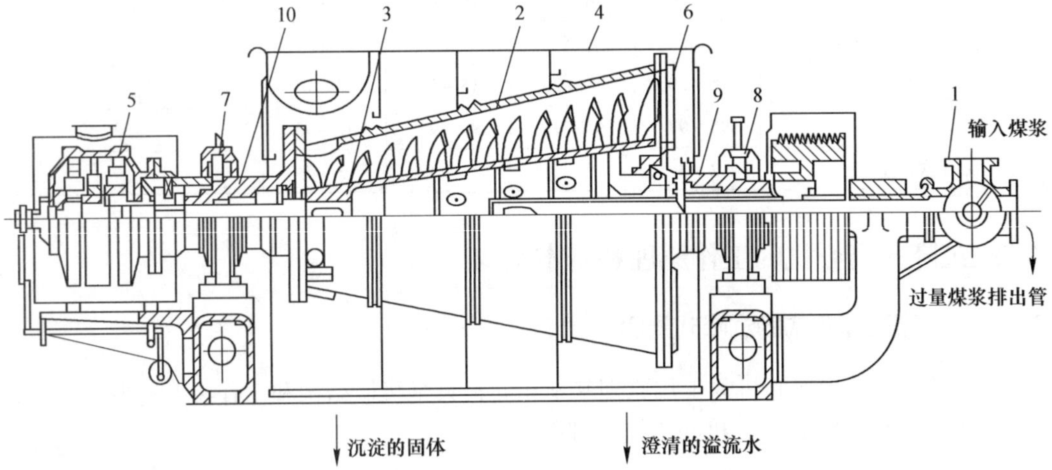

图 17-4 WX-1 型沉降式离心机构造

1—给料管；2—圆锥形转筒；3—螺旋；4—外壳；5—行星齿轮差速器；6—阻板；7，8—轴承；9，10—空心轴颈

如图 17-4 所示，圆锥形转筒 2 的两个空心轴颈 9 和 10 分别置于滚动轴承 7 和 8 上。转筒的大端面上开有 4 个溢流口，并用带偏心孔的阻板 6 调节溢流口的高度，使得液面所形成的溢流环直径发生变化，其变化范围在 800 ~ 936mm。所以，调整溢流口的高度也就相应调整了脱水区和沉降区的长度，如在转筒长度一定的条件下，即可调整了脱水区和沉降区的比例。另外在转筒小端的锥面上径向开有排料口，为了保护卸料口免于磨损，可在孔内装设硬质合金保护衬套。在转筒的外表面上有环状凸缘，以便与外壳内的隔板配合形成曲折密封结构。

螺旋 3 为双螺旋锥形叶片。叶片的螺距为 125mm，其外径和两侧的表面上堆焊有硬质合金，增加其耐磨性。在螺旋的小端处有一对小叶片是反向螺旋，它的作用是防止转子的排料口物料堵塞。螺旋的空心滚筒内被隔板隔成 5 个隔室，中间 3 个的每个隔室，在滚筒锥面上开有 6 个喷料口。为防止磨损，在口内装有用铬钢（40Cr）经淬火处理后制成的可更换的耐磨喷嘴。

外壳 4 除起保护罩的作用外，还有收集沉渣和溢流水的作用。外壳内焊有 3 个隔板，将外壳分成 4 个单独的隔室，小端隔室收集沉渣，大端隔室收集溢流，中间的隔板和转筒 2 的外面凸缘配合，形成曲折密封，以防溢流水和沉渣互相混入。外壳的两端面上各开有一个检查孔，用来调节大端溢流口高度及检查转筒与端面法兰盘的螺栓紧固情况，并用于及时清理小端沉渣。

转筒由电动机直接带动，并通过行星齿轮差速器5带动螺旋3，两者做转差率为2%的相对转动。行星齿轮差速器的构造见图17-5。差速器内有两段行星轮系。

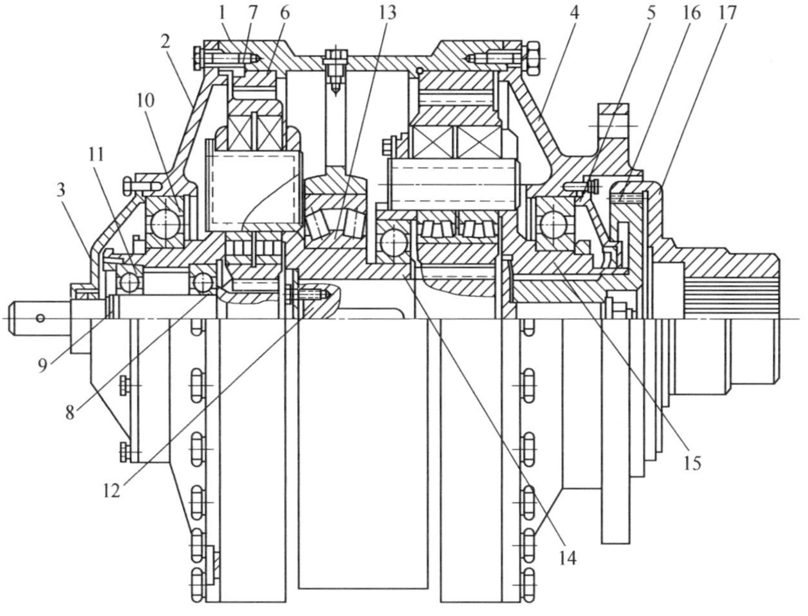

图17-5　行星齿轮差速器

1—机体；2—前盖；3—端盖；4—后盖；5—支撑盖；6，17—齿圈；7—销子；8—行星齿轮；9—恒星齿轮轴；10，13，14—轴承；11——段导架；12—中心齿轮轴；15—二段导架；16—齿套

差速器机体1及后盖4与离心机转筒连接，并随着转筒一起旋转。机体与前盖2、端盖3、后盖4和支撑盖5，组成一密封箱体。箱体内的齿轮润滑油通过机体上的油孔注入。减速器第一段周转轮系的齿圈6由销子7与机体固定成一体。内圈与行星齿轮8啮合，将齿圈的转动传给恒星齿轮轴9。恒星齿轮轴在正常工作情况下是不动的。因此，行星齿轮就带动第一段系杆11旋转，轴承10、13、14起支撑系杆作用。

第二段差动轮系的中心齿轮轴12由键与第一段系杆11连接并一起旋转，从而得到第二段行星轮系的差动作用。第二段系杆15通过齿轮联轴器（齿套16和齿圈17），最后将转动传给螺旋，使螺旋的转速比转筒慢2%。

离心机的主轴承（见图17-4中7、8）利用齿轮油泵进行压力循环润滑，行星齿轮差速器采用专用机油润滑，其他轴承均用润滑脂润滑。

离心机的给料管是向离心机转筒中输送煤浆的装置。其管子装在支架上，一端与三通阀（图17-4中1）的法兰盘相连接。三通阀内装有活门，用以调节给料量，也可将进入离心机的管口关闭，使来料排入事故排料管中。

图17-6为WLC-800型沉降式离心机的构造，入料最大粒度为0.5mm。其工作原理和WX-1型离心机相同，只是结构和参数作了一些改进，如该机采用了圆柱-圆锥形转筒，这种转筒比圆锥形转筒的容量增加，并且使沉降区加长，有利于提高澄清效果。该机采用了摆线针轮差速器；转筒的转速也提高了；排料口开在转筒小端的端面上；一端主轴承由两盘轴承，滚柱轴承和滚珠轴承组成，两端共四盘轴承，并采用二硫化钼润滑脂润滑等。

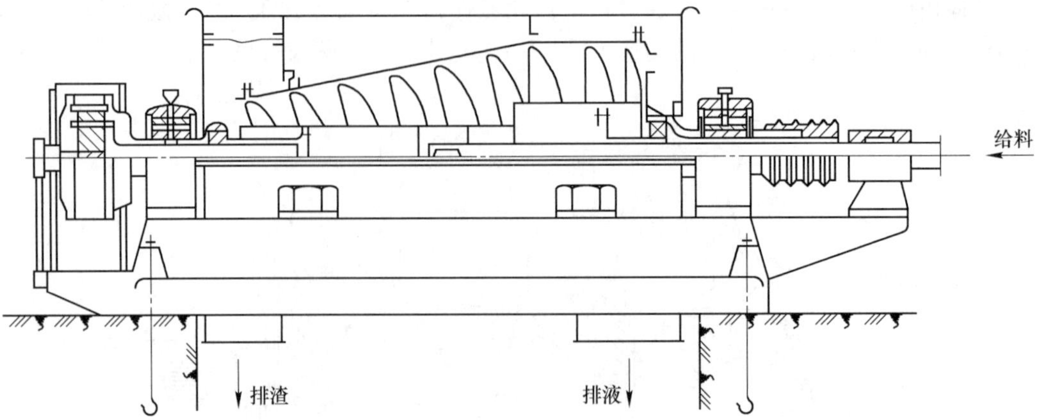

图 17-6 WLC-800 型沉降式离心机结构简图

图 17-7 为 TC 型沉降式离心机的结构原理图。其主要特点是：转筒为柱锥形式；给料管内装有絮凝剂添加管，使絮凝剂在转筒内的最合适位置与煤浆接触，以改善细粒煤泥的沉降效果；采用液力联轴器及其他新型过载保护装置；还采用贴有耐磨陶瓷叶片的螺旋等。

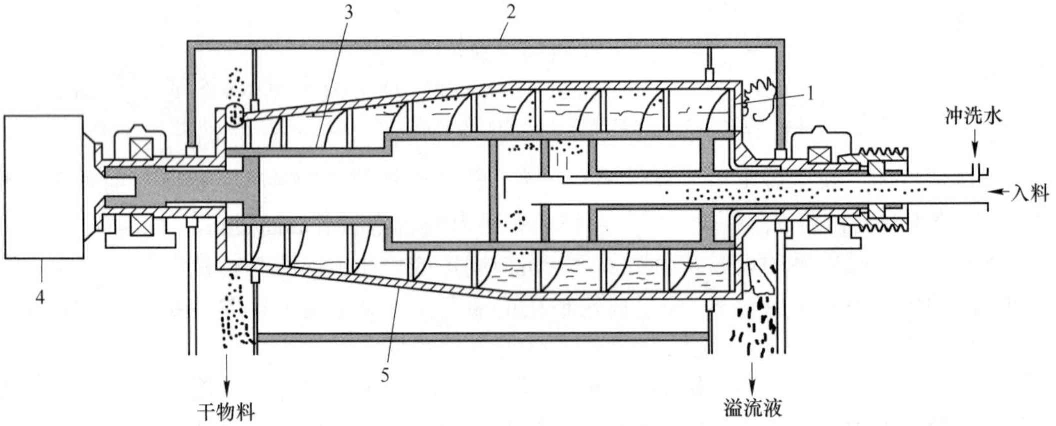

图 17-7 TC 型沉降式离心机结构原理图

1—溢流挡板；2—外罩；3—螺旋输送器；4—差速器；5—转筒

17.2.2 顺流工作方式的沉降离心脱水机

目前，我国选煤厂仅引进联邦德国的 S_4-1 型顺流式沉降离心机。S 型离心机的给料流动方向和沉淀物的输送方向相同，并且使沉淀物的输送和溢流的流动通路分开，因而，相互干扰较小，从而可降低转速，减少絮凝剂的耗量。

S_4-1 型离心机采用了边缘堆焊碳化钨的螺旋，并在入料口和排料口堆焊碳化钨硬化层。采用液力联轴器及新型过载保护装置，采用摆线针轮差速器。离心机底座为水泥浇灌支座，并置于减震橡胶弹簧。

顺流式与逆流式相比，两者各有其特点。对于逆流式沉降离心机，存在的主要问题是：由于它在转筒中部给料，故在入料处引起煤浆飞溅，产生漩涡，对已经沉淀的固体颗粒造成冲击，使得部分颗粒重新浮起，有可能被溢流带走。在离心沉降段，固体颗粒和液体一起向溢流堰移动，固体颗粒在这个过程逐渐沉降，已沉降下来附着在转筒筒壁的固体物料，被螺旋又推向相反的方向，当途经给料点的紊流区时，微细颗粒又被重新扩散成悬浮状态，从而造成分离效果变坏。要解决这个问题，可在煤浆中添加絮凝剂，使固体细颗粒絮团沉降，但这时要求离心机的转速不能太高。此外，逆流工作方式使得离心机转筒的沉降段没有得到充分利用。因为煤浆中的极细颗粒只是在液流改变方向时，才能得到有效的沉降。这点对处理浮选尾煤就显得尤为突出。

贴有陶瓷叶片的螺旋如图 17-8 所示。

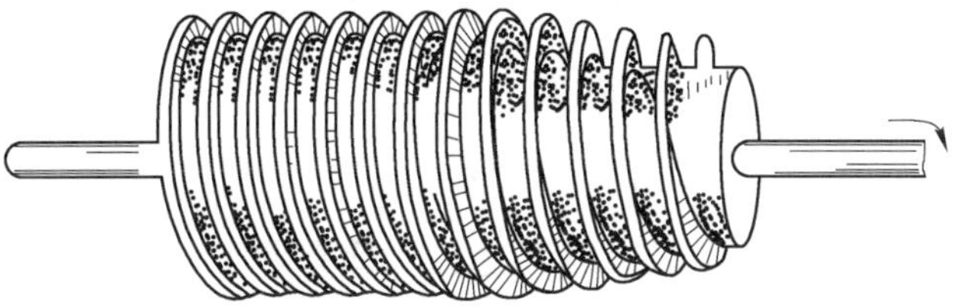

图 17-8　贴有陶瓷叶片的螺旋

逆流式的优点，已沉淀的固体颗粒途经 2/3 ~ 3/4 的路程，因而对螺旋的磨损较轻，推动物料的阻力较小。顺流式沉降离心机恰恰克服了逆流式的上述缺点，改中部入料为大端入料，使得给入转筒内的煤浆在向转筒中部流去的阶段，固体颗粒就开始发生沉降，沉降后的固体颗粒由螺旋输送，没有紊流区的干扰，最后由小端排出。采用这种结构，转筒内不存在紊流区，有较长的沉降区，有利于微细颗粒的沉降，改善了分离效果。若添加少量絮凝剂使固液分离更加彻底，可以获得较为洁净的溢流和高达 99% 的回收率。另外，由于是大端入料，转筒内的煤浆开始时是从大端向小端移动，然后再折回头流向大端的溢流口，这样就充分利用了沉降区的长度，延长了固体颗粒的沉降时间，使固液两相得到更好的分离。

图 17-9 为两种工作方式的沉降离心机转筒内煤浆运动情况的示意图。根据分析和实验测定，两种离心机转筒内固体颗粒的粒度分布是有差别的。在逆流式离心机中，靠近转筒内壁的是高水分的泥质细粒物料；而在顺流式离心机中，靠近转筒内壁的是粗粒物料。两种离心机转筒内物料的分布情况如图 17-10 所示。

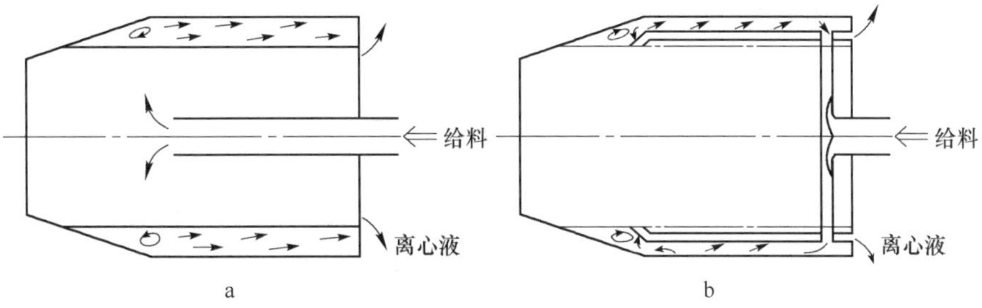

图 17-9　转筒内煤浆运动示意图

a—逆流式；b—顺流式

试验证明，在各项参数基本相同时，顺流式较逆流式的处理能力增大 1 倍。顺流式离

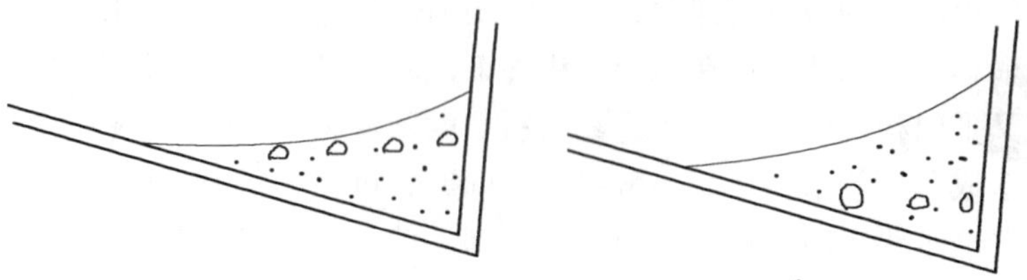

图 17-10 转筒内物料粒度分布示意图
a—逆流式；b—顺流式

心机的缺点：螺旋推送沉降物需经全程，其动力消耗较大，有时出现溢流管堵塞现象。

17.3 沉降过滤式离心机的基本构造

图 17-11 为 TCL 型沉降过滤式离心机的原理图。它是由圆柱-圆锥-圆柱形的转筒与一个同轴装设的螺旋输送器所组成。在转筒的过滤段嵌有硬而脆的陶瓷片筛网。螺旋叶片外缘与转筒内壁形状相似，并有一定的间隙。当转筒回转时，固体物料沉降在转筒内壁。由于转筒与螺旋之间存在速度差，使物料被螺旋推送至小端排出，螺旋与转筒之间的速度差是通过转筒端头的差速器实现的，电动机通过三角胶带带动转筒。

所用陶瓷片的材料为 90%~94% 的三氧化二铝以及碳化钨、碳化硼、碳化硅等组成。

润滑方式有干油和稀油两路润滑，稀油润滑为油泵强制循环，例如差速器和主轴承为稀油润滑。

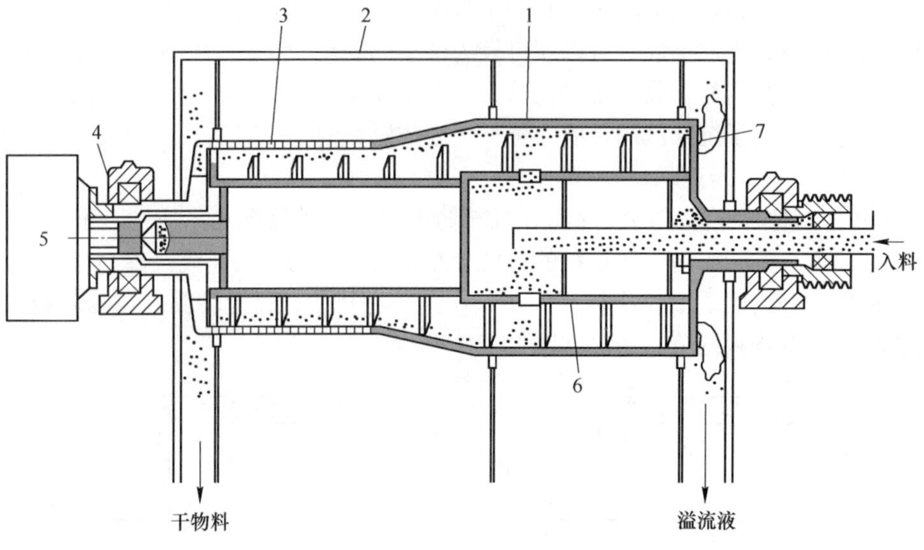

图 17-11 TCL 型沉降过滤式离心机
1—转筒；2—外罩；3—筛网；4—主轴承座；5—差速器；6—螺旋输送器；7—过滤挡板

液力耦合器是一种液力传动装置，它是利用液体动压力来传递功率和扭矩的。图 17-12 为液力耦合器基本结构，它是由泵轮 1、涡轮 3、外壳 2、输出轴 4、轴承 6 和密封 5 等零件构成的。在联轴器中充有工作液体矿物油或乳化液。与电机轴连接的工作泵轮 1，将输出的机械能转换为液体的动能，它的作用相当于离心泵的叶轮，故称为泵轮。涡轮 3 的作用相当于水轮机工作轮，所以称为涡轮，涡轮是将液体的动能转换成机械能，并通过输出轴4驱动负载。外壳2与泵轮连接，形成容纳工作液体的“容器”。泵轮与外壳等构成液压联轴器的主动转子，涡轮构成从动转子。当电机带动泵轮时，其中的工作液体被叶片夹持着同泵轮一起旋转，产生流向外缘的离心压力，并形成一股环流，这股旋转液流驱使涡轮旋转，于是便实现了从泵轮到涡轮的液体动力传动。

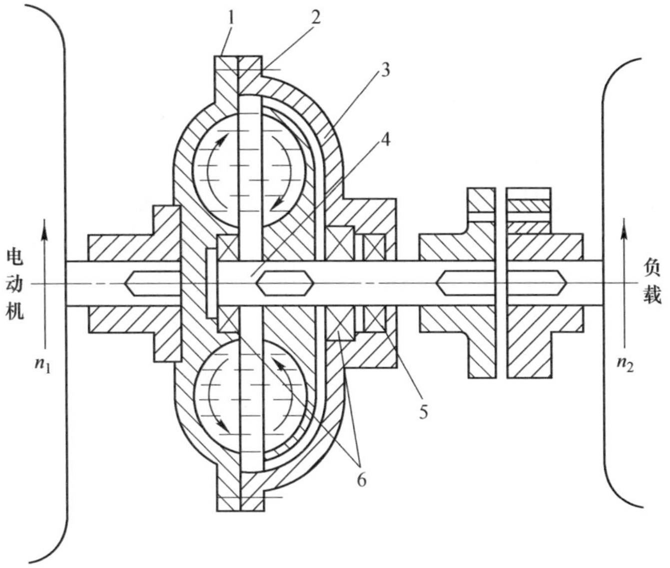

图17-12 液力耦合器的基本结构

1，3—工作轮；2—外壳；4—输出轴；5—密封；6—轴承

由此可见，液力耦合器是靠液体环流运动来传递能量的，即两工作轮通过液体动力“键”连接起来，并允许主从动轮之间有滑差。因而，它具有启动和升速平稳、过载保护、负载分配均衡和传动效率高等优点。

在差速器上装有扭矩测量保护系统。其工作原理是：差速器输入轴与钢板连接，钢板的另一端固定在机架上，该钢板也叫扭矩臂或扭力限制器，臂上贴有应变片，依据其发出的应变大小的信号，调节离心机入料口电动阀门的开度，从而控制入料量。

扭矩的变化直接显示并记录在记录器上。记录器与三个继电器相连，第一个继电器设置在当扭矩值达到最大值的80%时，闭合并发出报警信号；如果载荷继续增大，当扭矩值达到最大值的90%时，第二继电器闭合，关闭给料阀门；当扭矩达到最大值的100%时，第三继电器打开，主电机停止运行。当载荷减小时，以上第一、第二个继电器均能复位，使离心机恢复正常运行。

另外，在差速器固定轴上装有保险销，在电气失去保护作用时，销子被剪断，则力臂杆压下限位开关，使主电动机停转。

温度保护是采用3个温度传感器分别测量给料端、排料端轴承温度和齿轮箱温度，当某一处油温超标时，对应接点断开，电机停转。

利用压力传感器检测润滑油泵的油压，以保证其正常工作，当油泵的压力低于0.2MPa时，对应接点断开，主电动机停转。

图 17-13 为 WLG-900 型沉降过滤式离心机的构造图。转筒 5 和左右端枢轴 6、3 及行星齿轮差速器 8 用螺栓联为一起，并支撑在左、右主轴承座 7、10 上。右端轴的法兰盘上开 6 个 100mm × 100mm 的方形溢流孔，每个孔被一块挡板挡住，用以调节离心机转筒内溢流面的高度。螺旋 4 为双头连续叶片，螺距为 125mm。螺旋叶片用钢板焊成，并在其推料侧及外圆周喷涂 1 ~ 1.5mm 厚的镍基金属粉末。在螺旋的左端焊有 1 对反螺旋叶片，用以防止堵孔。

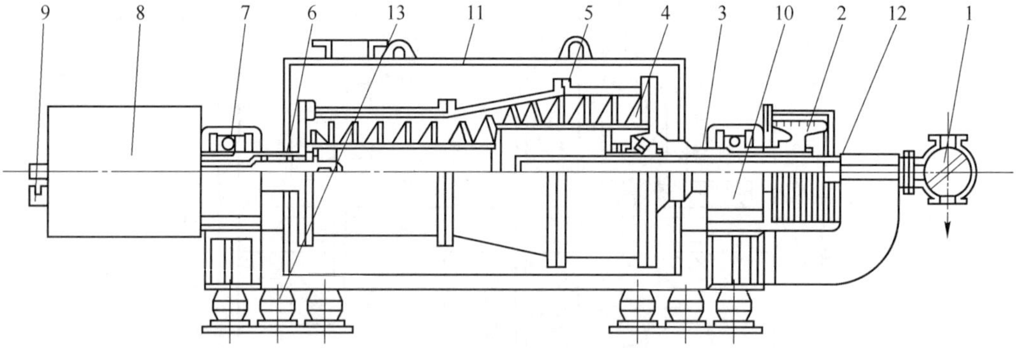

图 17-13 WLG-900 型沉降过滤式离心机构造图

1—分流阀；2—传动系统；3，6—枢轴；4—螺旋；5—转筒；7，10—轴承座；8—行星齿轮差速器；9—机械保险装置；11—机壳；12—机架；13—减振弹簧

行星齿轮差速器由外壳和两级行星轮系组成，动力则由转筒传至差速器外壳，再经两级行星齿轮减速机构传至螺旋，使螺旋得到与转筒转差率为 2% 的同向转动。在差速器固定轴（输入轴）端装有一扭矩臂，上贴电阻应变片，用以测量工作状态时扭矩的大小及控制给料量。固定轴尾端还有一保险销，当过载时保险销被剪断，并切断常闭限位开关，使机器得到保护。

机座由钢板焊接而成，内设主、副油箱各一个。机座用 16 个减振橡胶球置于 4 块地脚板上，地脚板用螺栓与基础紧固。

WLG-900 型沉降过滤式离心机采用压力循环润滑方式，油压为 50 ~ 150kPa，当压力过低和过高时，控制系统都能发出报警信号，便于及时处理。

17.4 主要参数的确定

17.4.1 转筒的直径和长度

转筒直径 D 的确定要考虑离心机系列型号的标准尺寸、单机处理能力以及物料性质等。转筒的长度 L 一般是由 L/D = 常数而定。由于转筒长度决定了被处理物料在离心机中经受离心分离作用的时间，以及离心机按体积计算的处理能力，所以，从工艺效果上看，增加转筒长度是有益的。但是，从机械制造的角度上看，转筒长度的增加又受到一定的限制，这是由于随着转筒长度的增加，对其动平衡的要求也随之增加，否则，加剧了离心机在工作中所产生的振动。综合考虑上述因素，离心机长径比 L/D 的选择原则是：对于易分离物料为 1 ~ 2，对于难分离物料为 3 ~ 4。

17.4.2 转筒锥角

转筒的锥角决定了脱水区长度，因而影响到沉渣的水分。当转筒长度一定时，对于锥形转筒，锥角的变化直接影响了脱水区和沉降区的比例，锥角减少，则沉降区增长，溢流中固体含量下降；锥角加大，脱水区增长，降低沉渣的水分。综合考虑多方面因素，目前离心机锥角一般选择在20°～30°之间。

17.4.3 溢流堰高度

溢流堰的高度决定着离心机沉降区的长度，如加高溢流堰，沉降区随着加长，分离力度和溢流中固体含量相应减少。但是，随着溢流堰的增高，转筒内环液面的直径则相应减少，使离心力的作用减弱，从而抵消了由沉降区增长带来的好处。实验证明，当溢流堰的高度达到转筒大端半径的1/4时，对沉淀量没有显著地改善，而且产品水分反而提高。因此，溢流堰的高度一般取转筒大端半径的0.15～0.3倍。在溢流堰高度确定以后，应使给料点的位置与之相适应，溢流堰越低，给料点距溢流堰的水平距离应越近，如图17-14所示。

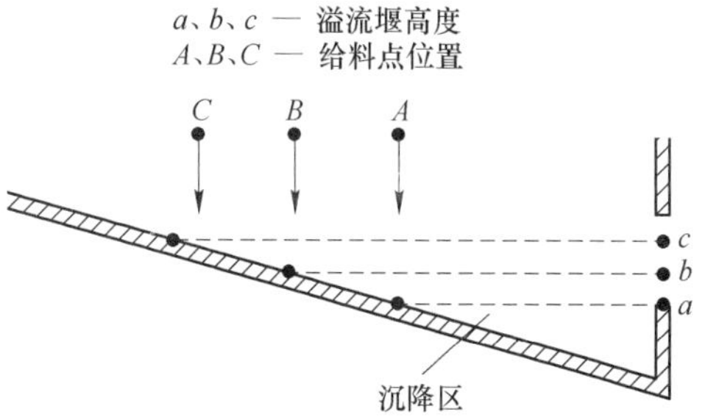

图17-14 给料点位置与溢流堰高度的关系

17.4.4 工作转数

离心机的工作转数决定了它的离心强度，离心强度越高，固液分离效果越好，煤用沉降式离心机的离心强度以500～900为宜，沉降过滤式离心机的离心强度则在300～900之间选择。一般在细颗粒含量偏高时，离心强度可选高一些为好。但应该注意，有一些属于脆性的物料，当转速提高后，造成大量物料的粉碎和磨蚀。另外，当离心机转数提高到一定程度时，回转体还有可能出现振动加剧的现象。虽然沉降式离心机的转筒较粗大，其自振频率比工作频率高得多，不可能出现共振，但是，因转筒与螺旋作用同向不等速（转差率较小）回转，有可能出现“拍振”现象。特别是当转筒及刮刀的加工精度不够，转筒直径过大时，这种振动现象就更加明显。因此，提高离心机的工作转数时，转筒直径不应过大，在做好转筒和刮刀的动平衡试验的同时，还应提高加工、装配精度。

复习思考题

1. 指出反共振离心机的工况点，反共振离心机的振幅和频率如何计算？
2. 分别指出反共振、远共振、近共振离心机原理，指出哪一种离心机最节能。
3. 分别画出反共振、远共振、近共振离心机力学模型。
4. 说明振动离心机和刮刀离心机各适用什么条件，并说明理由。
5. 说明刮刀离心机的差速器原理，并画出原理图，给出差速比公式。
6. 说明刮刀离心机为什么要有力矩限制器。
7. 说明非线性近共振离心机振幅随激振频率往返变化的趋势。

第4篇　运输提升设备

18　振动给料机

18.1　概述

振动给料机是利用振动原理进行给料的设备，目前在采矿、冶金、煤炭、化工、建材以及粮食、轻工等部门得到了广泛应用。与其他设备配套，实现给料、喂料、配料、定量和流程自动化作业。在冶金矿山，主要应用在放矿、转载、选矿、破碎等作业环节；在煤矿主要用在井下箕斗下转载，原煤仓下和洗选均匀给料等作业；在电力厂，主要配置在煤仓下转载配煤。

振动给料机的应用范围很广，能够输送小至粒度为0.1mm颗粒状物料（对于易于飞扬的粉状物料，给料器应制成密闭结构），大至1m以上的特大块物料。在采取适当的措施后，还可以输送高温物料和具有腐蚀性的物料。

振动给料机按照激振器的形式可分为电磁振动给料机和惯性振动给料机。

（1）电磁振动给料机。电磁振动给料机用于把物料从贮料仓或其他贮料设备中均匀或定量的供给到受料设备中，是实现流水作业自动化的必备设备，目前应用最广泛的是GZ系列电磁振动给料机，如图18-1所示，分敞开型和封闭型两种，根据安装方式可分悬挂式、坐式和混合几种。

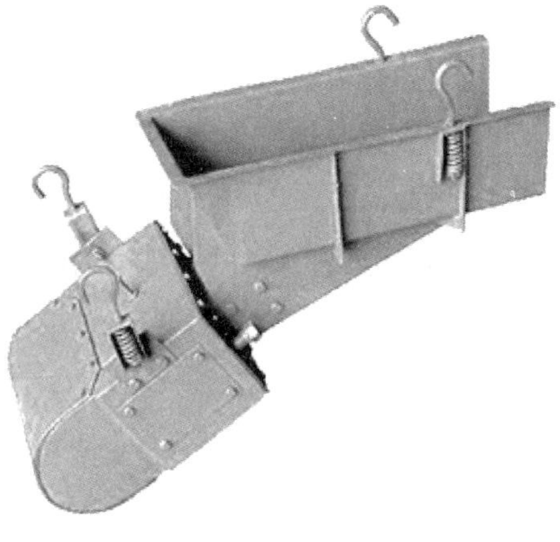

图18-1　电磁振动给料机

电磁振动给料机具有下列特点：

1）能够根据生产需要，手动或自动地调节给料量；

2）小型给料机内的物料，在槽内呈连续跳跃状，而不在槽底滑行，因此，对料槽磨损小；

3）没有回转部件，不需要润滑，维护工作较其他给料机简单；

4）在生产流程中，易于实现自动控制。

电磁振动给料机结构简单，操作方便，不需润化，耗电量小，可以均匀地调节给矿量，因此已得到广泛应用。

在从料仓里给出松散颗粒物料时，给料机与料仓之间的位置关系，应尽量减少物料对槽体的压力，以免仓压对给料机的运行造成影响。一般地，料仓排料口的满外宽度比给料机的槽宽略窄一些，料仓排口的长度不得大于给料机槽长的1/4。

给料机的物料运动速度在6～18m/min左右，对给料量有较大变化的情况，料仓排料口的高度要能够用闸门调节，给料量不够时，要提高闸门，增加料层厚度。为使料仓中物料能顺利排出，料仓壁倾角最好设计为55°～65°，大块颗粒物料倾角可以小些，黏湿细粒物料的倾角要大些。

电磁振动给料机的突出特点是没有转动的零部件，没有润滑点，在运行过程中，可以很方便地调节振动频率以调节给料量，易于实现给料量的自动控制。另外，结构也比较简单，重量也较轻。

（2）惯性振动给料机。惯性振动给料机是一种经济技术指标先进的给料设备，如图18-2所示，它将目前已普遍采用的惯性振动技术与先进的变频调速技术相结合，已广泛应用于电力、煤炭、建材、化工、矿山、冶金、轻工业等行业中，用以将散状物料从贮料仓或漏斗中均匀连续地给入受料装置中去。

图18-2 惯性振动给料机

有的惯性振动给料机配套反接制动或能耗制动控制箱，可使给料机在短时间内迅速停机，同时还具有过流、过压、断相保护。能够实现远程控制及无级调速等功能。

18.2 振动给料机构造和工作原理

不论是电磁振动给料机，还是惯性振动给料机，都有用于给料的槽体，提供激振力的激振器，用于隔振的隔振弹簧和用于控制与调节的控制器等四个组成部分。下面分别叙述这两种给料机的基本构造和工作原理。

18.2.1 电磁振动给料机的基本构造和工作原理

图18-3是电磁振动给料机的结构示意图。除了槽体和隔振弹簧外，主要构件就是激振器。

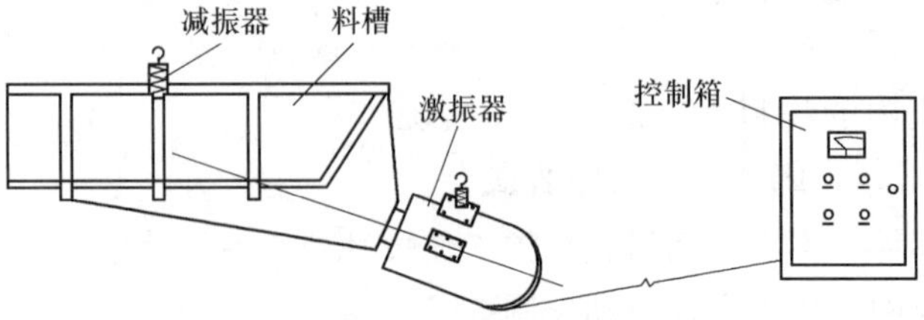

图18-3 电磁振动给料机

激振器如图18-4所示，壳体6内装有铁芯7，线圈和衔铁4，衔铁与铁芯间留有工作气隙5，衔铁与槽体用连接叉2相连，连接叉的中部固定在板弹簧3的中间，板弹簧的两端用螺栓压在机壳上。

板弹簧将给料机的槽体与激振器连接起来，组成一个双质体弹性振动系统。槽体及激振器通过隔振弹簧8支承在基础上。

由此可见，电磁振动给料机是一个双质体振动系统，由槽体、连接叉、衔铁和槽体中物料质量的10%~20%组成一个振动质体；激振器壳体、铁芯、线圈等组成另一个振动质体，两个质体之间用一束板弹簧（或螺旋弹簧）连接在一起，构成双质体振动系统。

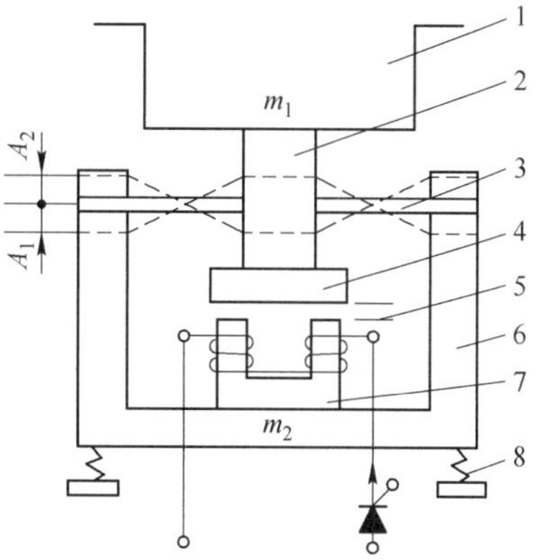

图18-4 电磁振动给料机的原理图
1—槽体；2—连接叉；3—板弹簧；4—衔铁；5—气隙；6—壳体；7—铁芯；8—隔振弹簧

根据机械振动学的共振原理，将电磁激振力的频率调到给料机的自振频率附近，使其比值 $z_0=\frac{\omega}{\omega_0}=0.85\sim0.95$。机器是在低临界近共振状态下工作，具有消耗功率小的特点。

将单相交流电经整流器整流后，进入电磁线圈，当线路接通电源后，电源电压（图18-5a）整流后，在正半周内有半波电压（图18-5b）加在电磁线圈上，因而电磁线圈就有电流通过，在衔铁和铁芯之间产生一脉冲电磁力（图18-5c）互相吸引，槽体与激振器相向运动，槽体向后运动激振器向前运动，此时，板弹簧变形储存一定的弹性势能；在负半周时，整流器不导通，线圈中无电流通过，电磁力随着消失，借助板弹簧储存的弹性势能，衔铁与铁芯朝着相反方向运动，槽体向前运动激振器向后运动。这样，给料机的槽体以交流电源的频率（3000/min）往复运动。

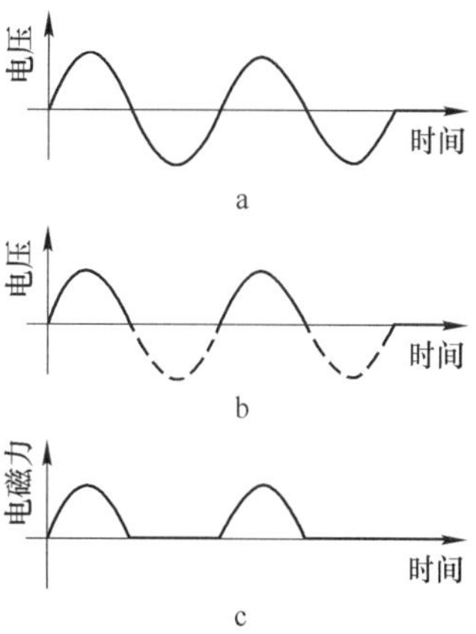

图18-5 电压和电磁力的关系

由于槽体的底平面与激振器的激振力作用线有一定的夹角，当槽体振动加速度的垂直分量大于重力加速度时，槽中的物料被向上向前抛起，并按抛物线的轨迹向前进行跳跃运动。由于槽体振动频率很高，物料的抛起和落下仅在1/50s内完成，振幅很小，所以只能看见物料在槽中“似水一样”均匀连续地向前流动；只有当单颗粒在槽中运动时，才能看见微小的跳跃运动。

各种不同类型的电磁振动给料机的主要区别在于电磁铁的形式、供电方式、主振弹簧的形式等。

最常用的电磁铁铁芯有Ⅱ型、Ⅲ型和H型3种。衔铁均为“一”字型。如图18-6所示。

（1）交流供电（图18-7a），可获得6000/min的振动频率。这种供电方式，除有一平均电磁力吸引振动系统的主振弹簧使其产生静变形外，每一个周期产生两次脉冲电磁吸力。使激振频率为电源频率的2倍，即1000Hz。由于振动频率高，要求给料机的槽体有较

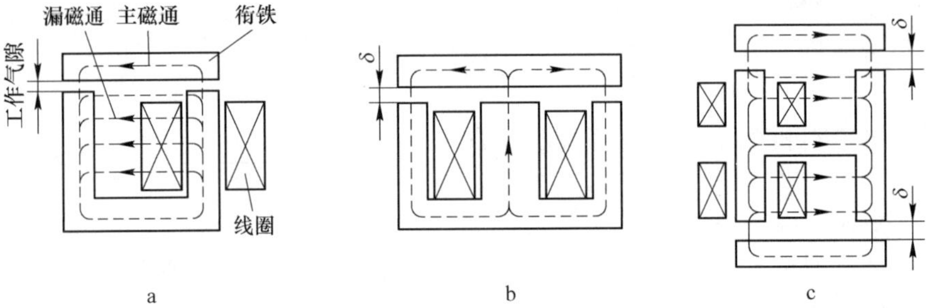

图 18-6 电磁铁的三种形式

a—Ⅱ型电磁铁；b—Ⅲ型电磁铁；c—H 型电磁铁

大的刚度，同时为了避免因振动强度过大而使给料机易于疲劳破坏，就必须限制振幅的大小。对双振幅要控制在 1mm 以内，这么高的振动频率的给料机目前使用较少。

（2）可控半波整流供电（图 18-7b），可获得 3000/min 的振动频率。在供电电路上，加上一个可控硅元件，利用其单向的导电性，滤去一半波形，使电路得到单向脉动电流，在一个周期内便只产生一次电磁力，所以频率与供电频率相同，为 50Hz。

这种供电方式可以直接用可控硅调节振幅，易于实现自动控制。该供电方式应用最广，缺点是可控硅半波整流功率因数低。

（3）为了解决上述缺点，采用半波加全波整流供电（图 18-7c），可获得 3000/min 的振动频率，其功率因数较高，可在大型电振机中应用。

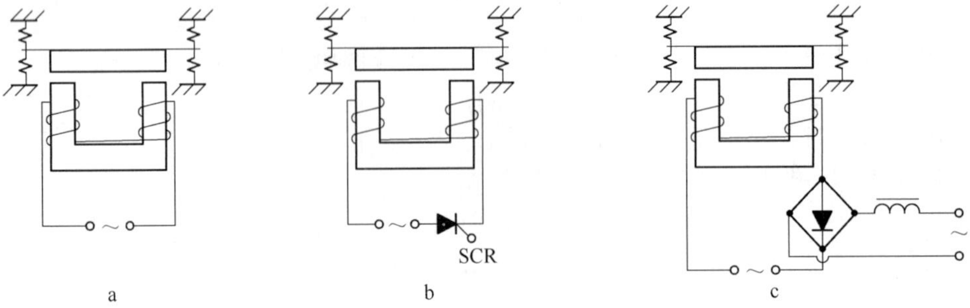

图 18-7 电磁激振器的供电方式

（4）降频供电，最常见的是频率为 1500/min 的降频激振器，一般用于要求振幅较大的条件下。电磁振动给料机的主振弹簧有三种形式：板弹簧、螺旋弹簧和橡胶弹簧。目前板弹簧式电磁振动给料机应用得最多。

常与跳汰机配套使用的电磁振动给料机的主要技术特征，见表 18-1。

表 18-1 电磁振动给料机技术特征表

型 号		GZ_5K_1	GZ_5K_2	GZ_5K_3	GZ_5K_4
生产率 t/h	10°安装	200	240	270	300
最大给料粒度/mm		100	100	100	100
双振幅/mm		1.5	1.5	1.5	1.5
频率/min		3000	3000	3000	3000

续表 18-1

型　号		GZ_5K_1	GZ_5K_2	GZ_5K_3	GZ_5K_4
功率/W		2×650	2×650	2×650	2×650
功率因素		0.3	0.3	0.3	0.3
总质量/kg		1316	1343	1376	1408
控制器	控制方式	可控硅半波整流	可控硅半波流	可控硅半波流	可控硅半波流
	供电电压/V	220	220	220	220
	周波数/Hz	50	50	50	50
	工作电流/A	2×12.7	2×12.7	2×12.7	2×12.7
	表示电流/A	2×10.63	2×10.63	2×10.63	2×10.63

18.2.2 惯性振动给料机的结构

18.2.2.1 激振器基本结构

惯性振动给料机与电磁振动给料机的区别主要在于激振器不同。

惯性振动给料机是由惯性激振器驱动，该激振器又分为专用振动电机和箱式惯性激振器两种。中小型惯性振动给料机，槽体体积小、质量轻，所以一般由振动电机激振。

振动电机是振动机械中常用的激振源。电机转轴两端各安装 2 片偏心块，如图 18-8 所示，在电机回转时带动偏心块旋转产生离心力。每一端有两个偏心块，其中一个用键或销固定在轴上，另一个偏心块可以松动螺栓后转动，调整两个偏心块的角度，用来调整激振力的大小，以改变振幅，注意两端偏心块的夹角要保持一致。

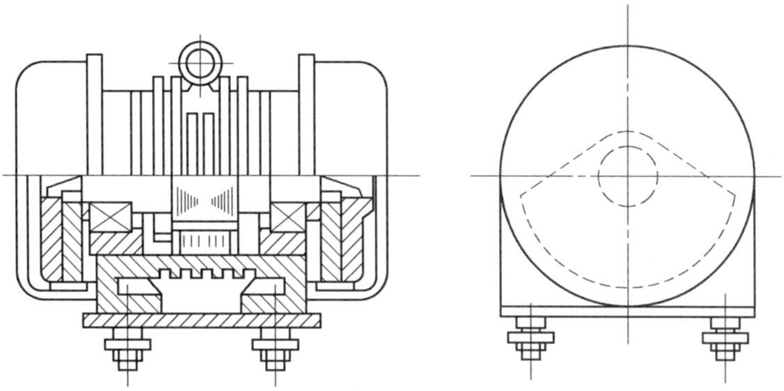

图 18-8　振动电机

最常见的振动电机在槽体上的安装形式如图 18-9 所示。在槽体的斜下方平行安装两台性能相同的振动电机 3，当两台电动机作同步反向回转时，其合成的激振力作用于槽体的质心附近，并将使槽体沿激振力 s-s 方向作直线往复振动。还有一种常见的安装形式是振动电机对称安装在给料机槽体的侧板上，振动方向角为 30°。

18.2.2.2 振动给料机的设计

设计振动给料机时，首先需要知道下述资料，作为设计的依据：

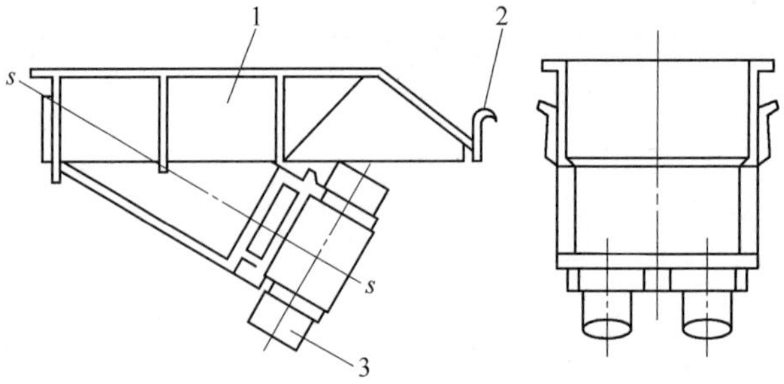

图 18-9 惯性振动给料机

1—槽体；2—吊挂装置；3—振动电机

（1）给料机的用途。例如，它是与跳汰机配套还是向输送机给料等。

（2）被输送物料的性质：物料的密度、块度、硬度、磨磋性大小、外在水分和最大给料粒度等。

（3）所要求达到的生产率。

（4）安装尺寸的限制：准许安装高度、占地面积、安装形式等。

（5）工作环境及工作条件：环境温度、湿度等。

（6）给定可使用的电压和频率。

根据已知条件，然后按以下程序进行设计：

（1）确定给料机的工艺参数。

1）根据处理量确定给料机槽体的尺寸；

2）选择激振器及安装形式；

3）确定工艺参数：抛掷指数 D、振动强度 K、频率 f、振幅 A、安装倾角 α 和振动方向 δ。

（2）确定给料机结构，画出结构图。

（3）动力学参数计算。

1）根据结构图计算参振质量；

2）根据振幅和参振质量计算激振力，振动电机的选型或设计激振器；

3）计算弹簧刚度，设计并绘制弹簧图；

4）如果是设计激振器，计算给料机所需功率，根据所计算功率选择电机；电磁振动给料机根据计算功率核对电工计算结果。

（4）详细布置槽体、激振器和隔振弹簧的相互位置。激振器产生的合力应通过槽体重心附近。隔振弹簧应等距离对称分布在总重心的两边，然后，重新校核一遍。

（5）画出总图。

18.3 振动给料机的安装、调试、使用和维护

18.3.1 振动给料机的安装

18.3.1.1 安装注意事项

在振动给料机的工艺配置时应注意以下几个问题：

（1）料仓或漏斗出口的布置，应尽可能不使料仓内的物料重量压在振动给料机的槽体上。因为，在设计给料机时，并没有考虑槽身所承受的料仓压力，所以，一般在料仓或漏斗出口与槽体之间加设一个倾斜的溜槽，溜槽与料仓固结，使料仓内料柱的垂直压力压在溜槽上。溜槽的最低点与给料机槽底保持约 25 ~ 35mm 的距离，以免振动给料机通过共振区时发生碰撞。

（2）料仓、漏斗和溜槽的排料口宽度 B，满足下面经验公式。

$$B \geqslant 3d$$

式中，d 为给料最大粒度直径。

（3）排料口应设闸门，以便调节料层的厚度或在设备检修时，关闭排料口。

（4）如果给料机槽体内物料层的厚度不足，振动给料机的生产能力不够时，应向上调整溜槽上闸门，加大料层所需要的厚度。

（5）为了最大限度地发挥振动给料机的生产能力，在给料机槽体上方，全长设置侧面挡板。侧面挡板与给料机槽体侧板之间间隙一般为 25mm。侧挡板的底边和槽底应有一个向卸料端扩大的间距。这样可以防止物料挤在槽子和侧板之间。

18. 3. 1. 2 安装

（1）激振器的安装。振动给料机（无论是惯性振动或电磁振动）一般是整体安装。如果现场情况需要将槽体和激振器拆开才便于安装，应注意在重新组装时，必须把所有紧固螺栓，用力矩扳手按高强度螺栓的力矩紧固，注意不要一个循环达到所要求的力矩，最好是分三个循环，每个循环差距 20 ~ 50N · m。否则，由于振动电机地脚螺栓的受力不均匀，会造成给料机机体撕裂、振动电机螺栓断裂电机掉下来的事故。

安装电磁激振器时，铁芯和衔铁的气隙调整至设计的气隙值后，将铁芯的调节螺栓和固定螺栓逐个拧紧。最后，将激振器壳体上下两面的检修螺钉松开，否则妨碍电磁振动给料机的正常振动。

振动电机的偏心块应紧固在要求的位置上，清理防护罩内杂物再罩上，确保偏心块转动不碰撞或摩擦罩壳，最后再用螺栓紧固。

（2）槽体安装。振动给料机槽体一般呈微倾斜安装。对流动性好的物料，一般槽体的排料端向下倾斜 10°；对于黏性物料，安装角度应该向下倾斜 15° ~ 20°，以改善物料的输送速度。

为了适应振动给料机在启动和停止时的共振幅度，应该使给料机机体与附近的设施保持一定的间距，以避免相互碰撞。最小的间距为 30mm 左右。

18. 3. 2 振动给料机的调试

18. 3. 2. 1 电磁主振系统的调试

电磁振动给料机的前质体（包括振动槽体的部分）、后质体（激振器壳体或平衡质体部分）与内部弹簧构成主振系统。这个振动系统通常在亚共振状态下工作，一般选取激励频率与共振频率的比为 $z_0 = 0.85 \sim 0.9$ 。

最常用的测定主振系统频率比 z_0 的方法有以下几种：

（1）测量振动周期法。频率比 z_0 比较精确的测量方法，就是用机械测振仪或光线示波器，首先测出给料机停车时的振动衰减波形，然后从波形图上量出正常工作时及停车时的振动周期，便可以计算出给料机的实际频率比。

（2）利用松紧板弹簧压紧螺钉的方法以判断工作点。先选定控制箱的调节位置，并将板弹簧的压紧螺钉拧紧到足够的紧度，然后稍微松开压紧螺钉，主振弹簧的刚度将随着减小。若发现松开螺钉后振幅增大，则表明电振给料机处于低临界状态下，若松开弹簧，随着振幅的减小，则表明电振给料机处于超临界状态下。

（3）利用电振给料机加料前后槽体振幅变化情况来判别工作点。将电振给料机的振幅调整到一定值，然后向电振给料机上加料。若加料后振幅变化不明显（少有增减或不变化），则表明电振给料机处于低临界工作状态下工作。同时，若电流表中的电流值符合设计要求，则说明给料机的工作点是合适的。

若加料后振幅明显减小，则说明电振给料机处于超临界状态下工作。这时，必须提高弹簧刚度，即增加板弹簧的数量。对螺旋弹簧振动给料机，则应减少配重或换用刚度较大的弹簧。

若在逐渐增大给料量的过程中，开始振幅略有增加，而后显著下降，则表明频率比还略高一些。加载开始为低临界状态，后来转变为超临界状态，这时也须增大弹簧刚度。

（4）利用在电磁铁的工作气隙中间加塞胶木板的方法。通过观察电流的变化，来判断工作点。原理是：当加塞胶木板后，电振给料机的实际振幅将会减小。若加塞胶木板后的电流值大于加塞胶木板之前的电流值，则电振给料机处于低临界状态下工作；若加塞胶木板前后电流接近相同，则为共振状态。

18.3.2.2 频率比 z_0 的调整方法

对板弹簧电振给料机来说，当频率比 z_0 过小时，即固有频率过高时，必须减少板弹簧片数。当频率比 z_0 过大，增加板弹簧的片数。

对螺旋弹簧电振给料机来说，频率比 z_0 小时，增大配重的质量；当频率比 z_0 过大时，减少配重质量。

对非线性压缩橡胶弹簧的电振给料机，当频率比 z_0 过小时，适当减小橡胶弹簧的压缩量；反之，适当增大橡胶弹簧的压缩量。

在调整主振弹簧的过程中，必须注意以下事项：在调整板弹簧片数时，必须首先将激振器壳体上下的检修螺栓拧紧，使连接叉与激振器壳体相互位置固定，然后再松开板弹簧的顶紧螺栓，增加或减少板弹簧的片数。这时还必须注意，板弹簧中间及两端垫片厚度和数量应该相同，垫的位置应该准确，以免板弹簧出现不正常的弯曲。调整完毕后必须松开检修螺栓，并用螺母锁紧，以防松动。调整螺旋弹簧电振给料机与压缩橡胶弹簧电振给料机时，要求弹簧的预压缩量必须大于机器工作时弹簧可能出现的最大变形量。

18.3.2.3 气隙的调整

电振给料机电磁铁安装气隙的大小，必须按照设计的要求。不符合设计要求时，必须进行调整。调整气隙的大小时，必须使铁芯与衔铁两工作面保持相互平行。气隙的大小，可采用塞尺检查。

18.3.2.4 隔振系统的调整

电磁振动给料机隔振系统常遇到的问题如下：

（1）隔振弹簧刚度较大，引起基础和构架产生较大的振动。这时，必须检查隔振弹簧的刚度及隔振系统的固有频率，比较简便的方法是测定隔振弹簧的静变形，静变形不能小于15mm。

（2）隔振弹簧与吊环处出现较大的噪声。噪声的出现，通常是由于隔振弹簧吊杆与孔间的碰撞和摩擦引起的。这时应采取适当措施。例如：使隔振弹簧定位，适当增大弹簧座上吊杆的通孔，加设橡胶垫等，直到噪声得到消除时为止。

18.3.2.5 电气系统的调整

电气系统是由控制箱、电磁铁与电磁线圈等几个部分组成。在频率比合适的情况下，电气系统应能使电振给料机达到额定的振幅，并具有较为平滑的调整特性。

在空载与负载的条件下，控制系统应保证振动槽体能产生预期的振幅。

接通电路后，在空载条件下旋转电位器至极限位置，铁芯与衔铁出现轻微的撞击声，并能达到额定振幅的1.2倍左右。在负载条件下，铁芯与衔铁的碰撞基本上消失。同时，槽体能获得预期的振幅，并且电流符合设计要求，即为合适。

假如不符合上述条件，则应该仔细检查电振给料机的控制系统或电磁系统。根据具体情况，采取相应的措施。

18.3.3 振动给料机的试车

振动给料机在调试完毕后，必须进行空载及负载试车。空载及负载试车的目的，是全面检验振动给料机在各方面的调整是否合适，振幅是否稳定，能否正常、连续和可靠运转等。

（1）空载试车之前，需要对调整好的振动给料机进行全面的检查。

1）对板弹簧振动给料机，首先需要检查振动器壳体上面和下面的检修螺栓是否已经松开，并用螺母锁紧，防止松动。

2）板弹簧顶紧螺栓是否已经紧固，气隙螺栓是否已经锁牢，其余螺栓是否已经拧紧、锁牢。如果发现与其他物体相碰或者间距太小，必须将其他物体移开。

3）电气系统是否已经调节好，内部接线有无松动或脱落。

（2）空载试车时，控制箱的调节旋钮必须逐渐由小开大，使电流和振幅逐渐增大，最后达到额定值。在空载试车过程中，必须注意监视和检查。

1）当电流达到额定值时，振幅是否达到设计要求。

2）监视铁芯和衔铁之间是否发生碰撞，如发现碰撞，则应马上检查振幅和电流的大小。若发现电流和振幅均偏大，则立即调节控制箱旋钮，使振幅和电流减小；若发现电流并不大，只振幅偏大，则应重新检查和调整频率比；若发现振幅和电流均不大，则应立即停车检查和调整电磁铁的工作气隙。

3）注意给料机其他部位是否有不正常的杂音，若有，则应及时停车检查和处理。

4）注意减振器吊杆是否有明显的横向摆动。

5）检查板弹簧夹紧部位和铁芯、衔铁及线圈等的温升。如温升很快，并超过允许温升时，必须马上停车检查，处理后重新开车。

6）如突然发现电磁铁的线圈或控制箱内出现冒烟、烧毁等情况，必须立即停车处理。

7）空车试车必须连续进行，直至铁芯、衔铁、线圈及板簧夹紧部位温度稳定，并在允许范围内为止。

（3）空载试车完毕后，可进行负载试车。负载试车时应注意检查。

1）给料机振幅是否稳定，能否达到规定的稳定值，给料量是否满足要求。

2）电流升高多少，是否超过允许值。

3）在给料机整个槽体断面上，料层厚度是否均匀，物流速度是否一样，密封罩壳及漏斗口有无卡料现象。

18.3.4 振动给料机的使用、维护、检修及故障处理

18.3.4.1 振动给料机的使用

惯性自同步振动给料机，在使用时可以根据生产需要的变化进行生产率的调节。主要方法是调节给料机的频率和振幅，可以通过调节振动器上偏心块质量及偏心距的大小来调节振幅，但只能在停车后进行。若运行中调节生产率，则只能通过调整变频器调整振动频率或调整漏斗闸门开度的大小。

电振给料机生产率的调节，主要是通过调节给料机的振幅大小来达到。电振给料机调节生产率通常采用如下两种方法：

（1）通过旋转控制箱电位器的旋钮，可以在额定振幅范围内直接调节振幅，从而可以在给料机运行中无级调节生产率；

（2）调节料仓门的开度，改变料层的厚度，也可以达到调节给料机生产率的目的。

振动给料机在使用中必须经常检查给料机振幅及电流的稳定情况。如发现板弹簧顶紧螺栓松动、板弹簧断裂、铁芯与衔铁之间气隙发生变化或产生碰撞，必须立即处理。

在使用中必须注意的几个问题：

（1）在使用过程中不得随意增大电流，因为振幅过大，会导致板弹簧的断裂或缩短板弹簧的使用寿命；

（2）板弹簧压紧螺栓和电磁铁工作气隙调整螺栓的紧固程度，影响设备运转的稳定性和可靠性，因此，在设备运行的初级阶段，每班要应注意检查并拧紧，连续8班即可；

（3）要定期检查电磁铁与衔铁之间的工作气隙有无变化，特别是在重新拧紧板弹簧的压紧螺栓后，必须予以检查，同时要注意气隙中有无铁质和杂物，有铁质和杂物时，须随时清除；

（4）电源电压波动不宜过大，只允许电压在±5%范围以内变化，因为电源电压的变化，会直接引起振幅的明显变化。

18.3.4.2 振动给料机的维护

（1）须经常注意检查所有螺栓紧固情况，特别是主振板弹簧的顶紧螺钉以及电磁铁气隙调节螺栓的紧固情况；遇有松动，必须随时拧紧。

（2）铁芯和衔铁之间的气隙，在任何时候都应保持平行和清洁。

（3）在尘土较多的场合下，或输送细物料容易起尘时，激振器的密封盖必须盖好。

（4）线圈压板必须压紧，防止因振动而使线圈磨破，线圈引出线可穿以橡胶套管作为防护。

（5）弹簧如有裂纹或损坏时，应立即更换。

（6）更换槽体的耐磨衬板时，必须保持与原来的衬板尺寸一致。

18.3.4.3 检修时的注意事项

（1）在拆装电磁激振器时，连接叉要准确地装载激振器壳体中心位置，不允许有明显偏移，更不允许将连接叉靠到壳体某一内壁。

（2）在组装板弹簧时，要注意正确安放每片弹簧之间的垫片位置。两端的垫片放在板弹簧的两端部位，中间垫片垫在板弹簧的中间部位。

在更换螺簧电振给料机的螺旋弹簧时，必须注意新换的弹簧刚度及长度尺寸与原来的螺簧相同，并须保证端面对轴线的垂直度及端面的平整光洁。

（3）在拧紧板弹簧的压紧螺栓之前，要先向螺纹部分抹少量的润滑油，防止损坏螺纹。

（4）对装有两个电磁线圈的电磁激振器，在接线时要注意两个线圈的串、并联。启动前须用摇表检查电磁线圈的对地绝缘情况。

常见故障及处理方法，见表18-2。

表18-2 常见故障及处理方法

序号	故障	原因	处理方法
1	接通电源后给料机不振动	保险丝断了	更换保险丝
		线圈导线短路或接头处有断头	用摇表或欧姆表检查电阻处理短路或接好引出线
2	振动微弱，调节电位器振幅几乎不变或电流提高	可控硅被击穿	更换可控硅
		气隙堵塞，板簧间隙堵塞	清除堵塞物
3	机器噪声大，调整电位器振幅无规律，有猛烈的撞击声	板弹簧发生断裂	更换新板弹簧
		振动器与槽体的连接螺栓断裂或松动	更换或拧紧螺栓
		铁芯和衔铁发生碰撞	调整气隙到标准值
4	电位器没有动，铁芯和衔铁发生撞击，发出刺耳噪声，调节电位器撞击声能够增大或消失	电网电压升高，工作电流超过额定值	调整控制箱旋钮，使电流降低振幅减小
		板簧顶紧螺钉松动产生共振	重新拧紧板簧顶紧螺钉
5	机器间歇地工作或电流上下波动	线圈损坏	检查线圈层面或匝间有无短路现象和引出线接头是否空联，然后修理或更换线圈
6	长期运行后，突然发生可控硅整流器烧毁，给料机停止振动	电磁线圈匝间短路	更换线圈
		电磁线圈接地	
7	空载试车正常，负载后振幅降低较多	料仓排料口设计不当，使料槽承受料柱压力过大	重新设计或改进料仓口设计，减少料柱压力
8	其余正常，只有电流偏高	可能气隙太大	调整气隙到标准值

19 带式输送机

19.1 概述

带式输送机是一种摩擦驱动以连续方式运输物料的机械。应用它可以将物料在一定的输送线上，从最初的供料点到最终的卸料点间形成一种物料的输送流程。它既可以进行散状物料的输送，也可以进行物品的输送。除进行纯粹的物料输送外，还可以与各工业企业生产流程中的工艺过程的要求相配合，形成有节奏的流水作业运输线。所以，带式输送机广泛应用于现代化的各种工业企业中。

在矿山的井下巷道、矿井地面运输系统、露天采矿场及选矿厂中，广泛应用带式输送机。它用于水平运输或倾斜运输。在倾斜向上运输时，运送不同物料所允许的最大倾角 β 值见表 19-1，若 β 值超过规定值，则由于物料与输送带间及物料与物料间的摩擦力不足（即倾角大于摩擦角），物料将下滑滚动而洒落，影响输送机正常的工作，降低运输能力和生产效率。在倾斜向下输送时，允许最大倾角为表 19-1 所列各值的 80%。若需要用大于表 19-1 的倾角输送时，可选用花纹带式输送机。

表 19-1 带式输送机向上运输允许的最大倾角 β 值

物料名称	β	物料名称	β
块煤	18°	湿精矿（含水 12%）	20°～22°
原煤	20°	干精矿	18°
粉煤水洗产品①	21°	筛分后的石灰石	12°
筛分后的焦炭	17°	干砂	15°
0～25mm 焦炭	18°	混有砾石的砂	18°～20°
0～3mm 焦炭	20°	采石场的砂	20°
0～350mm 矿石②	16°	湿砂	23°
0～120mm 矿石	18°	盐	20°
0～60mm 矿石	20°	型砂	24°
40～80mm 油母页岩	18°	废砂	20°
20～40mm 油母页岩	20°	未筛分的石块	18°
0～200mm 油母页岩	22°	水泥	20°
干松泥土	20°	块状干黏土	15°～18°
湿土	20°～23°	粉状干黏土	22°

① 包括精煤、中煤、尾煤。

② 包括黑色金属、有色金属、岩石、石灰石等矿石。

带式输送机具有优良的性能，首先是它运行可靠。在许多需要连续运行的重要的生产单位，如发电厂煤的输送，钢铁厂和水泥厂散状物料的输送，以及港口内船舶装卸等均采用带式输送机。如在这些场合停机，其损失是巨大的。必要时，带式输送机可以一班接一班地连续工作。

带式输送机动力消耗低。由于物料与输送带无相对移动，不仅运行阻力小（约为刮板输送机的 1/3 ~ 1/5），而且对货物的磨损和破碎均小，生产率高。这些均有利于降低生产成本。

带式输送机的输送线路适应性强又灵活。线路长度根据需要而定，短则几米，长可达 10km 以上。可以安装在小型隧道内，也可以架设在地面交通混乱和危险地区的上空。

根据工艺流程的要求，带式输送机能非常灵活地从一点或多点受料，也可以向多点或几个区段卸料。当同时在几个点向输送带上加料，或沿带式输送机上的任一点向输送带给料时，带式输送机就成为一条主要输送干线。

带式输送机可以在贮煤场料堆下面的巷道里取料，需要时，还能把各堆不同的物料进行混合。物料可简单地从输送机头部卸出，也可通过犁式卸料器或移动卸料车在输送带长度方向的任一点卸料。

带式输送机与堆料机和取料机相配合，已经成为大规模堆取散状物料（如煤、矿石等）的唯一有效的方法。

在环保方面，带式输送机工作时噪声小，必要时，带式输送机可被封闭在机罩里。不至于飘散灰尘污染空气。若在转运站，灰尘可被密封在转运溜槽里，如与除尘器相连，粉尘还可收集起来。

带式输送机与其他输送设备相比，由于受倾角的限制，运送高度比较高时，带式输送机所需长度较大。

常用的带式输送机有下列几种类型：

(1) 通用固定式（TD 系列）普通型带式输送机。它是常用的一般输送机。矿井地面、选煤厂及井下的主要运输巷道中，绝大多数采用这种类型。

(2) 花纹带式输送机。此种输送机的胶带工作面上有凸出的花纹，运送物料的倾角可以增加至 35°。

(3) 钢绳带式输送机。输送机的胶带只作装载物料用，输送带是由钢绳牵引，因此运送距离长。我国制造钢绳带式输送机的最大运距可达 2500m。

根据安装的特点，带式输送机又可分为固定式、移动式和机架可伸缩式三种类型。

固定式带式输送机，一般应用在输送量大和使用期限长的情况下，它的机架和部件不能任意拆移。

移动式带式输送机应用在距离短、运输量不大，施工地点经常变动的场合，其结构轻便，并安装有车轮可以随意移动。

伸缩式带式输送机的机架是由若干节短机架拼装而成，各短机架之间可以相对运动，根据输送物料的距离，机架间相对运动，调整机架长度。这种带式输送机通常在运输长度常常改变又经常移动的情况下采用。

由于带式输送机广泛应用在各个经济部门，所以，在 1962 年一机部组织了通用固定式带式输送机的系列标准，定型为 TD62 型（TD 是汉语拼音字母，通用带式的意思）。1972 年，一机部又会同煤炭、冶金、水电等系统的设计、制造部门在 TD62 型产品的基础上进行了修改，定型为TD72 型。后又经过试制、使用、修改和补充，于1975 年定型为TD75 型带式输送机系列。TD75 型系列，具有参数先进、结构合理、输送量大、制造方便、机器重量轻等优点。

通用带式输送机产品的规格是以带宽及传动滚筒直径来表示：

例如：TD-12080 或TD120

120——带宽的厘米值；

80——传动滚筒的厘米值。

19.2 通用带式输送机的结构

图19-1 为带式输送机的结构简图。它由输送带、驱动装置、托辊、机架、清扫器、拉紧装置和制动装置组成。输送带1 绕经驱动滚筒2 和尾部改向滚筒3 形成环形封闭带。上、下两股输送带分别支承在上托辊4 和下托辊5 上。拉紧装置7 保证输送带正常运转所需的张紧力。

工作时，驱动滚筒通过摩擦力驱动输送带运行。物料装在输送带上与输送带一同运动。利用上输送带运送物料，并在驱动滚筒改变方向时卸载。必要时，可利用专门的卸载装置在输送机中部任意点进行卸载。

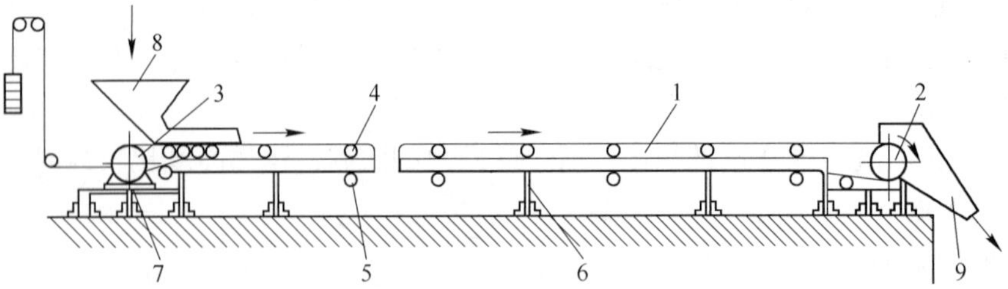

图19-1 带式输送机

1—输送带；2—驱动滚筒；3—尾部滚筒；4—上托辊；5—下托辊；6—机架；7—拉紧装置；8—给料漏斗；9—排料漏斗

19.2.1 输送带

输送带是输送机中最昂贵、耐久性最差的部件，在输送机运转过程中，输送带受到各种不同性质和大小的载荷作用，处在复杂的应力状态下。输送带最典型的损坏形式有：工作面层和边缘磨损；受大块矿岩冲击作用引起击穿、撕裂和剥离；胶带通过滚筒和托辊受反复弯曲应力，芯体引起疲劳破坏；在环境的作用下，引起橡胶强度指标降低和老化等等。实际上，输送带的费用占输送机全部设备费用的一半以上。因此，根据输送机的使用条件，选择合适的输送带，并在运行中加强维护管理，延长其使用寿命，对提高输送机工作效率，降低输送机生产成本具有重要意义。

通用带式输送机所用的输送带有橡胶带（见图19-2）和塑料带（见图19-3）两种。橡胶带适用于工作环境温度在 -10 ~ +40℃之间，物料温度不得超过 +50℃。当温度超过50℃以后，胶带的弹性开始消失，如温度过低时，胶带就变硬发生裂纹。温度超过 +90℃时，应使用防火输送带；温度低于 -15 ~ -55℃时使用抗寒输送带。

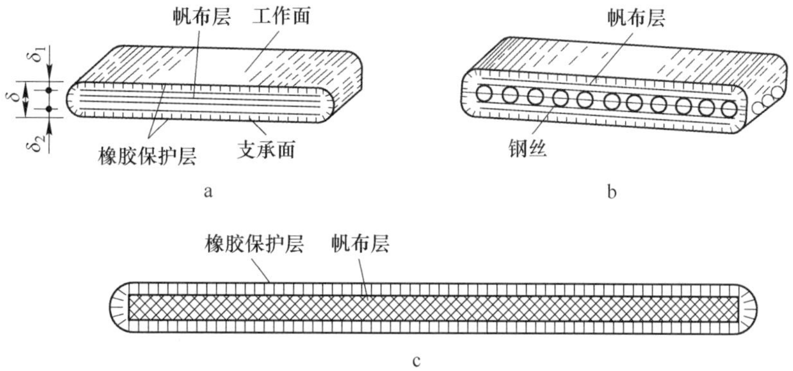

图 19-2 橡胶带的横剖面

a—帆布芯带条；b—钢丝芯带条；c—整芯带条

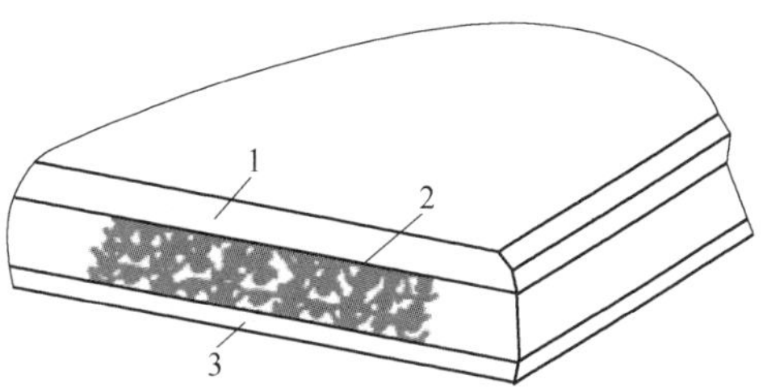

图 19-3 塑料带的结构

1—上覆盖塑料层；2—织物称垫；3—下覆盖塑料层

橡胶带在实际中应用最广。其基本构造如图 19-2a 所示。它是由带芯和覆盖胶两部分组成。带芯是胶带的骨架，它的作用是承受荷载传递牵引力以及承受在装料点物料对胶带的冲击力。普通橡胶带的带芯是由多层挂胶帆布制成的，带芯材质也可以是棉质、维尼纶、尼龙等纤维织物或混纺帆布，还可以是化纤整体编织的一层厚布，如图 19-2c 所示。覆盖胶为带芯的保护层，保护带芯不受运输物料的直接冲击、磨损和腐蚀，以延长输送带的使用寿命。表 19-2 为有关选择覆盖胶方面的资料。

表 19-2 中，Ⅰ类输送带的覆盖胶采用天然橡胶、合成橡胶、天然橡胶和合成橡胶的混合物或各种合成橡胶的混合物制成，目的是为了使覆盖胶具有最好的抗切割和耐磨蚀的综合性能。

Ⅱ类输送带的覆盖胶采用天然橡胶、合成橡胶、天然橡胶和合成橡胶的混合物或各种合成橡胶的混合物制成。Ⅱ类输送带的覆盖层具有良好的耐磨性，但抗切割性和抗腐蚀性不如Ⅰ类输送带高。

表 19-2 输送带覆盖胶质量的选择

覆盖胶类别	主要优点			一般用途
	抗切割和抗撕裂性	耐磨性	耐油性	
正常工作条件				
Ⅰ类	极好	极好	不推荐	输送大块矿石，锋利的切割性物料，用于极其恶劣的工作条件
Ⅱ类	良好	极好	不推荐	输送切割作用不大的具有磨蚀性的经过筛分的物料，用于繁重的工作条件

续表 19-2

覆盖胶类别	主要优点			一般用途
	抗切割和抗撕裂性	耐磨性	耐油性	
有油和化学物质的工作条件				
耐油氯丁橡胶（一般称为人造橡胶）	良好	很好	对于石油好，对植物油和动物油相当好	输送喷过大量油的煤，任何用大量石油处理过的和含有大量石油的物料
耐油丁腈橡胶	良好	良好	对于石油、植物油和动物油均很好	输送油质谷物或种子（大豆、破碎的谷物等），输送食品、油脂和喷过油的煤
中等耐油橡胶	良好	良好	对于石油、植物油和动物油均有限制使用	输送喷过少量油的煤、含油中等的谷物、饲料、木屑和磷酸盐

热物料输送带的覆盖胶是合成橡胶或合成橡胶混合物制成的，它具有最良好的耐高温性能并对输送特殊物料具有足够的耐磨性、抗切割性和抗腐蚀性。在要求输送带同时具有耐热性和耐油性的地方，必须采用特殊的合成橡胶混合物。

覆盖胶有上、下之分，上覆面是承载面，即与物料接触的一面称为上覆盖胶或称工作面，其厚度为2~6mm；另一面为下覆盖胶，是运转面，即与支承托辊接触的一面，厚度为1.5~2mm。胶带两侧的覆盖胶称为边胶，因两侧极容易磨损破坏，应采用高耐磨性的橡胶。一般用途的橡胶带，其覆盖胶的推荐厚度见表19-3。

输送性质不同的物料，应选择不同品种的胶带。普通型橡胶带织物芯的强度与多层塑料织物芯的强度一样，均为560N/cm 层；整芯的强度大，整芯厚4mm，其带芯强度为2240N/cm 层；整芯厚5mm的带芯强度为3360N/cm 层。

表 19-3 橡胶输送带覆盖胶的推荐厚度

物料特性	物料名称	覆盖胶厚度/mm	
		上胶厚	下胶厚
$\gamma > 2t/m^3$，中小粒度或磨损性小的物料①	焦煤、煤、白云石、石灰石烧结混合料、砂等	3	1.5
$\gamma > 2t/m^3$，块度≤200mm 磨损性较大的物料	破碎后的矿石、选矿产品、各种岩石、油母页岩等	4.5	1.5
$\gamma > 2t/m^3$，磨损性大的大块物料	大块铁矿石、油母页岩等	6	1.5

① 表中 γ 为物料容积密度。

选煤厂的各种物料一般采用普通型的橡胶带，橡胶带主要品种和规格见表19-4。

表 19-4 橡胶带主要品种和规格

品种	带宽 B（GB 523—74）/mm									每层带芯抗拉强度 δ_d /N·cm^{-1}	工作环境温度/℃	物料最高温度/℃
	300	400	500	650	800	1000	1200	1400	1600			
普通型	√	√	√	√	√	√	√	√	√	550	-10 ~ +40	50
耐热型		√	√	√	√	√	√	√	√	550	-10 ~ +40	120
维尼纶芯				√	√	√	√	√		1374	-5 ~ +49	50

注：500~1400mm 为常用带宽。

我国目前橡胶工业部门生产的胶带，其宽度范围是 300 ~ 1600mm，通用带式输送机常用带宽只有 6 种规格：500mm、650mm、800mm、1000mm、1200mm、1400mm。这也是选煤厂中常用的规格。通用带式输送机设计所采用橡胶带的带宽 *B* 和织物层数 *Z* 列于表 19-5。各种规格橡胶带的质量见表 19-6。

表 19-5　带宽 *B* 与织物衬垫层数 *Z*

B/mm	500	650	800	1000	1200	1400
Z	3 ~ 4	4 ~ 5	4 ~ 6	5 ~ 8	5 ~ 10	6 ~ 12

表 19-6　各种规格橡胶输送带的质量

帆布层数 *Z*	上胶 + 下胶厚度 /mm	带宽 *B*/mm					
		500	650	800	1000	1200	1400
		kg/m					
3	3.0 + 1.5	5.02					
	4.5 + 1.5	5.88					
	6.0 + 1.5	6.74					
4	3.0 + 1.5	5.82	7.57	9.31			
	4.5 + 1.5	6.68	8.7	10.7			
	6.0 + 1.5	7.55	9.82	12.1			
5	3.0 + 1.5		8.62	10.6	13.25	15.9	
	4.5 + 1.5		9.73	11.98	14.98	17.95	
	6.0 + 1.5		10.87	13.38	16.71	20.05	
6	3.0 + 1.5			11.8	14.86	17.82	20.8
	4.5 + 1.5			13.28	16.59	19.9	23.2
	6.0 + 1.5			14.65	18.32	22	25.65
7	3.0 + 1.5				16.47	19.8	23.1
	4.5 + 1.5				18.2	21.85	25.5
	6.0 + 1.5				19.93	23.95	27.95
8	3.0 + 1.5				18.08	21.65	25.3
	4.5 + 1.5				19.81	23.8	27.75
	6.0 + 1.5				21.54	25.82	30.1
9	3.0 + 1.5					23.6	27.55
	4.5 + 1.5					25.7	30
	6.0 + 1.5					27.8	32.4
10	3.0 + 1.5					25.55	29.8
	4.5 + 1.5					27.65	32.25
	6.0 + 1.5					29.7	34.7
11	3.0 + 1.5						32.1
	4.5 + 1.5						34.5
	6.0 + 1.5						36.8
12	3.0 + 1.5						34.3
	4.5 + 1.5						36.7
	6.0 + 1.5						39.2

塑料输送带是用维尼纶–棉混纺织物编制成的整体平带芯，用聚氯乙烯塑料作覆盖面的一种输送带。这种输送带具有耐油、酸、碱等特点。整芯塑料带工艺简单、生产率高、成本低、质量好。塑料输送带多应用于化学工业部门和煤矿井下等处。目前生产整芯塑料带的规格见表19-7。

表19-7 常用塑料带的规格

品种	带宽 /mm	总厚度 /mm	上覆面厚度 /mm	下覆面厚度 /mm	整芯厚度 /mm	带芯抗拉厚度 /N·cm^{-1}	每米自重 /N·m^{-1}
普通型	400	9	3	2	4	2198	44.5
	500	10			5	3296	55.6
	650						80
	800						98.1
强力型	800	11	3	2	6	4905	106

对输送带的主要要求是：

（1）要求输送带自身质量小，抗拉强度和抗弯强度大，成槽性能好；

（2）由于承受交变弯曲载荷，故要求带芯夹层与橡胶层间要有较高的黏附强度，以防层间剥离和撕开；

（3）要求加工精细，保证在受纯拉伸时，各夹层均匀承受载荷；

（4）输送带的覆盖胶和夹层带芯都应具有较高的抗冲击性能和抗机械损伤性能；

（5）为延长使用寿命，应使输送带具有足够的耐磨性；

（6）为使驱动时所需的初张力尽量小，故要求输送带具有高摩擦系数；

（7）具有较好的外形稳定性，既无太大的纵向弹性伸长又具有较小的永久伸长，其张紧行程不超过带式输送机长度的1.5%；

（8）输送带端头连接要简单，但其接头处的强度不应显著减弱，并且接头处厚度必须与其他部位厚度相同。

在输送带承受较大张力时，应选取尽可能少的层数而强度又较高的带芯，比选取层数多而强度一般的带芯容易得到满足。薄的输送带弯曲性能好，并且在它绕过滚筒弯曲运行时，带芯各夹层间受载均匀，因而可选取较小的拉伸安全系数；对于运送块度和硬度大的物料，可选用多层带芯的输送带。

输送带端头连接方法有机械连接和硫化（塑化）连接两种。小型输送带常用的机械连接方法，有钩卡连接、合页连接和板卡连接等，如图19-4所示。机械连接法操作较简便，但接头处强度只相当于输送带本身强度的35%～40%，使用期限短。

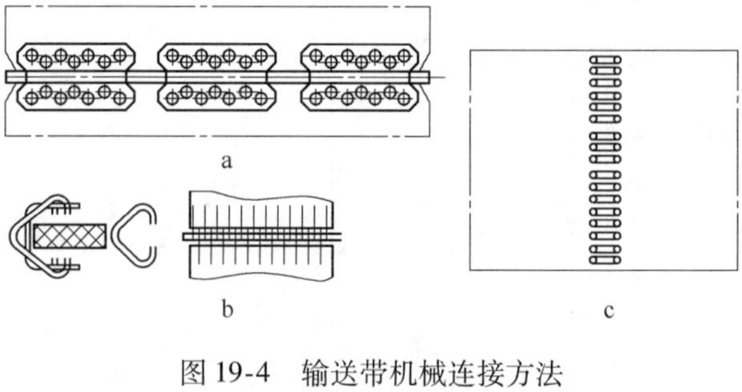

图19-4 输送带机械连接方法

a—铰接活页接头；b—钩状卡子接头；

c—铆钉固定夹板接头

硫化胶接有热硫化和冷硫化两种胶接法。后者操作时间较长，采用得比较少。硫化胶接法，先将输送带两接头部位每层的夹层对纵轴成60°~ 70°倾斜地切成阶梯形状，如图19-5所示，使两端头很好地相互配合，在每层夹层上涂以橡胶浆使其黏着，然后用专门的硫化设备，在整个输送带宽度范围内施加均匀而足够的压力进行热的或冷的硫化黏合连接。硫化胶接接头强度高，牢固耐用，但操作复杂。塑料输送带的塑化接头方法是，将两端的整编带芯拆开，相互编织打结后，上下覆以塑料片，再适当增加温度与压力。塑化接头的强度可达带芯强度的75%~80%，并可防止带芯外露，工艺也不复杂。

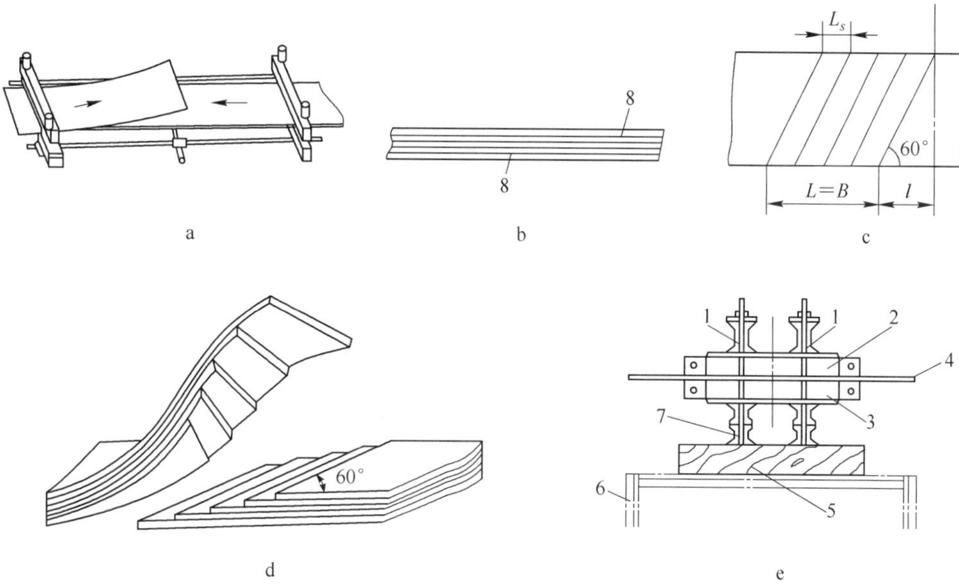

图19-5 输送带的硫化胶接

1—螺杆；2—上电热板；3—下电热板；4—胶带；5—木块；6—机架；7—槽钢；8—填充胶

19.2.2 驱动装置

驱动装置是带式输送机的动力传递机构。一般由电动机、联轴器、减速器及驱动滚筒组成。

根据不同的使用条件和工作要求，带式输送机的驱动方式，可分单电机驱动、多电机驱动、单滚筒驱动、双滚筒驱动和多滚筒驱动几种。选煤厂使用的TD75系列通用固定式带式输送机，多采用单电机单滚筒驱动，驱动装置在机头卸载端（见图19-1）。当功率大时，采用单电机双滚筒驱动，即一台电机带动两个驱动滚筒，在两个驱动滚筒用一对齿数相同的开式齿轮连接起来。带式输送机的传动系统如图19-6所示。

要求结构紧凑和轻巧的情况下，可采用电动滚筒。电动滚筒是将电动机和减速器装入驱动滚筒内，如图19-7所示。电动滚筒适用于功率在55kW以下，也适用环境潮湿、机头空间位置狭小和有腐蚀性的场合。

在选煤厂，带式输送机的电机多采用Y系列电机和ZQ型减速器。当有煤尘爆炸危险地段，采用防爆电机。电机与减速器之间，采用弹性联轴节或柱销联轴器连接；减速器与驱动滚筒之间，则采用十字滑块联轴器连接。

滚筒可分驱动滚筒和改向滚筒两种。驱动滚筒的作用是通过筒面和带面之间的摩擦驱

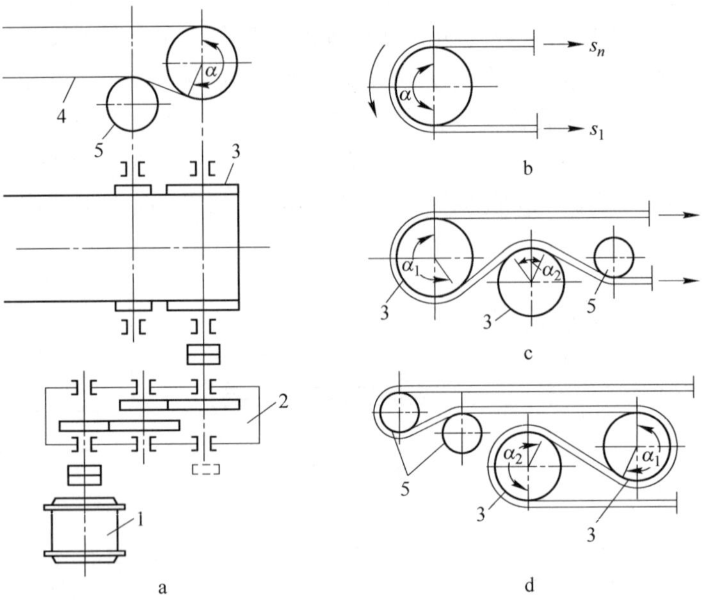

图19-6 带式输送机驱动装置

1—电动机；2—齿轮减速机；3—驱动滚筒；4—输送带；5—改向滚筒

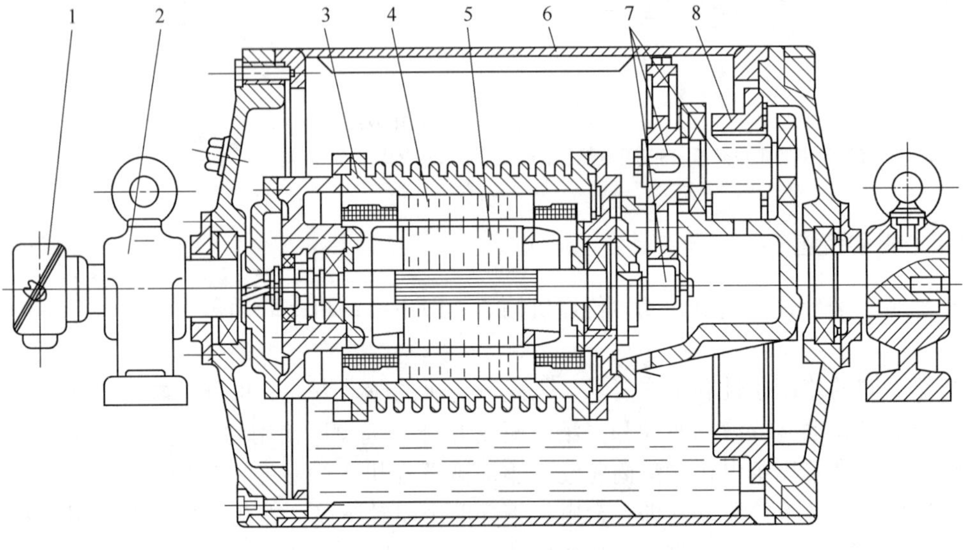

图19-7 电动滚筒结构图

1—接线盒；2—轴承座；3—电机外壳；4—电动机定子；

5—电动机转子；6—滚筒外壳；7—正齿轮；8—内齿圆

使输送带运动，同时改变输送带的运动方向。只改变输送带运动方向而不传递动力称为改向滚筒（如尾部滚筒、垂直拉紧滚筒等）。滚筒又分钢板焊接滚筒（大型的）和铸造滚筒（小型的）。

驱动滚筒是传递动力的主要部件。为了传递必要的牵引力，输送带与滚筒间必须具有足够的摩擦力。根据摩擦传动的理论，在设计或选择驱动装置时，可采用增加输送带与驱动筒间的摩擦系数和围包角的方法来保证获得必要的牵引力。采用单滚筒驱动时，围包角可达 180°～240°；当采用双滚筒驱动时，围包角为 360°～480°左右。用双滚筒传动能大大提高输送机的牵引力，所以常常被采用，尤其是当运输长度比较长时，一般采用双滚筒驱动。

驱动滚筒的表面有光面和胶面两种型式。胶面的用途是增大驱动滚筒与输送带间的摩擦系数，减小滚筒的磨损。当功率不大，环境湿度小的情况下，可选用光面滚筒；环境潮湿，功率又大，容易打滑的情况下，应选用胶面滚筒作为驱动滚筒。

滚筒直径的确定：在使用织物带芯的输送带时，取决于输送带的厚度，即织物带芯的层数。这是因为输送带在运转中要反复地绕过滚筒，在滚筒上发生挠曲。胶带在挠曲时，外层受拉伸，内层受压缩，各层的应力和应变不一样，这样多次反复挠曲到一定程度以后，各层之间的橡胶层就要发生机械疲劳，产生层间剥离而损坏。滚筒的直径越小，胶带的挠曲度就越大，机械疲劳而导致的层间剥离出现得也越快。所以，驱动滚筒的直径 D 由输送带的允许弯曲度来决定，其值用下列公式确定：

对于硫化接头：$D \geqslant 125Z$

对机械接头：$D \geqslant 100Z$

对移动式输送机：$D \geqslant 80Z$

式中 Z——胶带的挂胶帆布层数。

在标准设计中，带宽与滚筒直径也有一定比例关系，所以用上式计算滚筒直径，然后在系列标准中圆整成相近的标准直径，参见表 19-8。

表 19-8 带宽 B 与驱动滚筒标准直径的关系

胶带宽度	500	650	800	1000	1200	1400
驱动滚筒标准直径 D	500	500	500	630	630	800
	—	630	630	800	800	1000
	—	—	800	1000	1000	1250
	—	—	—	—	1250	1400

滚筒长度 B_1 应比输送带宽度 B 大 100～200mm。

19.2.3 改向滚筒

改向滚筒分别有 180°、90°和 45°三种方向。改向滚筒的直径与驱动滚筒直径及输送带在改向滚筒上的围包角有关，改向滚筒与驱动滚筒直径配套关系见表 19-9。改向滚筒为钢板焊接结构。

表 19-9 驱动滚筒与改向滚筒直径间关系 （mm）

B	驱动滚筒直径	≈180°改向滚筒直径	≈90°改向滚筒直径	<45°改向滚筒直径
500	500	400	320	320
650	500	400	400	320
	630	500	400	320

续表 19-9

B	驱动滚筒直径	≈180°改向滚筒直径	≈90°改向滚筒直径	<45°改向滚筒直径
800	500	400	400	320
	630	500	400	320
	800	630	400	320
1000	630	500	500	400
	800	630	500	400
	1000	800	500	400
1200	630	500	500	400
	800	630	500	400
	1000	800	500	400
	1250	1000	630	400
1400	800	630	500	400
	1000	800	500	400
	1250	1000	630	400
	1400	1250	630	400

19.2.4 托辊

托辊是带式输送机的输送带及货载的支承装置。托辊随输送带的运行而转动，以减小输送机的运行阻力。托辊质量的好坏影响带式输送机的使用效果，特别是输送带的使用寿命。而托辊的维修费用是带式输送机运营费用的主要组成部分。所以要求托辊：结构合理，经久耐用，回转阻力系数小，密封可靠，雨水、灰尘、煤粉不能进入轴承，从而使输送机运转阻力小、节省能源、延长使用寿命。

托辊分为钢托辊和塑料托辊两种。钢托辊多由无缝钢管制成。托辊棍子直径与输送带宽度有关。通用固定式输送机标准设计中，带宽 B 为 800mm 以下的输送机，选用托辊直径 ϕ89mm；带宽 1000～1400mm，选用辊子直径为 ϕ108mm。

托辊按用途又可分为槽形托辊、平形托辊、缓冲托辊和调心托辊，如图 19-8～图 19-10 所示。

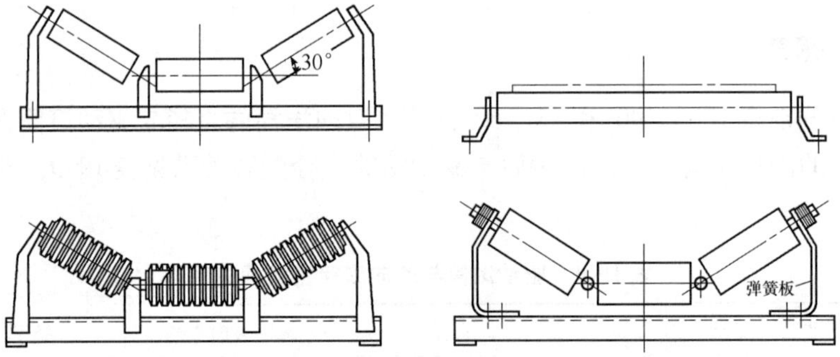

a　　b

图 19-8　缓冲托辊

a—橡胶圈式缓冲托辊；b—弹簧板式托辊

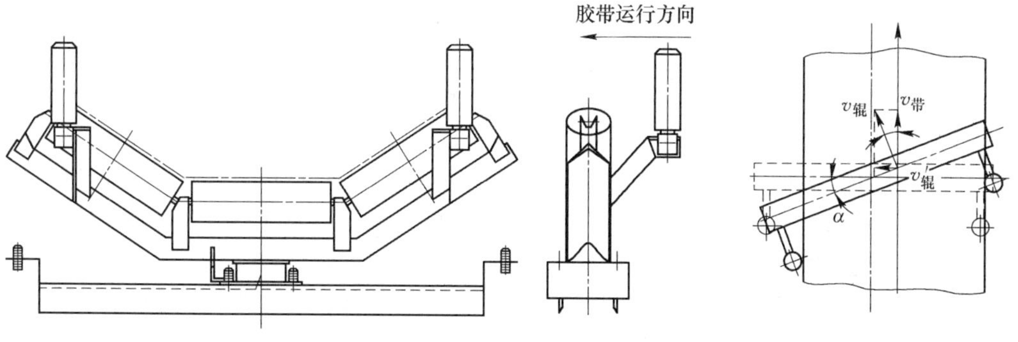

a b

图 19-9 槽形调心托辊

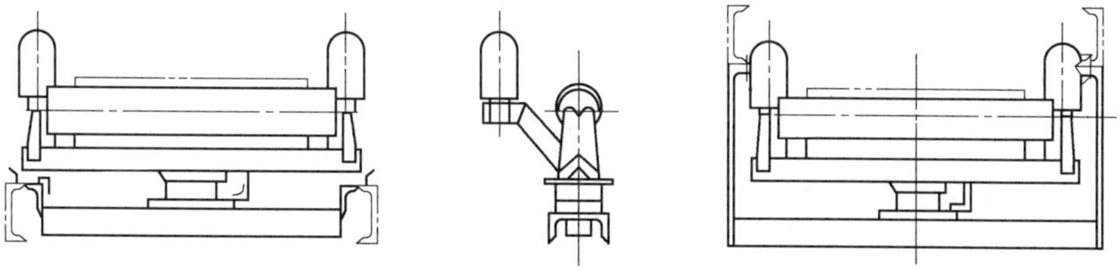

a b

图 19-10 平形调心托辊

a—平形上调心托辊；b—平形下调心托辊

为了提高生产率，输送散状物料，支承输送带重段的上托辊一般采用槽形托辊；输送成件物品输送机的上托辊，选煤厂手选输送带的上托辊，及支承输送带回空段的下托辊，均采用平形托辊。

槽形托辊中倾斜托辊与水平托辊轴线之间的夹角称为槽角。槽角大小是决定运输物料的重要参数。我国过去的带式输送机，槽角一般为20°。TD75 型系列设计，槽角采用30°，也有采用35°和45°的。在相同带宽条件下，槽角由20°增至30°，输送带运送散状物料的横断面积增大20%，运输量可提高13%，并可在运行中减少物料洒落。

托辊间距的布置应保证输送带在托辊间所产生的下垂度尽可能地小。输送带在相邻托辊间的下垂度一般不超过托辊间距的2.5%。输送带上托辊间距见表19-10；下托辊间距一般取3000mm或者是上托辊间距的2倍；在受料处，托辊的间距为300~600mm。凸弧段上托辊间距为水平段托辊间距的1/2。输送机头部滚筒中心线到第一组槽形上托辊的距离，一般可取为上托辊间距的1~1.3倍；尾部滚筒到第一组托辊间距不小于上托辊间距。

表 19-10 上托辊的间距

松散物料的堆积密度 γ /$t \cdot m^{-3}$	胶带宽 B/mm					
	500	600	800	1000	1200	1400
	上托辊间距 l_0/mm					
≤1.6	1200		1200		1200	
>1.6	1200		1100		1100	

在输送带的受料处，须装设缓冲托辊，以减少冲击作用，保护输送带。缓冲托辊的构造与一般托辊基本相同，标准设计中采用橡胶圈式和弹簧板式两种，如图 19-8 所示。橡胶圈式就是在管体外面套装若干橡胶圈；弹簧板式是托辊的支座具有弹性，以缓冲物料的冲击。

为了防止和克服输送带的跑偏，在输送带的重载段每隔 10 组槽形托辊，设置一组槽形调心托辊，其构造如图 19-9 所示。在输送带的回空段，每隔 6～10 组下托辊设置一组下平形调心托辊，如图 19-10 所示。

槽形调心托辊或平形调心托辊，除了完成一般支撑作用外，托辊架还能绕垂直轴自由回转。当输送带跑偏时，输送带的一边便压在立辊上，使其旋转，从而带动托辊架回转一定的角度 α（见图 19-9b），这时托辊速度与带速方向不一致，产生一个与输送带跑偏方向相反的分速度 $v'_{辊}$，使输送带向输送机中心线一侧移动，从而纠正跑偏现象。当输送带回复到运行中心位置时，回转的托辊架也恢复正常位置。

19.2.5 机架

带式输送机机架有落地式和绳架吊挂式两种结构。落地式机架又有固定式和移动式两种。选煤厂主要采用固定落地式机架。

固定带式输送机的机架是用角钢和槽钢焊接而成的结构件。按照机架的用途，可分为头架、尾架、中间架和驱动装置架。

头架用来安装驱动滚筒和改向滚筒（图 19-11a），其侧面与驱动装置架组装在一起。尾架用以安装尾部滚筒（图 19-11b），尾架的结构与所采用的拉紧装置有关，所以应当根据所采用的拉紧装置来选择尾架。中间架用以安装上、下托辊，它是由一节节的组装而成（图 19-11c）。标准设计中，中间架有标准和非标准两种规格，标准中间架长为 6000mm，非标准中间架长为 3000～6000mm。中间架的两端与头架和尾架相接。中间架宽度约比输送带宽 300～500mm。中间架的高度一般为 550～650mm。

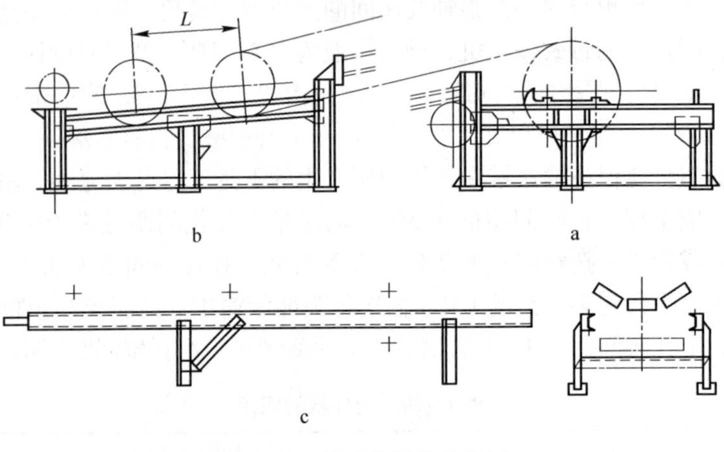

图 19-11 带式输送机的机架

19.2.6 拉紧装置

在各种具有挠性牵引构件的输送机中，必须装设有拉紧装置。带式输送机的拉紧装置的作用如下：

(1) 使输送带具有足够的初张力，保证输送带与驱动滚筒之间所必需的摩擦力，并且使摩擦力有一定的贮备；

(2) 补偿牵引构件在工作过程中的伸长；

(3) 限制输送带在各支承托辊间的垂度，保证输送机正常平稳地运行。

拉紧装置的结构形式有：螺旋式、车式和垂直式三种。

(1) 螺旋式拉紧装置。张紧滚筒两端的轴承座安装在带有螺母的滑架上，滑架可以在尾架上移动。转动尾架上的螺杆，可使滚筒前后移动，以调节输送带的张力，如图19-12所示。螺杆的螺纹应能自锁，防止松动。具有结构简单紧凑的优点，缺点是工作过程中，张紧力不能保持恒定。一般用于机长较短（小于80m），功率较小的输送机上。螺旋拉紧装置的适用功率范围及许用张紧力（即上、下两分支输送带张力之和）列于表19-11。

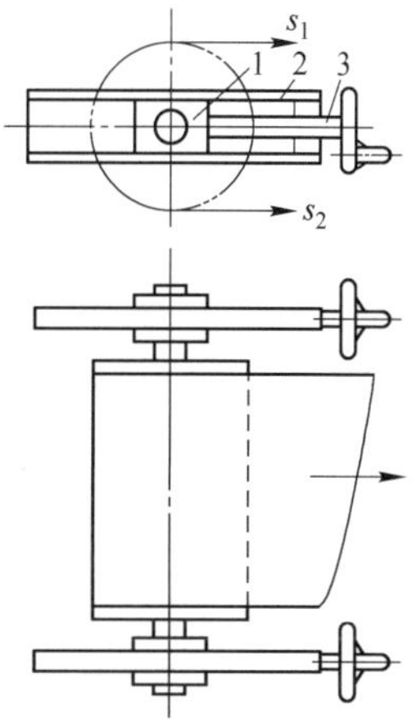

图19-12 螺旋拉紧装置
1—轴承座；2—滑架；3—螺杆

表19-11 螺旋式张紧装置的功率和许用张紧力

B/mm	500	650	800	1000	1200	1400
适用功率/kW	15.6	20.5	25.2	35	42	58
张紧力/N	12000	18000	24000	38000	50000	66000

(2) 车式拉紧装置。机尾张紧滚筒安装在尾架导轨可移动的小车上，钢丝绳的一端连接在小车上，而另一端悬挂着重锤，如图19-13所示。它是依靠重锤的重力拉紧输送带，故可以自动张紧输送带，保持恒定的张紧力。适用于输送机距离较长，功率较大的场合，尤其适于倾斜输送的输送机上。其缺点是机尾需要较大的空间。

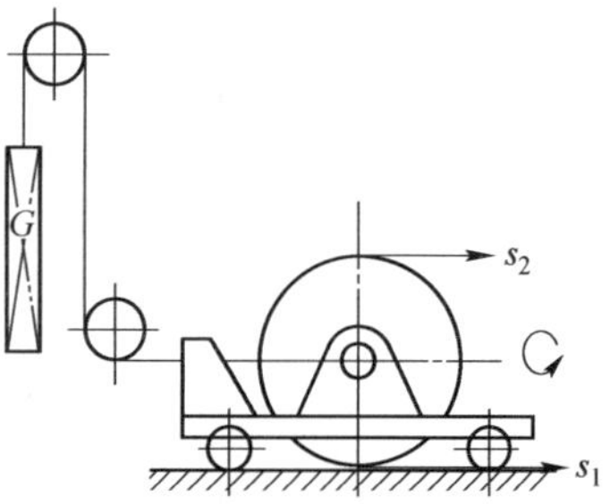

图19-13 车式拉紧装置

(3) 垂直拉紧装置。垂直拉紧装置如图19-14所示。滚筒1安装在框架2上，重锤3吊挂在框架上，框架沿导轨上下移动，利用重锤的重力使输送带经常处于张紧状态。该装置适用于长度较大（大于100m）的输送机或输送机末端位置受到限制的情况。这种拉紧装置一般装设在驱动滚筒近处，利用输送机走廊下面的空间。由于垂直拉紧位置距离驱动滚筒近，所以，重锤的重量相对车式拉紧比较轻。

缺点是改向滚筒多，而且物料容易落入输送带与张紧滚筒之间，从而损坏输送带。

19.2.7 制动装置

带式输送机用于倾斜输送物料时，为了防止因满载停机发生倒转或顺滑造成事故，平均倾角大于4°时，就应增设逆止器或制动装置。

带式输送机的逆止器和制动装置的种类较多，视输送机的具体使用条件采用不同形式的逆止器或制动器。标准设计中有带式逆止器、滚柱逆止器和液压电磁闸瓦制动器3种。

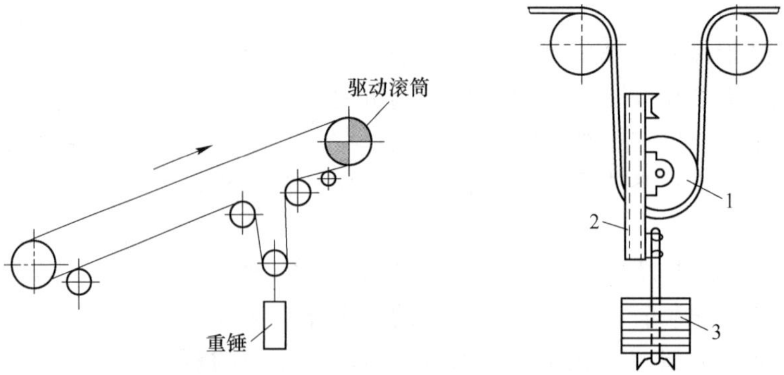

a　　b

图 19-14　垂直拉紧装置原理图
1—改向滚筒；2—框架；3—重锤

(1) 带式逆止器。图 19-15 为常用的带式逆止器。它是在机头架上装设一段胶带 1，带的一端是固定端，另一端为活动端，并夹着一根小铁条 2。当正常运转时，胶带 1 的自由端被输送带推向后面，由于铁条 2 的两端受挡板 3 的作用，所以逆止带始终与滚筒保持一定的距离。当输送机逆转时，逆止带的自由端就被输送带带动而塞至滚筒与输送带之间，在摩擦力作用下，拖住滚筒，达到制止逆转的目的。带式逆止器结构简单，价格低廉，应用较广。但是它必须使输送机倒转一定距离以后才能达到制动目的。从而易造成入料处堵塞、溢料。如头部滚筒直径越大，制动时倒转距离就越长，所以对功率较大的带式输送机不宜使用带式逆止器。

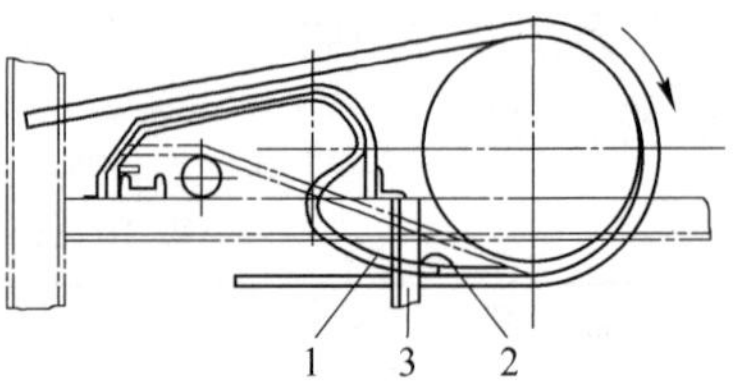

图 19-15　带式逆止器图
1—胶带；2—铁条；3—挡板

(2) 滚柱逆止器。滚柱逆止器（图 19-16）适用于向上运输的带式输送机。滚柱逆止器的星轮 2 装在减速器通向滚筒出轴的另一端上，底座 1 则安装在驱动架上。当输送机正常工作时，滚柱 3 处在星轮切口最宽处的间隙中，因而它不妨碍星轮的运转；若发生逆转时，滚柱 3 被楔入底座固定圈与星轮 2 切口的狭窄处之间，因而起到逆止作用。滚柱逆止器最大制动力矩达 48500N · m，其制动平稳可靠。选用时按减速器型号选配，减速器型号在 ZQ65 以上均可采用。

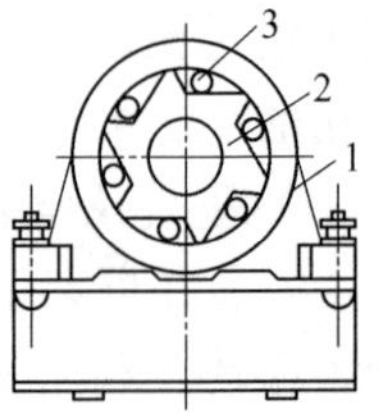

图 19-16　液柱逆止器
1—底座；2—星轮；
3—滚柱

(3) 液压电磁闸瓦式制动器。这种制动器对向上、水平或向下运输的带式输送机均可采用，其动作迅速。多用于大功率、长距离的输送机上。安装在紧靠驱动电机的高速轴上，作为因断电停机和紧急刹车之用。适用于对停机时间有要求的场合。

19.2.8　清扫器

输送带的工作表面绕过卸载滚筒时，不可能将上面的碎散物料完全卸干净，特别是在输送潮湿物料时更难卸净，如不设法清除这些残余物料，输送带经过改向滚筒或托辊时，由于受到这些物料的挤压而损坏。所以，清扫器对延长输送带的使用寿命具有很大的意义。清扫器的形式很多，下面介绍几种常见的清扫器。

图 19-17a 是单刮板清扫器。用橡胶片 1 制成刮板，用螺栓装在∏形的扁钢 5 上，扁钢 5 的两端与杠杆 2 一起装在轴 4 上，轴 4 可以在孔中转动，杠杆的另一端装有重砣 3，使刮板经常压在头部卸料滚筒的输送带上，利用它可以清除输送带工作表面的残余物料。

图 19-17b 是 TD75 型系列带式输送机所用的弹簧清扫器。这种清扫器的橡胶刮板 6 用弹簧 7 和螺杆 8 压紧在输送带表面上，清扫残余物料。

图 19-17c 为转刷清扫器。转刷可用尼龙或棕毛等制成。利用滚筒的转轴带动转刷作与输送带运转方向相反的转动，并用重物将转刷压紧在输送带上。转刷回转速度一般为 150 ~ 250m/min。

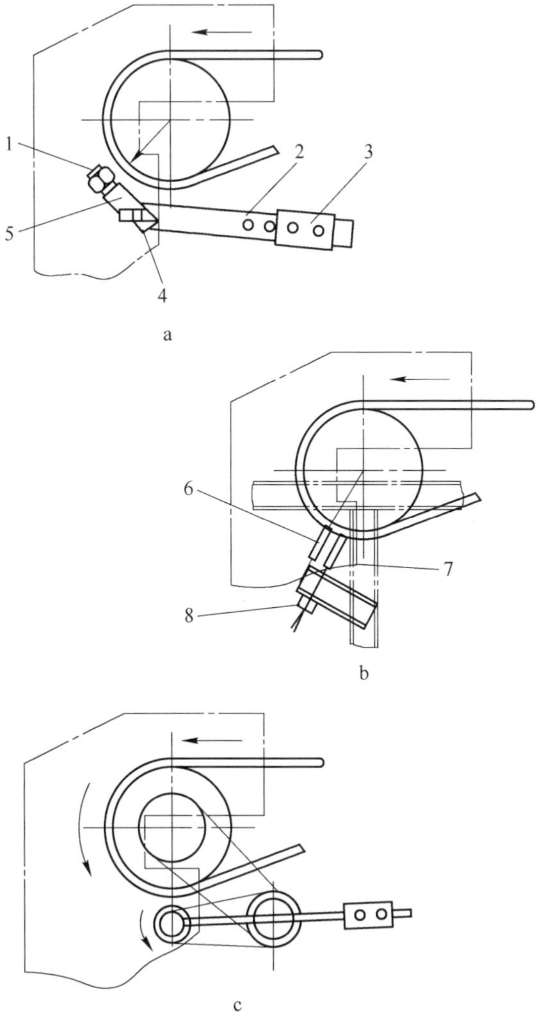

图 19-17 带式输送机的清扫器

1—橡胶片；2—杠杆；3—重物；4—轴；5—扁钢；

6—橡胶刮板；7—弹簧；8—螺杆

在尾部改向滚筒前的回空输送带上，应采用犁式刮板清扫器，用以清扫输送带非工作面上的物料，以免物料进入尾部改向滚筒与胶带之间。

19.2.9 受料和卸料装置

正确地设置受料装置，能够减轻输送带在受料处的磨损，延长使用寿命。在选煤厂中，受料方式一般采用溜槽给到输送机上，为了减小对输送带的磨损，应使溜槽的方向与物料运动方向和输送带运行方向相一致，溜槽的倾角不宜过大，最好使物料下落的水平分速度与输送带的运行速度相等。对于煤炭，给料溜槽倾角一般采用40°~50°。为了避免大块硬物料对输送带的冲击损伤，给料溜槽后壁应设有筛孔，让细粒物料先落入作为保护层，见图19-18。物料的给入应避免设在滚筒上面，减小大块物料击伤输送带的可能性。

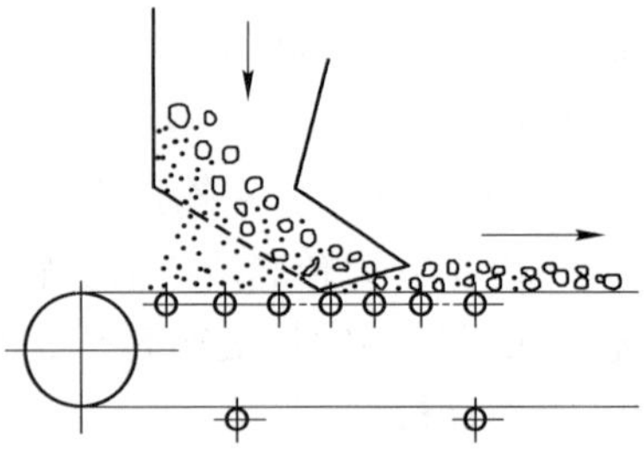

图19-18 槽底带孔的受料装置

为了避免给料和物料加速时物料的洒落，胶带上设导料槽，通常其宽度多为输送带宽度的2/3以下。物料经溜槽进入导料槽。导料槽的长度与带速有关，导料槽下部是由不带织物带芯的软橡胶制成。

带式输送机一般是在输送带绕过端部滚筒时，利用物料的自重和所受的离心力将物料卸到卸料漏斗中，然后由漏斗再导入其他设备。如需要在中间任何地点卸料时，可采用中间卸料装置，常用的有犁式卸料器和电动卸料车。

图19-19为犁式卸料器，其中a为单侧卸料，b为双侧卸料。如果按操作方式又可分为手动犁式卸料器和气动犁式卸料器。气动卸料器的气压为0.4~1.5MPa。双侧卸料的犁式卸料器中，主要有夹角为60°~90°的犁板，在犁板的输送带下面设置平板，当需要卸料时，将犁板落下，压在输送带的工作面上，物料随输送带的移动被犁板分流，流入漏斗1中。为防止犁板磨损胶带，犁板与带面接触的部位最好采用不带织物带芯的软橡胶片制成的刮板，而且胶带速度不宜太快，一般应小于2.0m/s。有时候，为了使卸料器能在几个地方卸载，可以将犁式卸料器装设在输送机两侧轨道上行走的小车上。

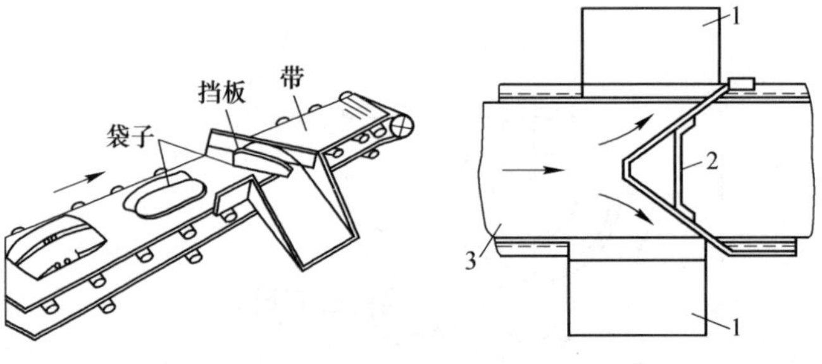

a b

图19-19 犁式卸料器

犁式卸料器结构简单，但对输送带磨损较为严重。因此，只限于应用在水平或倾角小于8°的带式输送机上，或者用于运送磨损性较小的细粒物料的输送机上。

图 19-20 为电动卸料车。装设两个改向滚筒 1 和滚筒 2 的小车，利用车轮 3 可以在输送机机架两边铺设的导轨 4 上行走。输送带的承载段绕过滚筒 1 时，将物料卸到安在小车上的叉形漏斗 5 中。如果需要端部卸料，可以将叉形漏斗闸门关闭，此时物料可以通过中间的漏斗重新卸回输送带的承载段上。小车的行走是由电动车通过链轮带动车轮来实现的。采用电动卸料车的输送机带速一般不宜超过 2.5m/s。

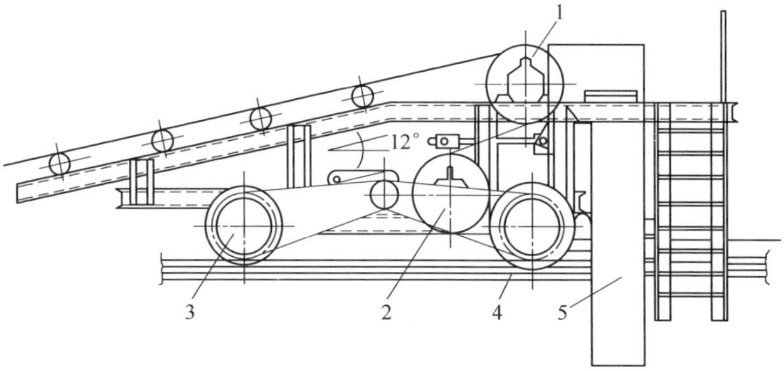

图 19-20　电动卸料车

电动卸料车可避免输送带承受额外的磨损（如犁式卸料器），其运转可靠，适宜卸载任何性质的物料。但结构复杂，高度较大。在选煤厂，该卸料装置广泛用在煤仓，可用于将煤炭分配到的各个筒仓中。

19.3　带式输送机摩擦传动理论

19.3.1　摩擦传动理论

带式输送机所需的牵引力是通过驱动装置中的驱动滚筒与输送带间的摩擦作用而传递的，因而称为摩擦传动。为确保作用力的传递和牵引构件不在驱动轮上打滑，必须满足下列条件：

（1）牵引构件具有足够的张力；

（2）牵引带与驱动滚筒的接触表面有一定的粗糙度；

（3）牵引带在驱动轮上有足够大的围包角。

图 19-21 为一台带式输送机的简图。当驱动滚筒按顺时针方向转动时，通过它与输送带间的摩擦力驱动输送带沿箭头方向运动。

在输送带不工作时，带子上各点张力是相等的。当输送带运动时，各点张力就不等了。其大小取决于张紧力 p_0、运输机的生产率、输送带的速度、宽度、输送机长度、倾角、托辊结构性能等。故输送带的张力由 1 点到 4 点逐渐增加；而在绕经驱动滚筒的主动段，由 4 点到 1 点张力逐渐减小。必须使输送带在驱动滚筒上的趋入点张力 S_n大于奔离点张力 S_1，方能克服运行阻力，使输送带运动。此两点张力之差，即为驱动滚筒传递给输送带的牵引力 W_0。在数值上它等于输送带沿驱动滚筒围包弧上摩擦力的总和，即

$$W_0 = S_n - S_1 \tag{19-1}$$

趋入点张力 S_n随输送带上负载的增加而增大，当负载过大时，致使（$S_n - S_1$）之差值大于摩擦力，此时输送带在驱动滚筒上打滑而不能正常工作。该现象在选煤厂中可经常

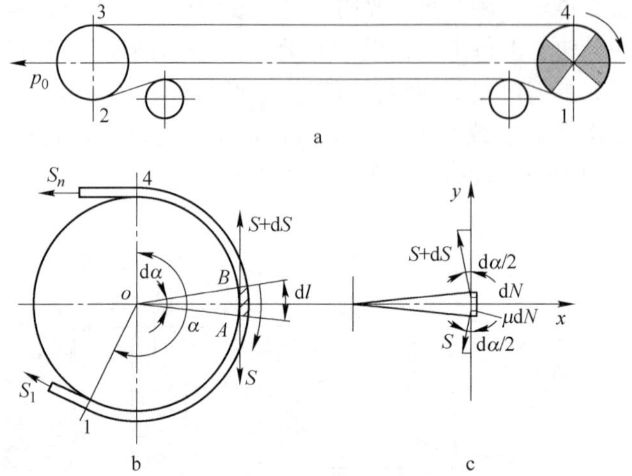

图 19-21 带式输送机摩擦驱动原理

遇到。

S_n与S_1应保持何种关系方能防止打滑，保证输送带正常工作，这是将要研究的问题。

在讨论前，先作如下假设：

（1）假设输送带是理想的挠性体，可以任意弯曲，不受弯曲应力影响；

（2）假设绕经驱动滚筒上的输送带的重力和所受的离心力忽略不计（因与输送带上张力和摩擦力相比数值很小）。

如图 19-21b 所示，在驱动滚筒上取一单元长为 dl 的输送带，对应的中心角即围包角为 dα。当滚筒回转时，作用在这小段输送带两端张力分别为 S 及 $S + \mathrm{d}S$ 。在极限状态下，即摩擦力达到最大静摩擦力时，dS 应为正压力 dN 与摩擦系数μ 的乘积，即

$$\mathrm{d}S = \mu \mathrm{d}N$$

式中，dN 为滚筒给输送带 dl 上的作用力。

列出该单元长度输送带受力平衡方程式为：

$$\mathrm{d}N = S\sin\frac{\mathrm{d}\alpha}{2} + (S + \mathrm{d}S)\sin\frac{\mathrm{d}\alpha}{2}$$

$$S\cos\frac{\mathrm{d}\alpha}{2} + \mu \mathrm{d}N = (S + \mathrm{d}S)\cos\frac{\mathrm{d}\alpha}{2}$$

由于 dα 很小，故 $\sin\frac{\mathrm{d}\alpha}{2} \approx \frac{\mathrm{d}\alpha}{2}, \cos\frac{\mathrm{d}\alpha}{2} \approx 1$。上述方程组可化简为：

$$\mathrm{d}N = S\mathrm{d}\alpha + \mathrm{d}S\frac{\mathrm{d}\alpha}{2}$$

$$\mathrm{d}S = \mu \mathrm{d}N$$

略去二次微量 dSdα，解上述方程组得：

$$\frac{\mathrm{d}S}{S} = \mu \mathrm{d}\alpha$$

通过在这段单元长度上输送带的受力分析，可以得到，当摩擦力达到最大极限值时，欲保持输送带不打滑，各参数间的关系应满足 $\frac{\mathrm{d}S}{S} = \mu \mathrm{d}\alpha$ 。以定积分方法解之，即可得出

输送带在整个驱动滚筒围包弧上，在不打滑的极限平衡状态下，趋入点的 S_n 与奔离点的 S_k 之间的关系为：

$$\int_{S_1}^{S_{n\max}} \frac{\mathrm{d}S}{S} = \int_0^{\alpha} \mu \mathrm{d}\alpha$$

解上式，得：

$$S_{n\max} = S_1 \mathrm{e}^{\mu\alpha} \tag{19-2}$$

或

$$S_n \leqslant S_1 \mathrm{e}^{\mu\alpha} \tag{19-3}$$

式中 e——自然对数的底，e = 2.718；

μ——驱动滚筒与输送带之间的摩擦系数；

$S_{n\max}$——输送带在驱动滚筒上趋入点的最大张力；

S_1——输送带在驱动滚筒奔离点的张力；

α——输送带在驱动滚筒上的围包角，弧度。

式（19-2）和式（19-3）即挠性体摩擦驱动的欧拉公式。根据欧拉公式可以绘出在驱动滚筒围包弧上输送带张力变化的曲线，见图 19-22 中的 bca'。

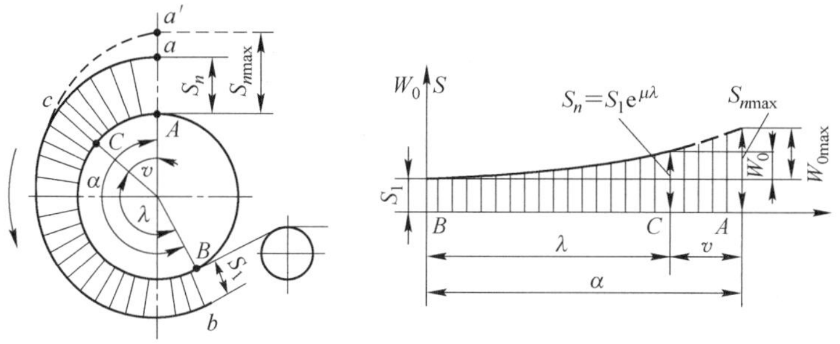

图 19-22 驱动滚筒上输送带张力变化曲线

从上述分析可知，欧拉公式只是表达了趋入点张力为最大极限值时的平衡状态。而实际生产中载荷往往是不均衡的；而且，在欧拉公式的讨论中，将输送带看作不变形的挠性体，实际上输送带（如橡胶带）是一个弹性体，在张力作用下，要产生弹性伸长，其伸长量与张力值大小成正比。因此，输送带沿驱动滚筒圆周上的分布规律见图 19-22 中 bca 曲线变化（而不是 bca'）。在 BC 弧内，输送带张力按欧拉公式之规律变化；到 c 点后，张力达到 S_n 值，在 CA 弧内，S_n 值保持不变。也就是说为了防止输送带在驱动滚筒上打滑，应使趋入点的实际张力 S_n 小于极限状态下的最大张力值，即

$$S_{n\max} > S_n (= S_1 \mathrm{e}^{\mu\alpha})$$

既然输送带是弹性体，那么，在受力后就要产生弹性伸长变形。这是弹性体与刚形体最本质的区别。受力越大，变形也越大，而输送带张力是由趋入点向奔离点逐渐减小，即在趋入点输送带被拉长的部分，在向奔离点运动过程中，随着张力的减小而逐渐收缩，从而使输送带与滚筒间产生相对滑动，这种滑动成为弹性滑动或弹性蠕动（它与打滑现象不同）。显然，弹性滑动只发生于输送带在驱动滚筒围包弧上有张力变化的一段弧内。产生弹性滑动的这一段围包弧，称为滑动弧，即图 19-22 中的 BC 弧，滑动弧对应的中心角称

为滑动角，即 λ 角；不产生弹性滑动的围包角，称为静止弧（图中19-22的 CA 弧），静止弧所对应的中心角，称为静止角，即图中 λ 角。滑动弧两端的张力差，即为驱动滚筒传递给输送带的牵引力。由此可见，只有存在滑动弧，驱动滚筒才能通过摩擦将牵引力传递给输送带；在静止弧内不传递牵引力，但它保证驱动装置具有一定的备用牵引力。

在输送机上负载增加时，趋入点张力 S_n 增大，滑动弧及对应的滑动角也相应均要增大，而静止弧及静止角则随之减小。图19-22中的 C 点向 A 靠拢，当趋入点张力 S_n 增大至极限值 $S_{n\max}$ 时，则整个围包弧 BA 弧都变成了滑动弧，即 C 点与 A 点重合，整个围包角都变成了滑动角（$\lambda=\alpha$，$\gamma=0$）。这时驱动滚筒上传递的牵引力达到最大值的极限摩擦力为：

$$W_{0\max}=S_{n\max}-S_1=S_1(e^{\mu\alpha}-1) \tag{19-4}$$

若输送机上的负荷再增加，即 $S_n-S_1>S_1e^{\mu\alpha}(=W_{0\max})$，这时，输送带将在驱动滚筒上打滑，输送机则不能正常工作。

19.3.2 提高牵引力的途径

根据摩擦传动的理论及式（19-4）均可以看出，提高带式输送机的牵引力可以采用以下三种方法：

（1）增加奔离点的张力 S_1，以提高牵引力。具体的措施是通过张紧输送机的拉紧装置来实现。随着 S_1 的增大，输送带上的最大张力也相应增大，就要求提高输送带的强度，这种说法是不经济的，在技术上也不合理。

（2）改善驱动滚筒表面的状况，以得到较大的摩擦系数 μ，由表19-29可知，胶面滚筒的摩擦系数比光面滚筒大，环境干燥时比潮湿时大，所以，可以采用包胶、铸塑，或者采用胶面上压制花纹的方法来提高摩擦系数。

（3）采用增加输送带在驱动滚筒上的围包角来提高牵引力。其具体措施是增设改向滚筒（即增面轮）可使包角由180°增至210°~240°，必要时采用双滚筒驱动。

19.3.3 刚性联系双滚筒驱动牵引力及其分配比的确定

刚性联系双滚筒和单滚筒相比，增加一个驱动滚筒，当两个滚筒的直径相等时其角度是相同的（图19-23）。从图19-23中可以看出，输送带由滚筒②的 C 点到滚筒①的 B 点时，张力没有任何变化，故 B 点可看作 C 点的继续。因而刚性联系的双滚筒与单滚筒实质上是相同的，滑动弧随着张力增大而增大这一规律对它同样适用。

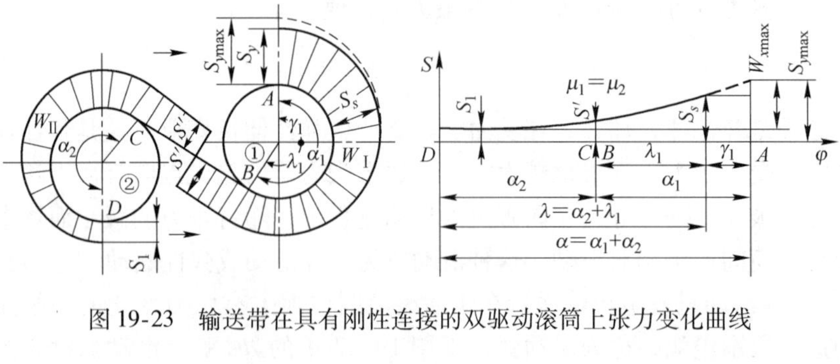

图19-23 输送带在具有刚性连接的双驱动滚筒上张力变化曲线

S_1及μ值在一定的情况下，而且$\mu_1=\mu_2$，只有当滚筒②传递的牵引力达到极限值时，滚筒①才开始传递牵引力。设λ_1、λ_2、γ_1、γ_2、α_1、α_2分别为第①及第②滚筒的滑动角，静止角及围包角。则在$\lambda_2=\alpha_2$，$\lambda_1=0$的情况下，静止弧仅存在于滚筒①上。当$\lambda_2=\alpha_2$、$\lambda_1=\alpha_1-\lambda_1$时，输送带在两个主动滚筒上张力变化曲线如图19-23所示。

滚筒②可能传递的最大牵引力为：

$$W_{x\max}=S'-S_1=S_1(e^{\mu\alpha_2}-1)$$

滚筒①可能传递的最大牵引力为：

$$W_{x\max}=S_{y\max}-S'=S'(e^{\mu\alpha_1}-1)=S_1e^{\mu\alpha_1}(e^{\mu\alpha_1}-1)$$

式中 S'——两滚筒间输送带上的张力。

驱动装置可能传递总的最大牵引力为：

$$W_{0\max}=W_{\mathrm{I}\max}+W_{\mathrm{II}\max}=S_1(e^{\mu\alpha}-1)$$

式中 α——总围包角，$\alpha=\alpha_1+\alpha_2$。

两滚筒可能传递的最大牵引力之比为：

$$\frac{W_{\mathrm{I}\max}}{W_{\mathrm{II}\max}}=\frac{e^{\mu\alpha_2}(e^{\mu\alpha_1}-1)}{e^{\mu\alpha_2}-1}$$

在一般情况下：$\alpha_1=\alpha_2=\alpha/2$，因而

$$\frac{W_{\mathrm{I}\max}}{W_{\mathrm{II}\max}}=e^{\mu\alpha/2} \tag{19-5}$$

显然，当滚筒①上传递的牵引力未到达极限时，即$\lambda_1=\alpha_1-\gamma_1$时，则两驱动滚筒上传递的牵引力之比为：

$$\frac{W_{\mathrm{I}}}{W_{\mathrm{II}}}=\frac{S'(e^{\mu\lambda_2}-1)}{S'_1(e^{\mu\alpha_2}-1)}=\frac{e^{\mu\alpha_2}(e^{\mu\lambda_2}-1)}{e^{\mu\alpha_2}-1} \tag{19-6}$$

由式（19-6）可知，当总的牵引力W_0和张力S_1一定时，当μ值增加，则第二个驱动滚筒传递的牵引力W_n增大，而W_{I}减小。反之，若μ值减小时，则W_{I}增大（因为$W_0=W_{\mathrm{I}}+W_{\mathrm{II}}$为一定值）。

由此可以看出：刚性联系的双滚筒驱动装置，其滚筒牵引力的分配比值随摩擦系数的变化而改变。但由式（19-5）可知，驱动滚筒①可能传递的最大牵引力等于滚筒②的$e^{\mu\frac{\alpha}{2}}$倍。

刚性联系的双驱动滚筒缺点是已设计的牵引力分配比值，只适用于一定的荷载和一定的摩擦系数。当荷载变化，其比例也就被破坏了。此外，还由于大气潮湿程度的变化，两滚筒的表面清洁程度的不同，摩擦系数也发生了变化，其分配比实际上不可能保持定值。

19.4 带式输送机的选型计算

带式输送机的选型计算，主要是根据被输送物料的特性、给定的生产率和布置方案来确定带速和带宽，再计算电动机的功率及选择输送带等。

19.4.1 带速的选择

带式输送机的带速受到带宽、带长、输送物料的性质、输送机的倾角等因素限制，当输送散状物料时，输送带速度的选择参见表19-12。

表 19-12 输送带速度的推荐值

物料特性	带宽 B/mm		
	500、650	800、1000	1200、1400
	带速 v/m·s^{-1}		
无磨损性或磨损小的物料，如原煤、盐	0.8~2.5	1.0~3.15	1.0~4.0
有磨损性中小块物料，如矿石、炉渣	0.8~2.0	1.0~2.5	1.0~3.15
有磨损性的大块物料，如大铁矿石	0.8~1.6	1.0~2.0	1.0~2.5

根据表19-12选择带速时，应考虑以下几种情况：

（1）水平和较长的输送机，可选择较高的带速；

（2）粉尘大或块度大时，带速取小值，当粉尘很大时带速可取0.8~1.0m/s；

（3）采用电动卸料车，带速不宜超过2.5m/s；

（4）人工配料称重的输送机，带速可选用1.25m/s；

（5）采用卸料挡板时，带速不宜超过2m/s。

19.4.2 带宽的确定

带宽 B 主要根据其输送能力加以确定，带式输送机的输送能力（生产率）见表19-18，可按下式计算：

$$Q = 3600Fv\lambda \tag{19-7}$$

式中 Q——输送机的生产率，t/h；

F——物料在输送带上的截面积，m^2；

v——输送带的运行速度（可参考表19-12和表19-18选取），m/s；

λ——物料的堆积密度（见表19-13），t/m^3。

表 19-13 物料的堆积密度

物料名称	λ①/t·m^{-3}	ρ②	物料名称	λ/t·m^{-3}	ρ
煤③	0.8~1.0	30°	小块石灰石	1.2~1.5	25°
煤渣	0.6~0.9	35°	烧结混合物	1.6	30°
焦炭	0.5~0.7	35°	砂	1.6	30°
锰矿	1.7~1.8	25°	碎石和砾石	1.8	20°
黄铁矿	2.00	25°	干松泥土	1.20	20°
富铁矿	2.50	25°	湿松泥土	1.70	30°
贫铁矿	2.00	25°	黏土	1.8~2.0	35°
铁精矿	1.6~2.5	30°	盐	0.8~1.2	35°
白云石	1.2~1.6	25°	粉状生石灰	0.55	20°
石灰石	1.6~2.0	25°	粉状熟石灰	0.55	20°

① 物料堆积密度和堆积角随着物料水分、粒度的不同而差异，正确值以实测为准，本表仅供参考。

② 表中数值 ρ 为动堆积角，一般为静堆积角的70%。

③ 原煤的堆积密度 $\lambda=0.9\sim1.0t/m^3$；精煤 $\lambda=0.85\sim0.9t/m^3$；中煤 $\lambda=1.2\sim1.4t/m^3$；矸石 $\lambda=1.8t/m^3$；煤泥 $\lambda=1.3t/m^3$。

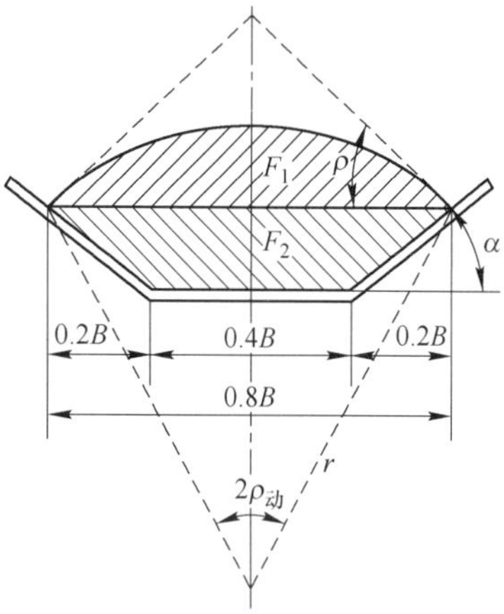

图 19-24　物料在输送带上堆积的断面积

由生产率公式可知，生产率 Q 与物料在输送带上堆积的断面 F，即与带宽 B 间存在着一定的关系。以槽形托辊为例，物料在输送带上堆积断面形状近似为等腰梯形 F_2 和表面成圆弧的弓形 F_1 所组成，如图 19-24 所示。

设物料在输送带上堆积断面宽度为 $0.8B$，中间托辊长 $0.4B$，物料在带面上的动自然堆积角为 $\rho_{动}$，圆弧的半径为 r，中心角为 $2\rho_{动}$。运送煤时，动堆积角为 $\rho_{动}=30°\sim35°$，大致取 30°。一般槽形托辊的槽角为 30°，弓形面积 F_1 为：

$$F_1 = \frac{1}{2}r^2(2\rho_{动} - \sin^2\rho_{动})$$

式中，$r = \dfrac{0.4B}{\sin\rho_{动}}$。

$$F_1 = \frac{0.08}{\sin^2\rho_{动}}(2\rho_{动} - \sin^2\rho_{动})B^2$$

梯形面积 F_2 为：

$$F_2 = \frac{1}{2}(0.4B + 0.8B) \times 0.2B\tan30° = 0.00693B^2$$

$$F = F_1 + F_2$$

求出 F 后，代入生产率公式，便可求出带宽 B，为了计算方便起见，设 k 为断面系数，则生产率为：

$$Q = kB^2v\gamma \quad (t/h)$$

式中　k——与物料堆积有关的断面系数（如运送煤时，动堆积角约 30°～35°，根据物料在输送带上的堆积角，其断面系数见表 19-14）。

表 19-14　带式输送机的断面系数

B \ k \ ρ	16°		20°		26°		30°		35°	
	槽形	平形	槽形	平形	槽形	平形	槽形	平形	槽形	平形
600 650	300	105	320	130	355	170	390	210	420	250
800 1000	335	115	360	145	400	190	435	230	470	270
1200 1400	355	125	380	150	420	200	455	240	500	285

若考虑带式输送机倾角和带速对物料层断面积的影响，可求出散状物料带式输送机的带宽公式：

$$B = \sqrt{\frac{Q}{kv\gamma c\xi}} \quad (m) \qquad (19\text{-}8)$$

式中　c——倾角系数（见表 19-15）；

ξ——速度系数（见表19-16）。

如输送机为平形托辊时，物料在输送带上断面积则为弓形，面积为F_1，其断面系数亦可由表19-14中查找。带宽的确定仍可使用公式（19-8）。

表19-15 倾角系数

β①	≤6°	8°	10°	12°	14°	16°	18°	20°	22°	24°	25°
c	1.00	0.96	0.94	0.92	0.90	0.88	0.85	0.81	0.76	0.74	0.72

①β为输送机的倾角。

表19-16 速度系数

$v/m \cdot s^{-1}$	≤1.6	≤2.5	≤3.15	≤4.0
ξ	1	0.398～0.95	0.94～0.90	0.84～0.80

由式（19-8）求得带宽即B值，并根据带宽系列选取后，尚需按物料粒度进行校核，各种带宽所能输送的最大粒度见表19-17，未筛分的物料中的最大粒度d_{max}不得超过15%（按质量计）。

表19-17 物料的最大粒度（mm）与带宽B的对应值

带宽 B/mm		500	650	800	1000	1200	1400	1600
粒度	已筛分	100	130	180	250	300	350	400
	未筛分①	150	200	300	400	500	600	700

① 未筛分物料中最大块度不得超过15%。

各种带宽的输送能力见表19-18。

表19-18 各种带宽的输送能力

断面形式	v /m·s^{-1}	带宽 B/mm					
		500	650	800	1000	1200	1400
		Q/t·h^{-1}①					
槽形	0.8	78	131	—	—	—	—
	1.0	97	164	278	435	655	891
	1.25	122	206	348	544	819	1115
	1.6	156	264	445	696	1048	1427
	2.0	191	323	546	853	1284	1748
	2.5	232	391	661	1033	1556	2118
	3.15	—	—	824	1233	1858	2528
	4.0	—	—	—	—	2202	2996
平形	0.8	41	67	118	—	—	—
	1.0	52	88	147	230	345	469
	1.25	66	110	184	288	432	588
	1.6	84	142	236	368	553	753
	2.0	103	174	289	451	677	922
	2.5	125	211	350	546	821	1117

① 表中的输送量Q值，是在$\gamma=1.0t/m^3$、$c=1.0$、$\rho=30°$时的计算值，若γ值和c值发生变化，Q值也应按比例增减。

对于粒状物料进行校核的结果应该是，未筛分的带宽 $B \geqslant 2d_{max} + 200$(mm)；已筛分的 $B \geqslant 3.3d_{max} + 200$(mm) 最后应圆整成标准带宽 B 值。

19.4.3 功率、张力的简易计算

在确定带式输送机的电动机功率之前，首先要计算驱动滚筒的轴功率。

驱动滚筒的轴功率可以采用简易计算法和逐点计算法两种。在一般输送机的选型设计中，常采用简易计算法。

(1) 驱动滚筒轴功率的近似计算法。图19-25为计算简图。驱动滚筒近似计算法按下式计算：

$$N_0 = k_3 k_4 (N_0' + N_0'' + N_0''') + \sum N' \qquad (19\text{-}9)$$

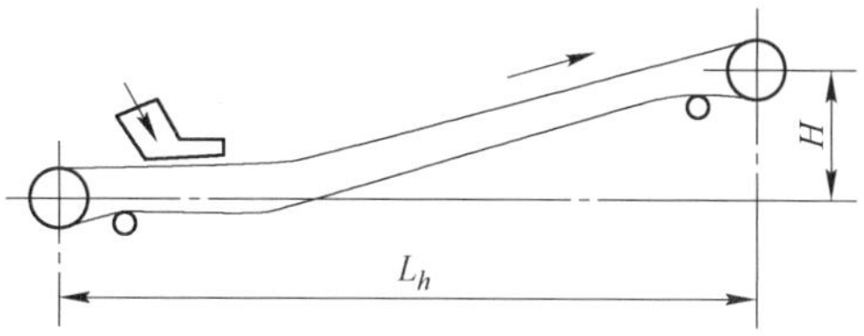

图 19-25 计算简图

式中 N_0——驱动滚筒的轴功率，kW；

N_0'——输送带及托辊部分运转功率，kW；

N_0''——物料水平运输所消耗的功率，kW；

N_0'''——物料垂直提升所消耗的功率，kW；

k_3——附加功率系数（见表19-22）；

k_4——卸料车功率系数，当无卸料车时，$k_4 = 1$，有卸料车时，光面驱动滚筒 $k_4 = 1.16$，胶面驱动滚筒 $k_4 = 1.11$；

$\sum N'$——附加功率。

下面分别计算式（19-9）中的4种功率。

1）输送带及托辊转动部分运转功率（即空负荷功率 N_0'）

$$N_0' = k_1 \cdot L_h v \quad (\text{kW})$$

式中 L_h——输送机水平投影长度，m；

v——输送带运行速度，m/s；

k_1——与输送带规格和托辊阻力有关的功率系数，可根据表19-19和表19-20选取。

表 19-19 托辊阻力系数

工作条件	槽形托辊阻力系数 ω'	平形托辊阻力系数 ω'
清洁、干燥	0.020	0.018
少量尘埃、正常温度	0.030	0.025
大量尘埃、温度高	0.040	0.035

表 19-20 功率系数 k_1 值

ω'	B/mm					
	500	650	800	1000	1200	1400
	k_1					
0.018	0.0061	0.00741	0.0100	0.0138	0.0191	0.0230
0.020	0.0067	0.0082	0.0110	0.0153	0.0212	0.0255

续表 19-20

ω'	B/mm					
	500	650	800	1000	1200	1400
	k_1					
0.025	0.0084	0.0103	0.0137	0.0191	0.0265	0.0319
0.030	0.0100	0.0124	0.0165	0.0229	0.0318	0.0383
0.035	0.0117	0.0144	0.0192	0.0268	0.0371	0.0446
0.040	0.0134	0.0165	0.0220	0.0306	0.0424	0.0510

2）物料水平运输所消耗的功率。

$$N_0'' = k_2 L_h Q \qquad (\text{kW})$$

式中 Q——带式输送机的生产率，t/h；

k_2——物料水平运输功率系数（见表 19-21 和表 19-19）。

表 19-21 功率系数 k_2

ω'	0.018	0.020	0.025	0.030	0.035	0.040
k_2	4.91×10^{-5}	5.45×10^{-5}	6.82×10^{-5}	8.17×10^{-5}	9.55×10^{-5}	10.89×10^{-5}

3）物料垂直提升所消耗的功率 N_0'''。

$$N_0''' = \pm 0.00273QH \qquad (\text{kW})$$

式中 H——输送机垂直提升高度（如输送机上采用卸料车，应加上卸料车提升的高度 H_0），m。

公式中的正负号是表示向上运输时取（+），向下输送为负功率，取（-）。

4）附加功率 $\sum N'$ 的计算。每条带式输送机，根据其用途可采用不同附件。附加功率是指清扫器、导料槽、卸料车及给料时为使物料加速等所消耗的功率。式（19-9）中附加功率系数 k_3 只考虑有一个空段清扫器、一个弹簧清扫器、一个 3m 长的导料槽以及一个受料点的物料加速阻力的情况（见表 19-22）。如果附件超出上述情况，应再加上一个附加功率 $\sum N'$。附加功率 $\sum N'$ 可以按表 19-23 计算。

表 19-22 功率系数 k_3

β \ $k_3$① \ L_h/m	15	30	45	60	100	150	200	300	>300
0°	2.80	2.10	1.80	1.60	1.55	1.50	1.40	1.30	1.20
6°	1.70	1.40	1.30	1.25	1.25	1.20	1.20	1.15	1.15
12°	1.45	1.25	1.25	1.20	1.20	1.15	1.15	1.14	1.14
20°	1.30	1.20	1.15	1.15	1.15	1.13	1.13	1.10	1.10

① k_3 是考虑有一个空段清扫器、一个弹簧清扫器、一个 3m 长的导料槽和一个物料加速阻力的情况下求出的。

表 19-23 附加功率计算表

带宽 B/mm	500	650	800	1000	1200	1400
N'犁式卸料器	$0.3n$	$0.4n$	$0.5n$	$1.0n$	$1.4n$	—
导料槽/kW	$0.08L$	$0.08L$	$0.09L$	$0.10L$	$0.115L$	$0.18L$

（2）电机功率的计算。

$$N = k \cdot \frac{N_0}{\eta} \quad (\mathrm{kW}) \tag{19-10}$$

式中 N——电动机功率，kW；

N_0——驱动滚筒轴功率，kW；

k——功率备用系数，$k=1.0$；

η——总传动效率，对光面驱动滚筒，取 $\eta=0.88$；对胶面驱动滚筒，取 $\eta=0.90$。

（3）输送带的层数计算。为了确定输送带的层数，首先计算输送带的最大张力，在简易计算法中，最大张力的计算方法如下：

1）根据驱动滚筒上的轴功率 N_0，按下式计算：

$$S_{max} = k_5 \frac{N_0}{v} \quad (\mathrm{N}) \tag{19-11}$$

式中 v——输送带运行速度，m/s；

k_5——与驱动滚筒及输送带之间摩擦力有关的系数（按表 19-24 选取）。

表 19-24 系数 k_5 选取表

k_5 \ 驱动滚筒情况		光面滚筒		胶面滚筒	
		环境干燥	环境湿润	环境干燥	环境湿润
包角	$\alpha=200°$	1760	2030	1350	1440
	$\alpha=180°$	1910	2190	1420	1530

2）当倾斜向下运输时，重载段两托辊间最大允许悬垂度的要求，输送带上的最大张力可按下式计算：

$$S_{max} = k_6\gamma + k_8 N_0 \quad (\mathrm{N}) \tag{19-12}$$

式中 γ——物料的堆积密度，kg/m³；

k_6，k_8——分别与输送带宽度及带速有关的参数（k_6 值见表 19-25，k_8 值见表 19-26）。

表 19-25 系数与带宽 B 的关系

B	500	650	800	1000	1200	1400
k_6	2600	4300	5700	8800	12000	16000
k_7	65	90	120	180	250	300

表 19-26 系数 k_8 与带速 v 的关系

v	0.8	1.0	1.25	1.6	2.0	2.5	3.15	4.0
k_8	1280	1020	820	640	510	410	330	260

当倾斜向上运输时，按最大允许悬垂度的要求，最大张力可用下式计算：

$$S_{max} = k_6\gamma + k_7H + k_8 N_0 \qquad (N) \tag{19-13}$$

式中 H——输送机提升高度，m；

k_7—系数（查表19-25）

最大张力求出后，根据表19-28确定输送带的层数，也可以按下式计算层数：

$$Z = \frac{S_{max}m}{B[\sigma]} \tag{19-14}$$

式中 m——安全系数（见表19-27）；

B——输送带宽度，cm；

$[\sigma]$——输送带织物带芯的径向扯断强度（对橡胶带和塑料袋：$[\sigma]$ = 560N/cm 层）。

表19-27 胶带安全系数

帆布层数 Z	3~4	5~8	9~12
硫化接头/m	8	9	10
机械接头/m	10	11	12

（4）拉紧装置所需要重量的计算。拉紧装置的工作效果是由拉紧装置作用所决定的，它对输送机的工况影响很大。拉紧装置重锤重力的计算必须满足以下要求：

1）必须保证输送带在驱动滚筒的奔离点有足够的初张力，以防在启动时打滑，影响正常工作。

2）保证输送带重载段不超过允许悬垂度所必需的张紧力。

不同形式的拉紧装置或输送机布置形式不同，所需要的重锤重力的计算方法也略有区别，其计算方法分述如下：

1）车式拉紧装置重量的计算。

车式拉紧装置布置形式如图19-26所示。计算公式为：

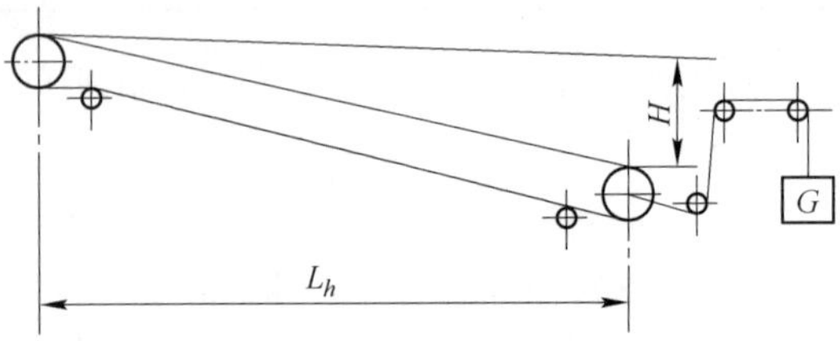

图19-26 车式拉紧装置计算简图

$$G = S_2 + S_3$$

$$S_3 = 1.1S_2$$

$$S_2 = S_1 + \omega_{1-2}$$

$$\omega_{1-2} = (q_0 + q')\omega' L_k - q_0 H$$

$$W = S_4 - S_1 = S_1(e^{\mu\alpha} - 1)$$

$$G = 2.1\left[W\frac{1}{e^{\mu\alpha} - 1} + (q_0 + q'')\omega'' L_k - q_0 H\right] \tag{19-15}$$

式中 G——车式拉紧装置重锤的荷载，N；

W——驱动滚筒上圆周力，N。

W 也可根据最大张力来计算，即：

$$W = S_{max}\left(1 - \frac{1}{e^{\mu\alpha}}\right) \qquad (N) \tag{19-16}$$

式中　q'——下托辊转动部分的平均线荷载，N/m；

q_0——输送带线重量，N/m；

ω''——平形托辊阻力系数（见表19-19）。

其他符号与前面相同，其中 $e^{\mu\alpha}$ 值见表19-29。

输送带允许的最大张力见表19-28。

表 19-28　输送带允许的最大张力

Z	B/mm					
	500	650	800	1000	1200	1400
	S_{max}/N					
3	10500（8400）					
4	14000（11200）	18200（14500）	22400（17900）			
5		20200（16500）	24900（20300）	31100（25500）	37300（30500）	
6			29900（24400）	37300（30500）	44800（36600）	52200（42700）
7				43600（33600）	52200（42800）	61000（49900）
8				49700（40700）	59700（48300）	69700（57000）
9					60500（50400）	70500（58700）
10					67200（56000）	78400（65300）
11						86100（71600）
12						94000（78200）

注：括号内的数值为机械接头允许张力。

表 19-29　$e^{\mu\alpha}$ 值

驱动滚筒情况和 μ 值	包角 α					
	180°	190°	200°	210°	240°	400°
	$e^{\mu\alpha}$					
光面滚筒，环境潮湿 $\mu=0.2$	1.87	1.94	2.01	2.09	2.31	4.04
光面滚筒，环境干燥 $\mu=0.25$	2.15	2.29	2.39	2.50	2.85	5.74
胶面滚筒，环境潮湿 $\mu=0.35$	3.00	3.19	3.39	3.60	4.34	11.74
胶面滚筒，环境干燥 $\mu=0.4$	3.52	3.87	4.04	4.35	5.35	16.40

2）垂直拉紧装置重量的计算。垂直拉紧装置如图19-27所示。其重量计算公式为：

$$G' = 2.1\left[W\frac{1}{e^{\mu\alpha}-1}+(q_0+q'')\omega''L_k'-q_0H'\right] \tag{19-17}$$

式中，L_k' 及 H' 值见图19-28。

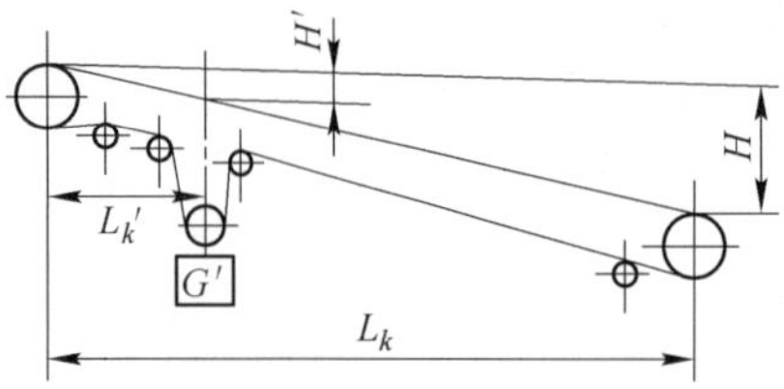

图19-27 垂直拉紧装置计算简图

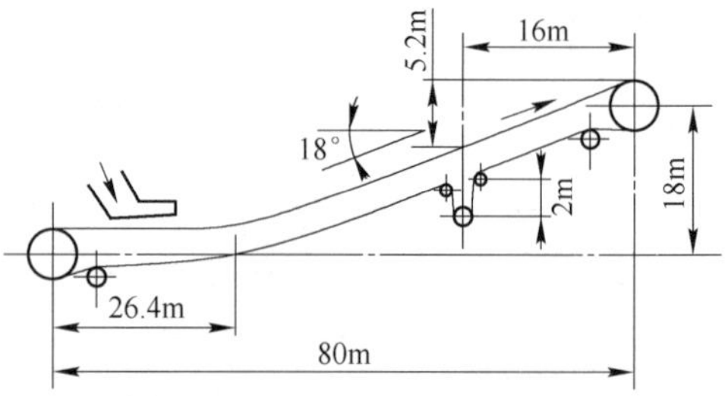

图19-28 计算简图

（5）制动力矩的计算。选择制动装置时，首先计算驱动轴上的制动力矩。

在满载情况下紧急刹车时，驱动滚筒反转是由于货载自重的分力造成的。此时，改向滚筒、托辊、减速器等要产生一系列阻力来阻止逆转。实际的制动力矩可根据近似公式进行计算。

驱动滚筒上的制动力矩 M_T 为：

$$M_T = \frac{660D}{v}(0.00546QH - N_0) \quad (\text{N·m}) \tag{19-18}$$

式中 D——驱动滚筒直径，m；

v——输送带的速度，m/s；

H——输送机的提升高度，m；

N_0——驱动滚筒轴功率，kW；

Q——输送机小时生产率，t/m。

根据式（19-18）可求出电动机轴上制动力矩 M_T'：

$$M_T' = \frac{M_T}{i_0}\times\eta \quad (\text{N·m}) \tag{19-19}$$

式中 i_0——减速器的减速比；

η——传动效率（一般取 $\eta=0.95$）。

例19-1 已知原始数据和工作条件：

（1）带式输送机布置形式及尺寸，如图19-28所示。

（2）输送物料：原煤，粒度0～50mm，$\gamma=0.95\text{t/m}^3$，物料在带面上的动堆积角 $\rho_{动}=30°$。

（3）输送量：$Q=500\text{t/h}$。

（4）工作环境：正常湿度、少量尘埃的通廊内。

（5）尾部给料，头部卸料，导料槽长3m，设有一组弹簧清扫器和空段清扫器。

采用简易计算法计算该带式输送机各参数。

计算步骤如下：

（1）输送带的宽度计算。根据式（19-8），$B=\sqrt{\dfrac{Q}{kv\gamma c\xi}}$。

已知：$Q=500\text{t/h}$，$\gamma=0.95\text{t/m}^3$；参考表19-12，选取带速 $v=2.5\text{m/s}$；参考表19-18，查表19-14，选取 $k=435$；查表19-15，倾角系数 $c=0.85$；查表19-16，速度系数 $\xi=0.95$。

将上式各值代入计算机中，得：

$$B=\sqrt{\frac{500}{435\times2.5\times0.95\times0.85\times0.95}}=0.77\text{m}$$

因此，选用 $B=800\text{mm}$ 的输送带。查表19-17可知，带宽满足块度要求。

（2）驱动滚筒轴功率的计算。根据式（19-9），轴功率 N_0 为：

$$N_0=(k_1L_kv+k_2L_kQ+0.00273QH)k_3k_4+\sum N$$

已知：$L_k=80\text{m}$，$v=2.5\text{m/s}$，$Q=500\text{t/h}$，$H=18\text{m}$，$\beta=18°$；查表19-19得 $\omega'=0.030$；查表19-20得 $k_1=0.0165$；查表19-21得 $k_2=8.17\times10^{-5}$；查表19-22得 $k_3=1.15$；$k_4=1.0$。

将以上各值代入计算式得：

$$\begin{aligned}N_0&=(0.00165\times80\times2.5+8.17\times10^{-5}\times80\times500+0.00273\times500\times18)\times1.15\times1.0\\&=32.4\text{kW}\end{aligned}$$

（3）电动机功率的计算。根据式（19-10）为：

$$N=k\frac{N_0}{\eta}$$

$$N_0=32.4\text{kW}$$

采用胶面驱动滚筒，$\eta=0.9$；

选用Y型电机，$k=1.0$；

将以上各值代入功率计算式：

$$N=1.0\times\frac{32.4}{0.9}=36.0\text{kW}$$

故可以选择Y225S-4三相异步电动机，额定功率为37kW。

（4）输送带最大张力计算。按不打滑的条件，应用式（19-11）计算为：

$$S_{\max}=k_5\frac{N_0}{v}$$

查表19-24，得 $k_5=1350$；

$$S_{\max}=1350\times\frac{32.4}{2.5}=17496\text{N}$$

按垂度条件，应用式（19-13）计算为：

$$S_{\max}=k_6\gamma+k_7H+k_8N_0$$

查表19-25得：

$$k_6=5700$$

$$k_7=120$$

查表19-26得：$k_8=410$；

$$S_{max}=5700\times0.95+120\times18+410\times32.4=20859\text{N}$$

根据上述计算，按保证承载段垂度条件计算所得为输送带最大张力：

$$S_{max}=20859\text{N}$$

（5）输送带层数的确定。根据式（19-14）：

$$Z=\frac{S_{max}m}{B[\sigma]}$$

参考表19-27，取 $m=9$（硫化胶接）；

$$[\sigma]=550\text{N}$$

$$B=80\text{cm}$$

$$Z=\frac{20859\times9}{80\times550}=4.2$$

取 $Z=5$ 即可。

用查表的方法选用，即查表19-28，$B=800$mm 时，$Z=5$。

采用硫化胶接：$S_{max}=24900$N。

机械接头：$S_{max}=20300\text{N}<20859\text{N}$。

若采用机械接头时，$Z=6$ 才能满足要求；而采用硫化接头，$Z=5$ 即可满足要求。

（6）垂直拉紧装置重锤荷载的计算。根据式（19-17）：

$$G'=2.1\left[W\frac{1}{e^{\mu\alpha}-1}+(q_0+q'')\omega''L'_k-q_0H'\right]$$

已知：$L'_k=16.0$m；$H'=5.2$m。

$$q''=\frac{G''}{l'_0}\cdot g$$

式中 G''——下托辊组的质量，查表19-31，铸铁座平托辊12kg；

l'_0——下托辊间距，一般取 $l'_0=3000$mm。

$$q''=\frac{12\times10}{3}=40\text{N/m}$$

查表19-7，$q_m=10.60$kg/m；$q_0=q_mg=106$N/m。

查表19-19，得 $\omega''=0.025$。

查表19-29，得 $e^{\mu\alpha}=4.04$（$\alpha=200°$）。

$$W=S_{max}\left(1-\frac{1}{e^{\mu\alpha}}\right)=20859\times\left(1-\frac{1}{4.04}\right)=15695.9\text{N}$$

将上述数值代入重锤计算式中：

$$G'=2.1\times\left[15695.9\times\frac{1}{4.04-1}+(106+40)\times0.025\times16-106\times5.2\right]=9808\text{N}$$

（7）制动力矩的计算。驱动滚筒上的制动力矩按式（19-18）计算为：

$$M_T=\frac{660\times D}{v}(0.00546QH-N_0)$$

直径 $D\geqslant125\times Z=125\times5=625$mm，取 $D=630$mm。

$$M_T=\frac{660\times0.63}{2.5}\times(0.00546\times500\times18-32.4)=2784.2\text{N}\cdot\text{m}$$

19.4.4　逐点法计算牵引力

在一般带式输送机的选型设计中，采用近似方法计算驱动滚筒的轴功率就可以了。但是对于大功率的带式输送机，为了更准确地确定其各种参数，往往要采用逐点计算法进行计算。

（1）输送带张力的逐点计算法。这种计算方法的实质，就是用逐点法求出各特征点的张力，然后综合各分段的阻力，算出牵引力。为此必须把折曲的带式输送机线路划分成单独的计算分段。如图19-29所示，在直线段与曲线段的衔接点标出特征点1，2，3，…，在带式输送机运转中输送带最小张力一般发生在驱动滚筒的奔离点1上。当输送带离开奔离点1后，由于需要克服输送带运行的阻力，张力渐次增加，所以最大张力一般都在驱动滚筒的趋入点4上。故输送带张力的逐点计算法，是从驱动滚筒奔离点的初张力 S_1 开始，沿着输送带的运行方向，逐点计算到驱动滚筒趋入点的张力 S_4。利用张力和阻力之间的数学关系，即可将奔离点和趋入点上输送带的张力 S_1 和 S_4 计算出来。

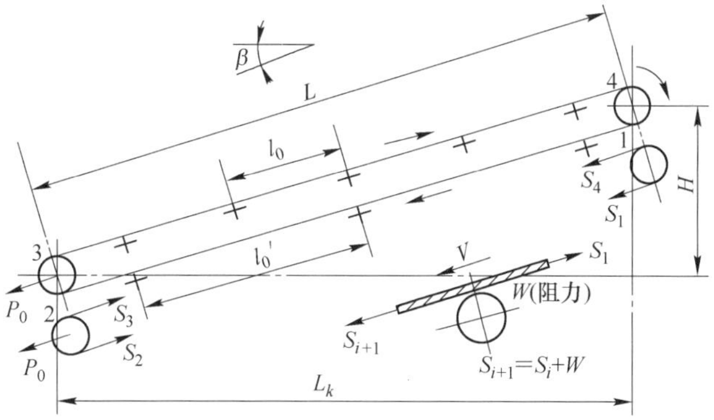

图19-29　输送带张力逐点计算简图

由图19-29中可见，各点的张力关系是：

$$S_2 = S_1 + W_{1-2} \quad (\mathrm{N}) \tag{19-20}$$

$$S_3 = kS_2 \quad (\mathrm{N}) \tag{19-21}$$

$$S_4 = S_3 + W_{3-4} \quad (\mathrm{N}) \tag{19-22}$$

式中　W_{1-2}——输送带空载段运行阻力，N；

W_{3-4}——输送带重载段运行阻力，N；

k——改向滚筒的阻力系数。

由上述方程组可见，输送机线路上任意点的张力 S_{n+1}，等于它前一点张力 S_n 与它们之间的阻力的总和，即：

$$S_{n+1} = S_n + \sum W_{(n+1)-n} \quad (n = 1,\ 2,\ 3,\ \cdots) \tag{19-23}$$

式中　S_{n+1}，S_n——相应于特征点 $n+1$ 与 n 处的输送带张力，N；

$\sum W_{(n+1)-n}$——特征点 $n+1$ 和 n 之间的输送带运行阻力，N。

根据摩擦驱动的理论，在驱动滚筒上，输送带两边的张力 S_4 与 S_1 应符合欧拉公式，即式（19-3）。

$$S_4 = S_1 e^{\mu\alpha} \quad (\mathrm{N})$$

联立求解式（19-3）和式（19-20）~式（19-22）的方程组，可以求出输送带在趋入点上的张力 S_4，即：

$$S_4 = (W_{3-4} + kW_{1-2}) \frac{e^{\mu\alpha}}{e^{\mu\alpha} - k} \quad (\mathrm{N}) \tag{19-24}$$

从式（19-24）可见，对于图 19-29 所示带式输送机，只要知道输送带空载段和重载段的运行阻力、改向滚筒的阻力系数以及驱动装置的形式——驱动滚筒上的围包角 α 和输送带与滚筒之间表面摩擦系数 μ，就可以求出输送带趋入点的张力 S_4，从而求出其他各点的张力。

（2）输送带垂度和强度的校核。利用上述方法求出输送带各点的张力，是保证摩擦传动所必需的张力。这些张力还必须根据输送带承载段两托辊之间的最大允许悬垂度进行验算。输送带自身载荷和货载的作用下，必然在两支承托辊之间悬垂。托辊间距越大，或者带内张力越小，则输送带悬垂度越大。如果悬垂度过大，易造成输送带在两托辊之间的挠度超过最大允许值，致使物料下滑，影响生产率。所以，求得各点的张力后，还要根据输送带允许的悬垂度对承载段最小张力进行校核。校核时，可采用以下公式计算：

$$S_{min} \geqslant [S_{min}] = 5(q_0 + q_1) l_0 \cos\beta \tag{19-25}$$

式中 S_{min}——承载段输送带上的最小张力，N；

$[S_{min}]$——承载段输送带上满足最大允许悬垂度时的最小张力，N；

q_0——输送带单位长度上的自重，N/m；

q_1——输送带单位长度上物料的荷载，N/m；

l_0——输送带上托辊的间距，m；

β——输送机的倾角，(°)。

重载段和空载段垂度校核应分别进行。校核结果若不满足式（19-25）的要求，则应增加拉紧装置的拉紧力以提高输送带张力，在计算中可以用 $S_{min} = 5(q_0 + q_1) l_0 \cos\beta$ 代入张力计算式，重新进行张力的计算。

最后根据计算出的最大张力和由生产率计算并已选定的带宽和层数，用式（19-14）进行校核。

（3）电动机功率的计算。由于输送带的牵引力等于驱动滚筒上趋入点张力和奔离点张力之差，所以驱动滚筒的轴功率可用下式计算：

$$N_0 = \frac{(S_n - S_1)v}{1000} \quad (\mathrm{kW}) \tag{19-26}$$

式中 S_n，S_1——分别为输送带在驱动滚筒上趋入点和奔离点的张力，N；

v——带速，m/s。

电动机功率仍按式（19-10）计算，即：

$$N = k \frac{N_0}{\eta} \quad (\mathrm{kW})$$

（4）拉紧装置张紧力计算。拉紧装置的张紧力可按下式计算：

$$P_0 = S'_{入} + S'_{出} \quad (\mathrm{N}) \tag{19-27}$$

式中 $S'_{入}$，$S'_{出}$——分别为输送带在张紧滚筒上趋入点和奔离点的张力，N。

若选用小车拉紧装置时，所需要的重锤重力为：

$$G = \frac{P_0 + 0.04G_k\cos\beta - G_k\sin\beta}{\eta_1^n} \quad (\mathrm{N}) \tag{19-28}$$

式中 G_k——拉紧装置包括改向滚筒的载荷（参见表 19-30）；

β——输送机尾架倾角；

η_1——拉紧绳轮效率（一般取 $\eta_1 = 0.9$）；

n——绳轮数目。

若选用垂直式的拉紧装置时，所需要的重锤载荷：

$$G_{垂} = P_0 - G'_k \quad (\mathrm{N}) \tag{19-29}$$

式中 G'_k——垂直拉紧装置（包括改向滚筒）的荷载（见表 19-30），N。

19.4.5 各种阻力的计算

用逐点法求输送带的张力时，首先需要知道输送带各段的阻力。挠性牵引构件的运行阻力可分为直线区段的运行阻力、曲线段的运行阻力和装卸物料等其他附加阻力三类。

（1）直线段阻力的计算。首先研究重载段的运行阻力，如图 19-30 所示。

取区段长 L_α(m)，分析得：

正压力：$qL_\alpha\cos\beta$

向下的压力：$qL_\alpha\sin\beta$

式中 q——重载段单位长度上的荷载（$q = q_0 + q_1 + q'$），N/m；

q_0——每米输送带自重（表 19-7 列出各种规格输送带的质量），N/m；

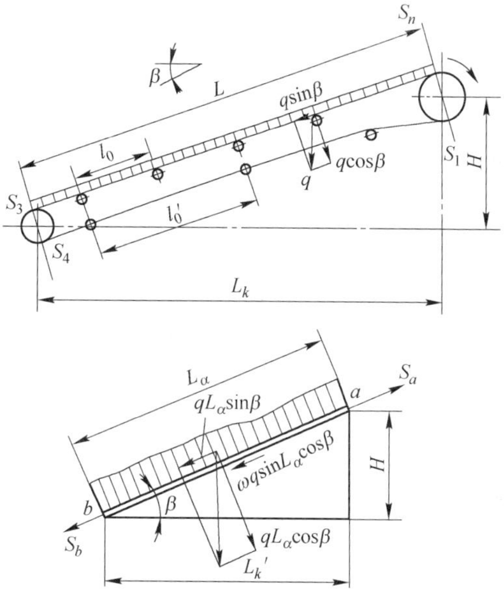

图 19-30 输送带重载段阻力分析

q_1——每米长度输送带上物料的荷载$\left(q_1 = \dfrac{Qg}{3.6v}\right)$，N/m；

Q——带式输送机的生产率，t/m^3；

g——重力加速度（$g = 9.8\,m/s^2$）；

q'——每米长度上，上托辊转动部分的荷载，$q' = \dfrac{G'g}{l_0}$，N/m；

G'——每组槽形托辊转动部分质量（见表 19-31）；

l_0——上托辊间距，m。

当牵引件沿支承装置运动时，将产生阻力，该阻力与正压力成正比，方向与运动方向相反，其值为

$$\omega' qL_\alpha\cos\beta$$

因此，在输送机全长 L 上对于重载段运行的总阻力应为：

$$W = \omega'(q_0 + q_1 + q')L\cos\beta \pm (q_0 + q_1)L\sin\beta = qL_k\omega' \pm (q_0 + q_1)H \quad (\text{N}) \tag{19-30}$$

式中 W——输送机重载段直线区段运行总阻力，N；

ω'——槽形托辊阻力系数（见表 19-19）；

L——输送机直线区段的斜长，m；

L_k——输送机直线区段的水平投影长度，m；

H——输送机直线区段垂直提升高度，m。

式（19-30）中（+）号表示向上输送，（-）号表示向下输送。

同理，输送带空载段的运行阻力为：

$$W' = (q_0 + q'')L_k\omega'' \pm q_0 H \quad (\text{N}) \tag{19-31}$$

式中 W'——输送带空载段的运行阻力，N；

ω''——平形托辊阻力系数（见表 19-19）；

q''——下托辊单位长度上转动部分荷载$\left(q'' = \dfrac{G''g}{l'_0}\right)$，N/m；

G''——每组平形托辊转动部分质量（见表 19-31）；

l'_0——每组下托辊间距，m。

垂直拉紧装置和车式拉紧装置及改向滚筒的荷载，见表 19-30。

表 19-30 垂直拉紧装置和车式拉紧装置及改向滚筒的荷载

<table>
<tr><th rowspan="2">B</th><th rowspan="2">D（改）</th><th rowspan="2">改向滚筒载荷/N</th><th colspan="2">垂直拉紧装置载荷/N</th><th colspan="2">车式拉紧装置载荷/N</th></tr>
<tr><th>拉紧装置</th><th>重锤</th><th>拉紧装置</th><th>重锤</th></tr>
<tr><td>500</td><td>400</td><td>1020</td><td>519</td><td rowspan="6">735</td><td>1049</td><td rowspan="3">735</td></tr>
<tr><td rowspan="2">650</td><td>400</td><td>1294</td><td>568</td><td>1127</td></tr>
<tr><td>500</td><td>1519</td><td>588</td><td>1127</td></tr>
<tr><td rowspan="3">800</td><td>400</td><td>2068</td><td>647</td><td rowspan="3">1372</td><td rowspan="6">980</td></tr>
<tr><td>500</td><td>2323</td><td>666</td></tr>
<tr><td>630</td><td>2626</td><td>686</td></tr>
<tr><td rowspan="3">1000</td><td>500</td><td>3126</td><td>853</td><td rowspan="11">980</td><td rowspan="2">1441</td></tr>
<tr><td>630</td><td>3597</td><td>882</td></tr>
<tr><td>800</td><td>4351</td><td>921</td><td>1490</td></tr>
<tr><td rowspan="4">1200</td><td>500</td><td>4096</td><td>1068</td><td rowspan="3">1735</td><td rowspan="8">735</td></tr>
<tr><td>630</td><td>4635</td><td>1098</td></tr>
<tr><td>800</td><td>5478</td><td>1156</td></tr>
<tr><td>1000</td><td>6458</td><td>—</td><td>1793</td></tr>
<tr><td rowspan="4">1400</td><td>630</td><td>5037</td><td>1166</td><td rowspan="2">2029</td></tr>
<tr><td>800</td><td>5939</td><td>1215</td></tr>
<tr><td>1000</td><td>7762</td><td>1254</td><td>2087</td></tr>
<tr><td>1250</td><td>9751</td><td>—</td><td>2176</td></tr>
</table>

每组托辊转动部分的质量，见表 19-31。

表 19-31 每组托辊转动部分的质量

托辊形式		B/mm					
		500	650	800	1000	1200	1400
		G′，G″/kg					
槽形托辊	铸铁座	11	12	14	22	25	27
	冲压座	8	9	11	17	20	22
	全塑料	3.5	3.7	4.2	6	6.8	7
平形托辊	铸铁座	8	10	12	17	20	23
	冲压座	7	9	11	15	18	21

（2）曲线区段运行阻力计算。曲线区段的阻力是指输送带绕过改向滚筒时产生的阻力。曲线段的阻力包括两部分：一是由于输送带的僵性产生的阻力，称之为僵性阻力；二是轴承摩擦阻力。

1）轴承摩擦阻力 P'_0，轴承内圈外缘摩擦力为 μN，按等扭矩折算到滚筒圆周上的力 P'_0（见图 19-31）为：

$$P'_0 = N\mu \frac{d_{轴}}{D_{轮}}$$

式中 $\frac{d_{轴}}{D_{轮}}$——表示轴的直径与滚筒直径之比（其比值为 0.1～0.115）；

μ——摩擦系数，用在滑动轴承时，$\mu=0.10\sim0.15$，滚动轴承时，$\mu=0.02\sim0.03$；

N——正压力（不计轮子的重力时，N 为张力 $S_{入}$ 与 $S_{出}$ 的几何和），一般取 $S_{入}\approx S_{出}$。

则 N 为：

$$N = 2S_{入}\sin\frac{\alpha}{2}$$

于是 $P'_0 = 2\mu S_{入}\frac{d_{轴}}{D_{轮}}\sin\frac{\alpha}{2}$。

2）僵性阻力。在输送带绕入及绕出导向轮时所产生的僵性阻力为：

$$P'_0 = \xi S_{入}$$

式中 ξ——僵性系数。

当采用橡胶输送带时可按近似公式计算：

$$\xi = \frac{1.25\delta}{D_{滚}^{1.2}}$$

式中 ξ——橡胶带厚度，cm；

$D_{滚}$——滚筒直径，cm。

于是，克服以上两种阻力所需要的圆周力为：

$$P_0 = P'_0 + P''_0 = S_{入}\left(2\mu\frac{d_{轴}}{D_{轮}}\sin\frac{\partial}{2} + \xi\right) = \xi_1 S_{入} \tag{19-32}$$

式中 ξ_1——曲线区段的阻力系数（一般在 0.02～0.08 之间，可根据表 19-32 选用）。

改向轮上的轴承摩擦阻力计算简图如图 19-31 所示。

曲线区段的阻力系数及张力增大系数表，见表 19-32。

表 19-32 曲线区段的阻力系数及张力增大系数表

牵引构件种类	近45°包角		近90°包角		近180°包角	
	ξ_1	k_1	ξ_1	k_1	ξ_1	k_1
输送带	滑动轴承					
	0.02	1.02	0.03 ~ 0.04	1.03 ~ 1.04	0.05 ~ 0.06	1.05 ~ 1.06
输送带	滚动轴承					
	0.02	1.02	0.02 ~ 0.03	1.02 ~ 1.03	0.03 ~ 0.04	1.03 ~ 1.04

由上述分析可知，当输送带绕过曲线区段时，将产生阻力，为了克服阻力，输送带绕出端的张力相应有所增加：

$$S_{出} = S_{入} + P_0$$

将式（19-32）代入上式得：

$$S_{出} = S_{入} + P_0 = S_{入} + \xi_1 S_{入} = (1 + \xi_1) S_{入} = k_1 S_{入} \tag{19-33}$$

式中 k_1——表示曲线段张力增大系数（$k_1 = 1 + \xi_1 = S_{出}/S_{入}$），其值可从表 19-32 选取。

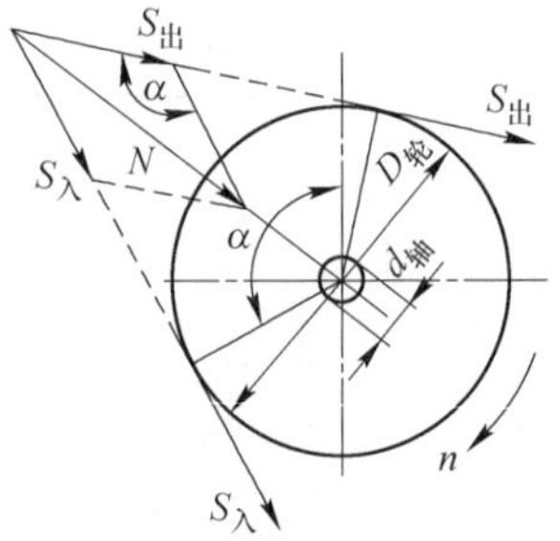

图 19-31 改向轮上的轴承摩擦阻力计算简图

输送带绕过驱动滚筒上阻力可以这样考虑，驱动滚筒的轴承摩擦阻力可在传动系统的效率内考虑；驱动滚筒的僵性阻力通常包括在确定驱动功率的安全系数中，因此在驱动滚筒上就不必再计算阻力。

（3）局部阻力。在带式输送机的装卸点和卸载点上都能产生局部阻力。

1）装载阻力。在受料处，由于物料对输送带有相对速度而产生的附加阻力，称为加速阻力；另外在受料处设有导料挡板，即产生导料挡板阻力。它们计算公式如下：

加速阻力：

$$W_{加} = \frac{q_1 v^2}{2g} \quad (\mathrm{N}) \tag{19-34}$$

式中 q_1——单位长度上物料荷载，N/m；

v——带速，m/s；

g——重力加速度，m/s^2。

导料板阻力

$$W_{导} = (1.6B^2 + 7) L_1 g \quad (\mathrm{N}) \tag{19-35}$$

式中 L_1——导料挡板长，m；

B——带宽，m。

2）卸载阻力。在卸料处，由于卸料方式的不同，其阻力也不等。通过终端滚筒卸料时，一般不产生附加阻力。若通过电动卸料小车如图 19-32 所示或犁式卸料器卸载时，器阻力可按下式计算。

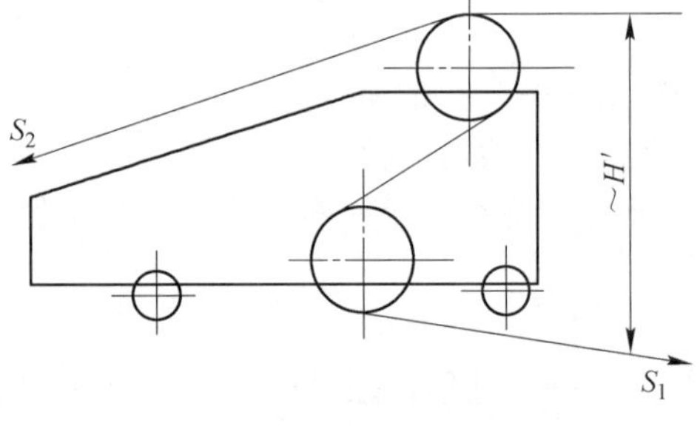

图 19-32 电动小车简图

电动小车阻力：电动小车简图如图 19-32 所示。

$$W_1 = S_1 - S_2 \quad (\mathrm{N}) \tag{19-36a}$$

$$S_1 = 1.1 + q_1 H'$$

式中 H'——见表 19-33。

表 19-33 电动卸料小车 H' 值

带宽 B/mm		500	650	800	1000	1200	1400
H'	卸料车	1.7	1.8	1.96	2.12	2.37	2.62
m	重载卸料车	—	—	—	2.42	2.52	3.02

犁式卸料器阻力：

$$W_{犁} = \frac{Bq_1}{8} + c \quad (\mathrm{N}) \tag{19-36b}$$

式中 c——系数，见表 19-34。

表 19-34 犁式卸料器阻力系数 c 值

带宽 B/mm	500	650	800	1000	1200
c/N	250	300	350	600	700

3）清扫器阻力。根据清扫器形式的不同，阻力也不同。一般在终端卸料时，采用弹簧清扫器，阻力可按下式计算：

$$W_{弹} = (700 \sim 1000)B \quad (\mathrm{N}) \tag{19-37}$$

式中 B——输送带宽，m。

空段清扫器：

$$W'_{空} = 200B \quad (\mathrm{N}) \tag{19-38}$$

应用上述所研讨的输送机线路上，张力、阻力及牵引力的计算和绘制输送机直线段及驱动段张力图的方法，绘制一条带式输送机的输送带张力分布图。

绘制时，先作如下假设：

（1）该输送机水平布置；

（2）该输送机在驱动滚筒上的围包角均为滑动弧；

（3）拉紧装置的拉紧力为 G_s，输送带上初张力为 $\frac{G_s}{2}$。

图 19-33 为水平布置的带式输送机，其张力沿着输送线路变化的情况。

图中符号：

S_1——初张力；

$W_{空}$——输送机空载段运行阻力；

$W_{重}$——重载段的运行阻力；

k_1——输送机中输送带绕过改向滚筒时张力增大系数；

S_2，S_3，S_4——分别为各特征点的张力。

由张力分布图可清晰地看到输送机线路上，张力和阻力的变化规律及它们之间的关系。同时，从张力分布图上还可以看出，长距离带式输送机的张紧重锤装在驱动滚筒附

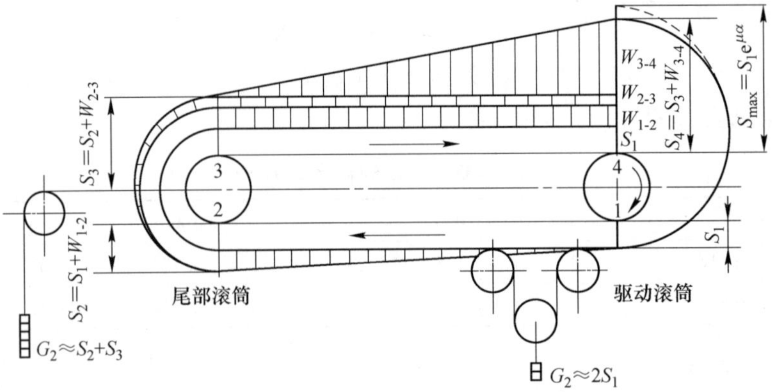

图 19-33 水平带式输送机张力分布图解

近，较装在输送机末端时所需要的重锤载荷可以大大降低。

例 19-2 已知原始数据及工作条件为：

(1) 带式输送机布置形式和尺寸如图 19-34 所示。

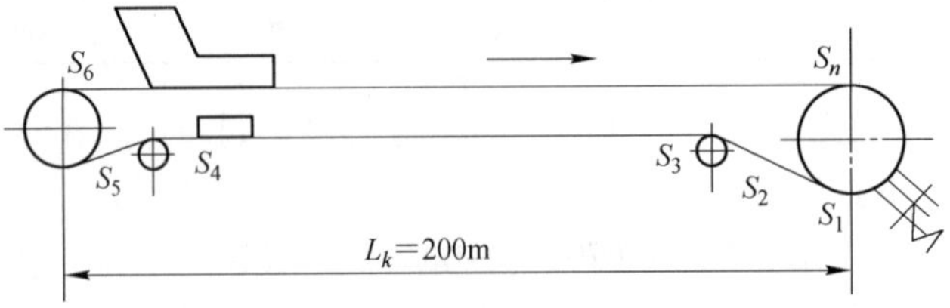

图 19-34 输送机布置系统及尺寸

(2) 输送物料：精煤，粒度 0 ~ 100mm，$\gamma=0.85\text{t/m}^3$，动堆积角 $\rho_{动}=30°$。

(3) 生产率：600t/h。

(4) 工作环境：通廊内。

(5) 尾部给料，头部卸料，设有导料槽长 3m，头部设有弹簧清扫器，尾部设有空段清扫器。

用逐点计算法计算输送带系统的阻力、张力、驱动功率及各参数。

解：

(1) 输送带宽度计算根据式 (19-8)。

$$B=\sqrt{\frac{Q}{kv\gamma c\xi}}$$

已知：$Q=600\text{t/h}$，$\gamma=0.85\text{t/m}^3$。

参考表 19-12，选取带速 $v=3.15\text{m/s}$；

查表 19-14，$k=4.35$；

查表 19-15，$c=1.0$；

查表 19-16，$\xi=0.94$。

将以上各值代入计算式得：

$$B=\sqrt{\frac{600}{435\times0.85\times3.15\times1\times0.94}}=0.74\text{m}$$

选取 $B=800\text{mm}$ 的带宽，查表 19-17，可满足块度要求。

（2）计算线载荷。

1）输送机单位长度上物料的载荷：

$$q_1=\frac{Qg}{3.6v}=\frac{600\times9.8}{3.6\times3.15}=519\text{N}$$

2）输送带单位长度自重：

查表 19-7，$z=4\sim6$，取 $z=4$，上下覆盖胶层厚为（3 + 1.5）mm，$q_m=9.31\text{kg/m}$，则：

$$q_0=q_mg=9.31\times9.8=91\text{N}$$

3）上托辊（槽形）转动部分的线载荷 q'：查表 19-31，$G'=11\text{kg}$。

上托辊间距取 $l_0=1.2\text{m}$，则：

$$q'=\frac{G'g}{l_0}=\frac{11\times9.8}{1.2}=90\text{N}$$

4）下托辊转动部分线载荷 G''。查表 19-31，$G''=11\text{kg}$。

下托辊间距取 $l_0=3.0\text{m}$，则：

$$q''=\frac{G''\times g}{l_0}=\frac{11\times9.8}{3.0}=36\text{N}$$

（3）张力和阻力的计算。将输送机线路计算简图分为直线区段和曲线区段，确定特征点 1 到 n，则各点张力关系如下：

$$S_2=S_1+W_{弹} \tag{19-39}$$

$$S_3=k_1S_2 \tag{19-40}$$

$$S_4=S_3+W_{3-4}+W_{空} \tag{19-41}$$

$$S_5=k_2S_4 \tag{19-42}$$

$$S_6=k_3S_4 \tag{19-43}$$

$$S_n=S_6+W_{6-n}+W_{导}+W_{加} \tag{19-44}$$

2 点的张力：

根据式（19-37），弹簧清扫器阻力为：

$$W_{弹}=(700-1000)B=1000\times0.8=800\text{N}$$

代入方程式（19-39）中：$S_2=S_1+800$ （N）

3 点的张力：查表 19-32，$\alpha=45°$，$k_1=1.02$。

$$S_3=k_1S_2=1.02(S_1+800)=1.02S_1+816 \quad (\text{N})$$

4 点的张力：查表 19-19，$\omega''=0.035$。

根据式（19-31），空载段运行阻力为：

$$W_{3-4}=(q_0+q'')L_k\omega''=(91+36)\times200\times0.035=889\text{N}$$

根据式（19-38），空载段清扫器阻力为：

$$W'_{空}=200B=200\times0.8=160\text{N}$$

5 点的张力：查表 19-32，$\alpha\approx45°$改相滚筒阻力增大系数 $k_2=1.02$。

$$S_5 = k_2 SL_4 = 1.02 \times (1.02S_1 + 1865) = 1.04S_1 + 1902 \quad (N)$$

6点的张力：根据式（19-32），$\alpha = 180°$，$k_3 = 1.04$。

$$S_6 = k_3 \times S_5 = 1.04 \times (1.04S_1 + 1902) = 1.08S_1 + 1978 \quad (N)$$

趋入点 S_n 张力：根据式（19-34），受料点物料的加速阻力为：

$$W_{加} = \frac{q_1 \times v^2}{2g} = \frac{519 \times 3.15^2}{2 \times 9.8} = 263N$$

根据式（19-35），导料拦板的阻力为：

$$W_{导} = (1.6B^2 + 7)L_1 g$$

导料板长 $L_1 = 3.0m$，$\gamma = 0.85t/m^3$。

$$W_{导} = (1.6 \times 0.8^2 \times 0.85 + 7) \times 3.0 \times 9.8 = 231.4N$$

根据式（19-30），重载段运行阻力为：

$$W_{6-n} = (q_0 + q_1 + q')\omega' L_k$$

查表19-19，$\omega' = 0.04$，$L_k = 200m$，可求：$W_{6-n} = (91 + 519 + 90) \times 200 \times 0.04 = 5600N$。

将上述阻力代入方程式（19-44）中：

$$S_n = S_6 + W_{6-n} + W_{导} + W_{加} = 1.08S_1 + 1987 + 5600 + 231.4 + 263 = 1.08S_1 + 8072.4 \quad (N) \tag{19-45}$$

由欧拉公式得：

$$S_n = S_1 e^{\mu\alpha}$$

采用光面驱动滚筒，$\alpha = 200°$、$\mu = 0.2$。

查表19-29，$e^{\mu\alpha} = 2.01$。

即得：

$$S_n = 2.01S_1 \tag{19-46}$$

方程式（19-45）和式（19-46）联立则：

$$2.01S_1 = 1.08S_1 + 8072.4$$

$$S_1 = 8680.0N$$

$$S_n = 2.01 \times S_1 = 2.01 \times 8680.0 = 17447N$$

（4）功率计算驱动滚筒轴功率计算，根据式（19-26）：

$$N_0 = \frac{(S_n - S_1)v}{1000} = \frac{(17447 - 8680) \times 3.15}{1000} = 27.6kW$$

电机功率计算，按式（19-10）：

$$N = k\frac{N_0}{\eta}$$

选用Y系列电机，取 $k = 1$。

选用光面滚筒：

$$N = 1 \times \frac{27.6}{0.88} = 31.40kW$$

（5）输送带垂度和强度校核。重载段悬垂度校核，根据式（19-25）：

$$S_{min} \geqslant [S_{min}] = 5(q_0 + q_1)l_0\cos\beta$$

$$S_{min} = S_6 = k_3 S_5 = 1.08S_1 + 1978 = 11352.4N$$

$$[S_{min}] = 5[q_0 + q_1] \cdot \cos\beta = 5 \times (91 + 519) \times 1.2\cos0° = 3660$$

$$S_{min} = 11352.4 > [S_{min}] = 3660$$

故满足要求。

输送带层数的校核：

求得的输送带最大张力为：$S_n = 17447$N。

根据计算 $B = 800$mm，选用 $Z = 4$，根据式（19-14）：

$$Z = \frac{S_{max}}{B[\sigma]} = \frac{17447 \times 8}{80 \times 550} = 3.2 \text{ 层}$$

根据最大张力计算，选用4层满足要求。

（6）拉紧装置重锤载荷计算采用小车拉紧装置。根据式（19-27）：

$$P_0 = S'_{入} + S'_{出} = S_5 + S_8 = 1.04S_1 + 1902 + 1.08S_1 + 1978 = 22281.6\text{N}$$

根据式（19-28），小车拉紧装置所需要重锤载荷为：

$$G = \frac{(P_0 + 0.04G_K\cos\beta - G_K\sin\beta)}{\eta_1^n}$$

选用三组绳轮，即 $n = 3$、$\eta_1 = 0.9$、$\beta = 0°$，确定 G_K。

1）先确定驱动滚筒直径：

$$D_{驱} = 125Z = 125 \times 4 = 500\text{mm}$$

2）确定尾部改向滚筒直径：

查表 19-9，$\alpha = 180°$、$D_{尾} = 400$mm。

3）查表 19-30，$B = 800$mm、$G_{改} = 2068N$，拉紧装置 $G_{拉} = 1372$N。

$$G_K = G_{改} + G_{拉} = 2068 + 1372 = 3440\text{N}$$

将上述数值代入式（19-28）中得拉紧装置重锤载荷：

$$G = \frac{(P_0 + 0.04G_K\cos\beta - G_K\sin\beta)}{\eta_1^n}$$

$$= (22281.6 + 0.04 \times 3440 \times \cos0°)/0.9^3 = 30753.4\text{N}$$

19.5 带式输送机的选型设计

由于带式输送机的零部件已经标准化，但从整台机器的布置形式、基本尺寸和运输能力等都是根据工艺要求、用途来确定的，所以对整机来说，是非标准的。由此，需要根据用途进行选型设计。

19.5.1 带式输送机选型设计的依据及要求

（1）设计依据。

1）根据工艺的要求给料和卸料的方法确定带式输送机的运输线路。如根据受料点的位置和卸料点的方位，就可以确定带式输送机的水平输送距离 L_k，提升高度 H 和布置倾角。

2）根据运输线路上的地形和途径相邻的设备以及建筑物的关系，确定输送机运输线路上是否设置曲线区段（凹弧段和凸弧段），或者中间是否要设置转载点。

3）根据运输物料的性质和工作环境，为选择带速、带宽、摩擦驱动提供依据。

4）根据运输机的生产率，确定输送机的规格等。

（2）选型设计的要求。带式输送机的选型设计要解决以下几个问题：

1）确定输送带的规格及电动机功率。

2）选择输送机所需要的零部件。

3）绘出输送机安装关系图。

19.5.2 带式输送机选型设计的步骤

（1）根据已知条件中给料位置、卸料位置、地形、地貌，设计输送机布置线路，确定其基本尺寸如输送机长度 L、水平投影 L_k、提升高度 H 和倾角 β 等。

（2）选型计算（根据本章第4节内容进行）。

（3）根据计算结果和输送机的工艺布置，应用TD75型通用固定带式输送机设计选用手册，选取所需各类零部件。

（4）绘制输送机安装总图。

19.5.3 带式输送机的工艺布置

由于生产系统的需要或建筑结构等种种原因，带式输送机有各种各样的布置方式。带式输送机最基本的布置形式如图19-35中的 a、b、c、d、e 等五种形式。其中，a 为水平式；b 为倾斜式；c 为由倾斜转为水平式；d 为由水平转为倾斜式，采用平缓弯曲的布置形式；e 为由水平转入倾斜向上，采用急剧弯曲的布置形式。

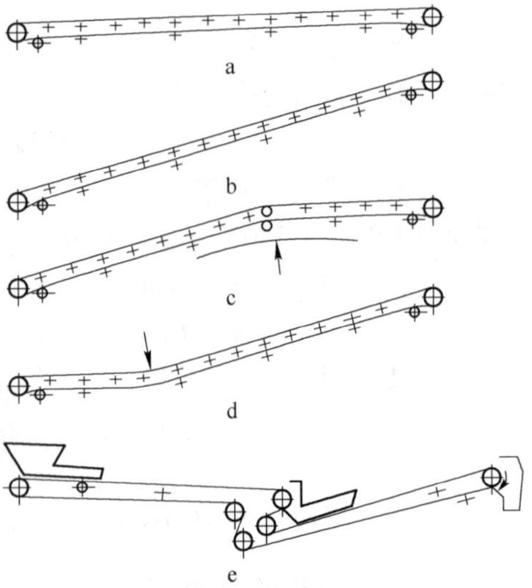

图19-35 带式输送机布置的基本形式

图19-35c是由倾斜转变为水平的带式输送机，在转折点附近的托辊，如对于平形上托辊，可以由两个改向滚筒代替；对于槽形托辊，这个转折段就应该做成圆弧形（凸形），同时托辊间距要比一般的间距小1倍，否则可能使输送带产生折皱或洒落物料。转折段圆弧的最小曲率半径见表19-35。

表19-35 带式输送机凸弧段的曲率半径

输送带宽度 B/mm	500～650	800～1000	1200	1400
曲率半径 R_1/m	12	18	22	26

图19-35d是由水平转为倾斜的带式输送机，其转折处是根据输送带下垂曲线来布置托辊的输送带的悬垂线，在理论上是条抛物线，实际上可按圆弧布置，圆弧半径取决于输送带的宽度和张力。由水平转为倾斜的转折圆弧（又称凹弧段），其最小曲率半径见表19-36。如果圆弧半径小于表中数值，则输送带就会离开托辊，造成输送带扭转而洒落物料（绕中线）。实际上，由于输送带上负荷的变化，即使所取得的半径比最小允许值大得多，输送带也有可能离开托辊。所以在有些转折处采取压轮的方法，即用两个压轮将输送带凹弧段

上股压住，中间仍可以通过物料；下股用变向滚筒转折。

表 19-36 带式输送机凹弧段曲率半径（TD75 型）

输送带宽度 B/mm	500 ~ 650	800 ~ 1000	1200 ~ 1400
曲率半径 R_2/m	80	100	120

在进行带式输送机布置时，应特别注意输送机的转载点。当两条输送机转载时，转载点的空间尺寸应保证能安装一台输送机机头和下一台输送机机尾的所有部件，同时应使物料能够顺利流入下一台输送机中。

在输送机走廊里，带式输送机安装尺寸如图 19-36 所示。若同时安装两台，则中间人行道至少要保持 700mm 宽。而两边通道尺寸为 400mm，图中 $B_0 = b + (300 \sim 400)$ mm。

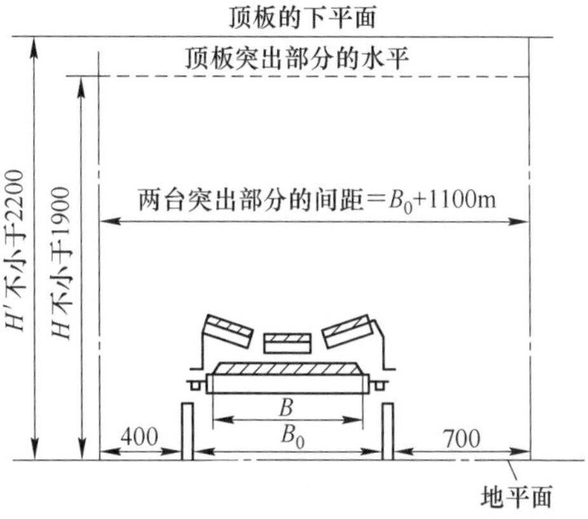

图 19-36 带式输送机在走廊内布置尺寸

19.5.4 零部件的选择

根据工艺布置和计算结果（根据例题 19-1），即可选择零部件。

（1）驱动装置的选择。驱动装置包括电动机、减速器、驱动滚筒和联轴器等。

驱动滚筒直径的计算：根据例题 19-1 计算 $B = 800$mm、$Z = 5$，输送带采用硫化胶接方式，驱动滚筒直径可按下式计算：

$$D = 125Z = 625\text{mm}$$

查表 19-8，得驱动滚筒标准直径 $D = 630$mm。

则输送机规格为 8063，即带宽为 80cm，驱动滚筒直径为 63。

又根据已算出的所需电机功率 $N = 36.0$kW；选用带速 $v = 2.5$m/s；从《TD75 型通用固定带式输送机设计选用手册》（简称手册）的《驱动装置选择表》中即可选得所需配套电机和减速器。

电机选择：Y225S-4 三相异步电机，额定功率为 37kW。

配套减速机型号：ZQ65（组合号为 85）。

根据输送机规格 8063 和组合号 85，即可从手册《驱动装置组合表》中查出与减速器和电机相配套的联轴器的图号规格、驱动装置的组合型式及组合尺寸，为安装提供了条件。

（2）输送带的选择。由计算知 $B = 800$mm、$Z = 5$ 层的普通橡胶带，还须计算带长 L_0。

$$L_0 = 2L + \frac{\pi}{2}(D_{头} + D_{尾} + D_{垂}) + 2H_{垂} + B$$

式中 $D_{头}$——尾部滚筒直径，根据表 19-9，$\partial = 180°$，$D_{尾} = 500$mm；

$D_{尾}$——头部滚筒直径，$D = 630$mm；

$D_{垂}$——垂直拉紧滚筒直径，查表 19-9，$\partial = 180°$，$D_{垂} = 500$mm；

B——带宽 B（硫化胶接时接头长），m；

$H_{垂}$——垂直拉紧装置下垂高度（由图19-28得，$H_{垂}=2\text{m}$）；

L——输送机实长（即头部改向滚筒中心至尾部改向滚筒中心间的斜长）。

$$L \approx 24.6 + 18/\sin 18^\circ = 82.85\text{m}$$

因此：

$$L_0 = 2 \times 82.85 + \frac{\pi}{2}(0.63 + 0.5 + 0.5) + 2 \times 2 + 0.8 = 180.3$$

（3）拉紧装置的选择。根据工艺布置，倾斜输送机的长廊下有一定空间，而且该输送机输送能力又较大，故采用垂直拉紧装置是合理的。

根据例18-1计算结果，重锤载荷：$G' = 10739.1\text{N}$

查表19-30，$B = 800\text{mm}$，$D_{改} = 500\text{mm}$，每块重锤为735N。

需要重锤块数：10739.1/735 = 14.6块，取重锤块数为：15块。

（4）托辊的选择。托辊选择依据：

1）根据输送机规格确定托辊直径，参考表19-37。

表19-37 托辊直径与带宽的关系

B	500 ~ 800	1000 ~ 1400
托辊直径/mm	89	108

2）支承荷载的上托辊一般采用槽形托辊，回空段一般采用平形托辊。

3）每隔10组普通托辊增设一组调心托辊。

4）受料点应设置4 ~ 5组缓冲托辊，其间距$\left(\frac{1}{3} \sim \frac{1}{2}\right)l_0$。

5）托辊数的确定：根据托辊间距及输送机的布置计算。

其他部件主要根据输送机的规格和布置形式来选择，在《手册》中查取相应的部件。

将选择的部件名称、规格、图号、数量和重量填入带式输送机部件选用表中，再附上安装总图，即完成了选型设计。

19.5.5 总图

由于是选型设计，所以对总图的要求与一般机械图不同。它并不要求表达各部件的详细结构，只要求表达各部件相互位置的安装关系、安装尺寸和数量、输送机布置形式、定位关系即可。输送机安装总图中各部件可用示意图表示。

总图要求如下：

（1）总图的主视图反映输送机各部件安装尺寸、数量和相互位置。

（2）俯视图只画出带式输送机的尾架、驱动架、头架和中间架支腿的地脚螺孔之间的尺寸及定位关系。

（3）驱动装置组合关系用局部视图表示。

20 刮板输送机

20.1 概论

刮板输送机是一种连续运输设备，这种输送机是将物料放在输送槽中，利用链条牵引刮板推动物料移动，达到运送物料的目的。

和带式送手机相比，刮板输送机的运输倾角大，可达30°，甚至45°；容易实现多点受料和卸料；结构简单、强度高、刚度大、韧性好，耐冲击与摩擦。因此，用途较为广泛。

刮板输送机适于输送各种粉末状、小颗粒或块状的流动性较好的散粒物料，如煤炭、矿石、沙子、谷物等。不适于输送本身具有碾碎和磨损的脆性物料。特别是当被碾碎后，降低价值的物料不能使用刮板输送机运输。

按其槽体布置情况分，在竖直平面内可以是水平的、倾斜的或槽体中的某一段为倾斜的。如布置在水平的投影面内可以是直线或是弯曲的。其槽体可固定在地面或车上，也可以沿槽体的横向移动。

输送机的工作段，有的是上段，有的是下段，或者上、下段都是工作段。下段工作的输送机，卸料比较方便，物料可以直接通过槽底的洞孔卸出。若要求两个方向输送物料时，则上、下段同为工作段。

作为牵引构件的链条有一根、两根或三根，安设在刮板的中部或两端。

链条是通过链轮的啮合驱动的。由于链轮为多边形，因此链条运动是非均匀的。

极少数情况，也有使用钢绳做牵引构件的。由于链条承受载荷后伸长量小，通过与链轮啮合传递牵引力可靠，以及在链条上固定链接刮板方便等优点，所以刮板输送机目前主要采用链条牵引。

链条的缺点是：质量较大，链条关键处易被沾污和磨损，运动速度不均匀而引起动力载荷，因此，其运动速度不宜太快。

一般工业使用的刮板输送机为片式套筒滚子链，煤炭工业使用的刮板输送机采用可拆模锻和焊接的圆环链。

刮板的形状一般由输送槽的横截面确定，常为矩形或梯形。刮板厚度为3～8mm钢板、角钢或扁钢冲压而成，也可采用可锻铸成或用异型钢材制造。

输送槽是厚度为4～6mm的钢板冲压或轧制的型钢和钢板焊接而成的。每段为4～5m，彼此间可以连接起来。刮板与料槽之间有3～6mm的间隙。在料槽内壁也可以铺设铸石衬板。

刮板输送机通常采用电动机驱动，通过减速器带动链轮转动，一些中型和重型的刮板输送机为防止过载荷或损坏输送机部件，在电动机与减速器中间装有限矩型液力联轴器。原煤炭工业部制定了井下刮板输送机使用的YL系列煤用安全型液力联轴器标准，工作轮有效直径为 280 ~ 750mm，共有 9 种规格，适于采、掘、装、运机械上。驱动装置装在机头或机尾的两侧，其数量是 1 ~ 4 套。

为保证刮板的正常工作，链条必须有一定的张力。所以，刮板输送机链条上的初张力要比其他型式的输送机牵引构件的初张力大，一般最小取 3 ~ 10kN。张紧装置通常采用螺杆式或弹簧螺杆式，其张紧行程不得小于链条节距的 1.6 倍。

刮板输送机输送槽大多是敞开式的，因此物料可经上方装入料槽的任意段上。为防止物料溢出，在料槽两侧装挡料板。装料的数量，由供料的多少，或由刮板本身经存料斗内刮出物料的多寡来控制。物料的卸出，可经机头端部抛出，或经槽底的洞孔卸出。洞孔的开闭由闸门，横向闸门不是将洞孔全部打开，因而通过这个洞孔只能卸出部分物料，其余物料沿着输送槽继续向前移动，并在下一个洞孔再卸出。采用这种方法可在输送机不同地方定量地卸出物料。

煤炭工业部对煤用刮板输送机已制定了 SG 系列标准，输送量为 25 ~ 1000t/h，共有 9 个型号，出厂长度为 40 ~ 300m，电机功率为 5.5 ~ 125kW。

SG 系列刮板输送机为钢制输送槽，其设备使用钢材量大。由于链条和物料要在输送槽中滑动，所以磨损严重，动力消耗大，槽体寿命短，维修工作量大。由于这些严重的缺点，该输送机在我国选煤厂中已很少使用，只在需要将物料分送到几个卸料地点时（如煤仓和离心机）才使用。

铸石衬板的输送槽可减轻磨损，降低电耗，提高使用期限 3 ~ 5 倍。如果采用混凝土砌筑输送槽，内壁铺铸石代替钢材的槽体，则输送机所用钢材可节省 85% 左右。此外，这种刮板输送机还克服了洒煤和漏水问题，运转时噪声小，改善了工人的劳动条件。

原煤炭工业部对铸石槽箱刮板输送机制定了 XGZ 系列标准，该系列的符号意义如下，以 XGZ-10 为例。

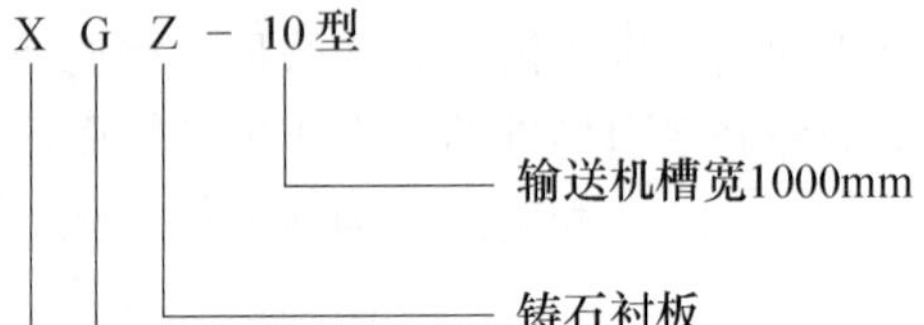

XGZ 系列刮板输送机输送量为 100 ~ 1000t/h，共有 10 种规格，槽体有 600 ~ 1400mm 五种宽度，主要用于选煤厂和选矿地面生产系统，或用于物料粒度在 300mm 以下的各品种煤炭的运输及分配，亦可用于冶金、电力、化工及其他矿山部门。本系列刮板运输机还可以运输具有一定温度的物料。

SG 和 XGZ 系列刮板输送机均采用焊接圆环链。

20.2 XGZ 系列刮板输送机

图 20-1 是铸石槽箱刮板输送机的示意图。它是由头轮、尾轮、中间槽、刮板链和驱

动装置等部件组成。

刮板链3安装在头轮1尾轮2上。在头轮架和尾轮架的中间，装设有中间槽4。中间槽箱是由钢板焊成，其底部和内壁黏结有铸石衬板（见图20-2b）。也可用砖和水泥预制板制作中间槽，中间槽的底部和内壁也铺砌铸石衬板（图20-1b中Ⅰ、Ⅱ、Ⅲ和Ⅳ）。刮板链的重载段放在中间槽的底部，空载段放在中间槽上部的滑道上（图20-1b中Ⅲ），传动装置通过头轮牵引刮板链3在中间槽中移动，物料加在中间槽的底部，利用板的推动，沿槽底向前移动，物料由中间槽头部的排料口排出。

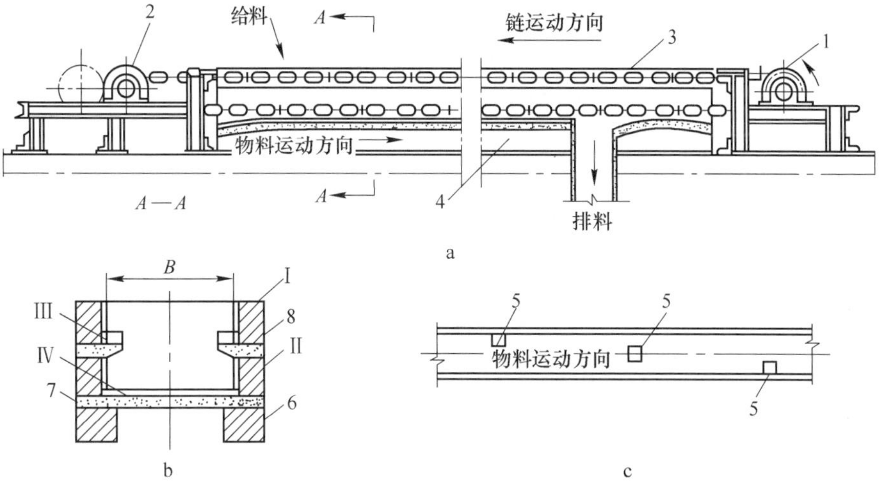

图20-1 铸石衬板圆环链刮板输送机

1—头轮；2—尾轮；3—刮板链；4—中间槽；5—卸料口；6—砖；7—底部；8—滑道

图20-1所示的刮板输送机，能够用在多点卸料的运输上，此时，在中间槽底部不同宽度的位置上设置卸料口5（图20-1c）。当物料经过卸料口时，就能够均匀的从各卸料口卸出。对于多点来料的输送，可以采用双层中间槽（图20-2）。在双层中间槽上，有双层运送物料的底板，上面均铺砌铸石衬板，物料多点入槽子的上层，然后集中于下层运出。

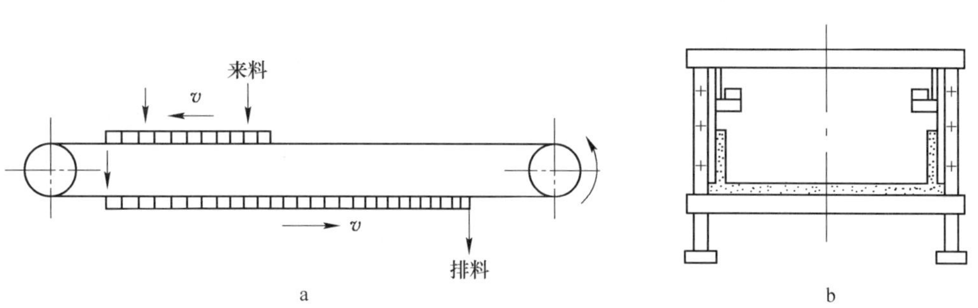

图20-2 多点来料的输送机

XGZ系列刮板输送机的布置以水平为主，也可以倾斜布置。水平输送时可以是单层或双层运输，倾斜输送时只能单层运输。

(1) 刮板链。刮板链是由圆环链1、连接环2和刮板3所组成的（见图20-3）。

圆环链是用圆钢冲压而成，其接口处采用焊接，接口应在同一侧面上（图20-4a）。根

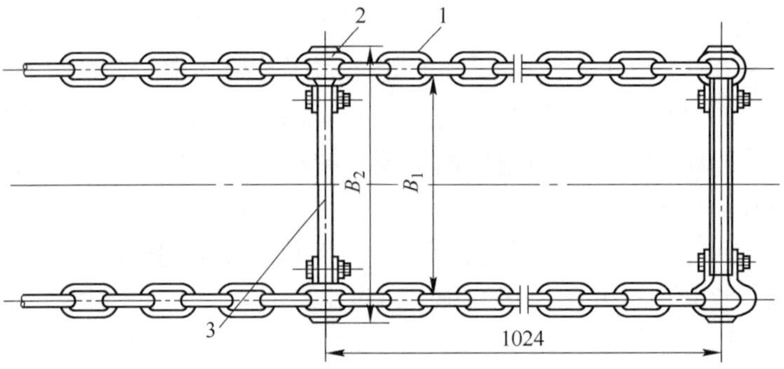

图 20-3 刮板链

1—圆环链；2—连接环；3—刮板

据矿用高强度圆环链标准的规定，圆环链的钢棒直径有 14mm、16mm、18mm、22mm 4 种，目前选煤厂用的刮板圆环链采用其中 $\phi18\times64$ 棒钢制成，其节距 t 为 64mm，链条的破断拉力不小于 275kN。为了适应刮板链使用，圆环链造成小段，每段由 15 个环组成，出厂时带有调整环，调整环的环数为 7、9、11、12 个环备调节长度之用。

连接环是一个马蹄状的链环，利用螺栓将刮板安装在连接环的内侧（图 20-3）。连接环的外侧截面较大，它的作用是防止刮板连接螺栓产生松动时，因拉力过于集中于一侧而造成断链事故；并能部分地拖起链条，减少摩擦和损坏。连接环的节距与圆环链基本相同，而破断拉力不小于 343kN。

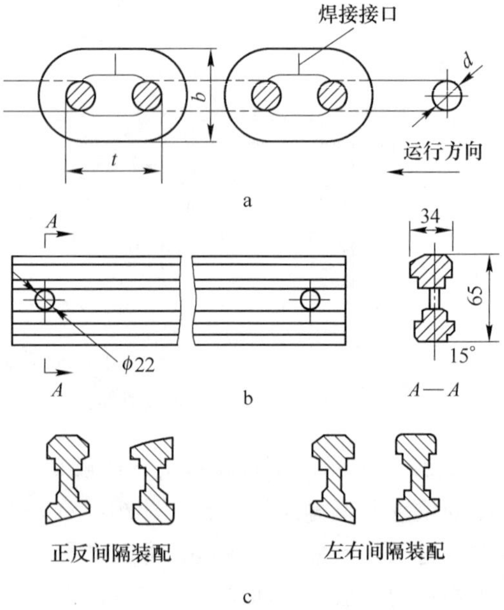

图 20-4 圆环链和刮板

刮板是一根异型钢，其下部断面为斜面，目的是减少与槽底的摩擦。为了防止刮板在运行中发生飘链现象（运输的物料将刮板托起），斜面的方向与运行方向相反（图 20-4b）。如刮板输送机不仅用于正向运输，也作反向运输时，可以采用左右间隔装配。对于作双层运料的刮板，应采用正反间隔的装配（图 20-4c）。

为了提高圆环链和连接环的强度，其材质一般需要合金钢，经热处理，并达到一定的强度。

目前，我国使用的圆环链刮板输送机的刮板间距都相同。刮板链的主要规格尺寸见表 20-1（参看图 20-3 和图 20-4）。

运输块煤、矿石或黏性较大的煤时，在离机头 1m 左右的槽壁上，用户可以自行安装胶带或废钢丝绳制的清扫器，用以清扫链条。在运输黏性较大的煤时，为了防止飘链，在链条的平链环上焊一块钢板，与运行方向成 50°，每间隔 810m 焊一块（图 20-5），清除链下积物，亦可在槽壁上固定一段角钢，强制压链，防止上飘。

（2）头轮组和尾轮组。头轮组安装在头轮架上（图20-1）。它是由传动轴1、头轮2和轴承座3所组成（图20-6a）。头轮是一个特制的带支承窝的链轮（图20-6b）。在标准设计中，链轮是由锰钢铸成。齿面的淬火硬度为HRC40～60。

链条工作时，应处于拉煤状态，如必须处于推煤工作状态，其推动部分长度不得大于中间槽总长度的一半。否则选用XGZ系列标准部件时，需要重新校核传动轴的强度。

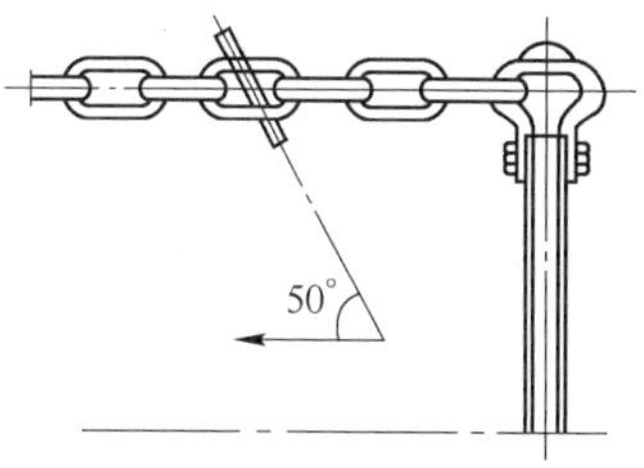

图20-5 防飘链清扫板

表20-1 刮板链的主要尺寸

刮板机槽宽/mm	链板尺寸/mm		刮板高/mm	圆环链尺寸/mm			质量/kg·m^{-1}
				钢棒直径 d	链环节距 t	链环宽度 b	
600	588	500	65	ϕ18	64	60	19.53
800	788	700					21.48
1000	978	890					27.80
1200	1178	1090					31.25
1400	1378	1290					34.20

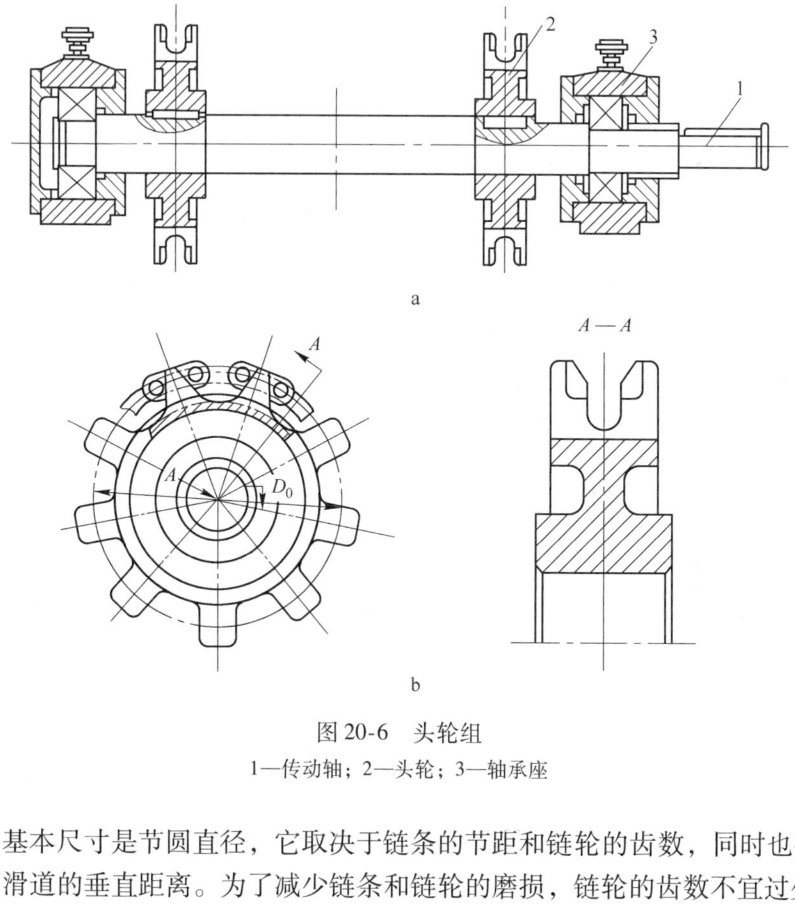

图20-6 头轮组
1—传动轴；2—头轮；3—轴承座

链轮的基本尺寸是节圆直径，它取决于链条的节距和链轮的齿数，同时也要照顾到中间槽中上下滑道的垂直距离。为了减少链条和链轮的磨损，链轮的齿数不宜过少。

圆环链的运行速度不等于链轮的圆周速度，可按下式计算：

$$V = \frac{ztn}{30000} \tag{20-1}$$

式中 V——圆环链的运行速度，m/s；

z——链轮的齿数；

t——圆环链的节距（图20-4和表20-1），mm；

n—链轮的转速，r/min。

尾轮组是圆环链的改向机构，它的结构与头轮组相似。尾轮的尺寸与头轮相同（图20-7）。为了适应由于链条节距和链轮支承窝等制造公差和使用磨损而造成的链条伸长。尾轮组与机架为滑动安装，利用调整螺栓可将链条拉紧。最大的拉紧距离 S 一般为300mm，超过这个距离，可通过更换短链条的方法来解决。

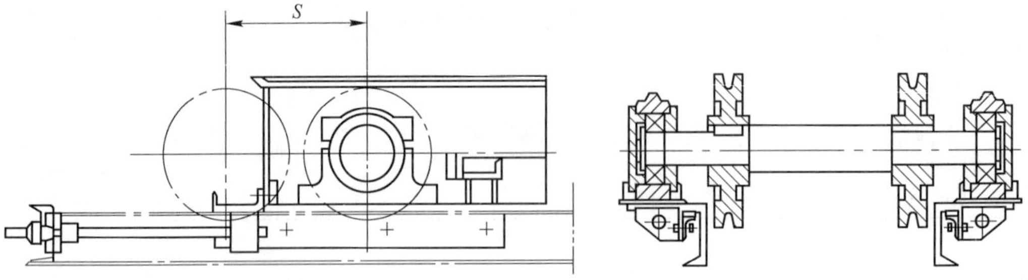

图20-7 尾轮组

（3）中间槽。中间槽是圆环链刮板输送机的运载装置。中间槽材料和结构可以因地制宜铺设。标准设计中的中间槽分钢结构槽箱和砖结构槽箱两种形式，其底部和内壁均铺砌铸石衬板。图20-1b为单层运料的中间槽，这种槽的箱体是用铺地砖铺砌的（图20-1b中6），底部和滑道是用水泥预制板铺砌的（图20-1b中7、8）。双层运料的中间槽，上层与下层都埋设有钢板，钢板上铺有铸石衬板，故可在上下两层底板上运送物料。图20-8及图20-9为钢结构槽箱的中间槽，前者为单层运输，后者为双层运输，而且上下层带有卸煤孔。槽箱是用钢板及角钢焊接而成。内壁、底面和支承空段链的导轨处均黏结有铸石。中间槽分单层运输和双层运输，正常段和较短的过渡段，上下层均可有卸煤孔或没有卸煤孔。

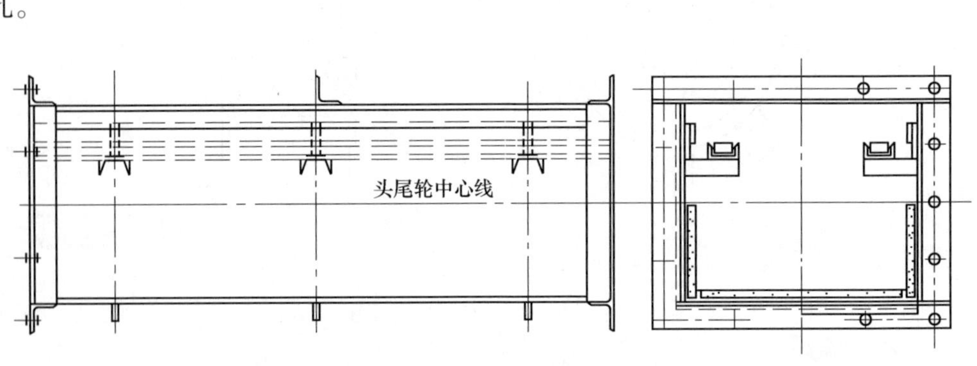

图20-8 单层运输钢结构中间槽

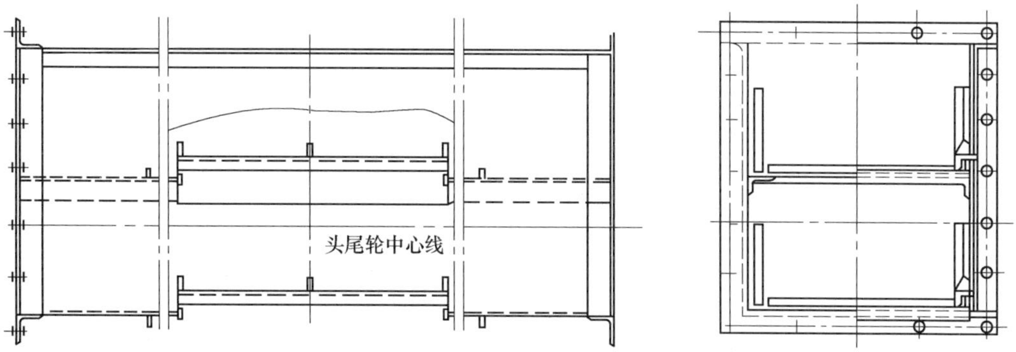

图 20-9 双层运输钢结构中间槽

目前，XGZ 系列刮板输送机用的铸石衬板及铸石导轨都是由单块铸石铺砌而成的，铸石的密度为 3g/cm^3，铸石的规格见表 20-2。铺砌铸石的黏结剂常用的有水泥砂浆（400~600 号水泥，灰砂比为 1:1 至 2:1）和铸石粉胶泥两种。由于黏结材料经一定时间才能达到所需要的强度，所以铺砌后的铸石衬板应经过一定时间（约 24h）保养后才能使用。

表 20-2 铸石规格

铸石规格代号	名 称	规格/mm × mm × mm
1	铸石轨道	40 × 58 × 400
2	铸石板	25 × 195 × 295
3	铸石板	25 × 95 × 95
4	铸石导轨	45 × 75 × 400

为了避免刮板输送机在工作时铸石衬板被链条或刮板刮起，在中间槽与机头或机尾连接部分以及卸料口处，铸石衬板的铺砌要平缓下降，其降低的高度约为 20~30mm（图 20-1a）。

铸石的缺点是抗冲击强度和热稳定性差。由于铸石比较脆，所以使用中应避免产生过大的冲击力；同时也要防止骤热和骤冷，一般只能用在 150℃ 以下温度中。

中间槽的总长度应为 500mm 的整数倍。上层受料点不应距尾轮太近，其受料溜槽的边缘与尾轮中心的距离应大于 2m。

（4）驱动装置。XGZ 系列刮板输送机的驱动装置如图 20-10 所示，由电机减速器和联

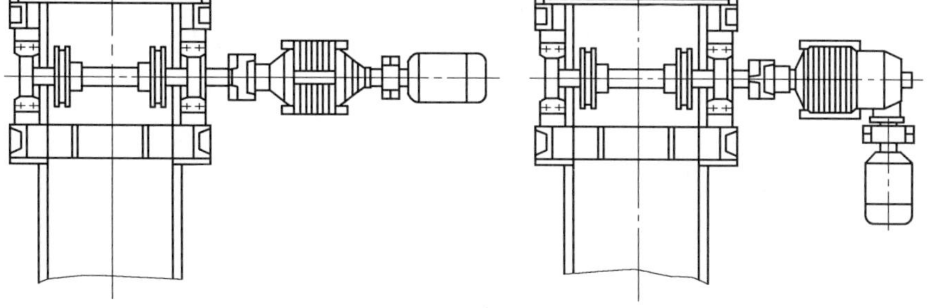

图 20-10 驱动装置布置图

轴器组成。减速有两种类型，一种是输入轴与输出轴在同一直线上，另一种是轴线相互垂直。驱动装置可布置在输送机的任意一侧，每条输送机只能安装一套驱动装置。

电动机型号按照输送机所需的功率选择。减速器的型号根据驱动功率及输送机所需链速选择。联轴器为十字凸块式的，可按传递的扭矩及转速选择。电动机及减速器的型号在XGZ系列标准中均已列出。所需的电动机功率经标准中有关选择表，根据运输量、输送机槽宽、链速及所需运送最大长度进行选定。其计算方法见本章第三节。

驱动装置、机头、机尾及中间槽均需固定在相应的支承架子上，在XGZ系列标准中，对于同型号的各种装置的支架都作了详细的设计，可供选用。

（5）闸门。图20-11为XGZ系列的下层电动式平板闸门。主要由电驱动装置，平行移动的闸门和闸门框架所组成开闭闸门用的行星摆线针轮减速器，由嵌装其上的电动机驱动，通过弹性柱销联轴器，带动位于闸门中部的小齿轮转动。闸门下部安装有一长齿条，由于齿轮转动，使齿条平移，带动闸门沿垂直输送机的轴线方向外平移，将输送机中间槽底的卸料孔打开。

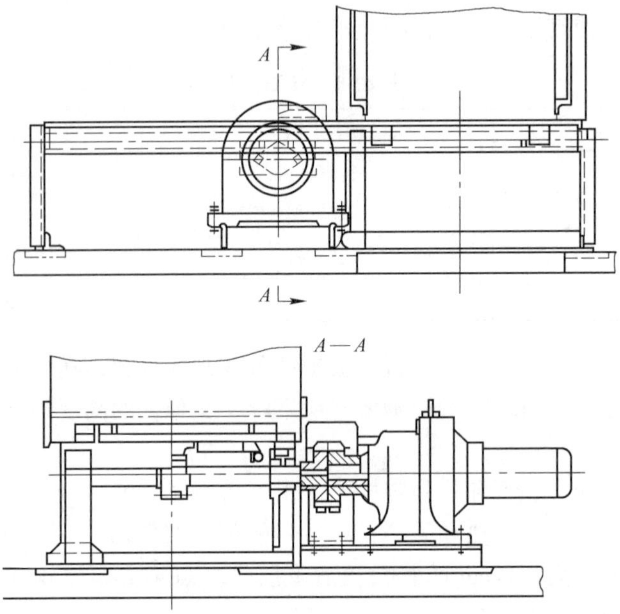

图20-11 下层电动式平板闸门

图20-11所示的闸门是安装在中间槽的下层，闸门也可以安装在上层，或者同时安装在上下层。XGZ系列输送机的闸门可以手动。通过长的扳手摇动棘轮，使小齿轮沿固定方向转动，驱动齿条及闸门平移。手动闸门除可将闸门平移到输送机一侧外，还可将闸门分成两半个，分别向输送机两侧平移，此时，需要两套摇把、棘轮、齿轮与齿条装置。手动闸门还有翻板式，闸门绕其一边可以向下翻转，将中间槽的卸料洞打开，闸门的开闭由人工通过手把扳动，闸门关闭后，手把定位销固定位置，防止因物料载荷将闸门压开。

电动闸门开始启闭是用按钮操纵，启闭终止是由闸门碰撞行程开关控制。XGZ系列刮板输送机选择的是LX22-12型号的行程开关。

20.3 圆环链刮板输送机的计算

在选用圆环链刮板输送机时，一般需要计算输送机的运输能力和电动机功率，并验算牵引链条的强度。

20.3.1 输送能力的计算

刮板输送机输送能力的计算方法和胶带输送机相类似，当刮板机相类似，当刮板机作水平运输时，它的输送能力可按下式计算：

$$Q = 3600Fv\gamma\psi \quad (t/h) \tag{20-2}$$

式中 F——刮板机中间槽槽体有效装载截面积（可参照表20-3选取），m^2；

v——圆环链速度（一般为0.5～0.9），m/s；

ψ——装满系数（一般为0.5～0.75）；

γ——煤的堆积密度（参见表20-4），t/m^2。

表20-3 XGZ刮板输送机有效装载面积

槽宽 B/mm	600	800	1000	1200	1400
槽体断面积 F/m^2	0.2604	0.3472	0.434	0.5208	0.6068

表20-4 各种煤的堆积密度

物料品种	原煤	无烟煤	精煤	中煤	矸石	煤泥
堆积密度 $\gamma/t\cdot m^{-2}$	0.85～10	1.1	0.80～0.90	1.20～1.40	1.60	1.20～1.30

在计算时，只要满足运输量的条件，尽量选用低速。对于矸石和煤中含有较多的大颗粒（>13mm），或者水分较大的煤（>20%），应选择较低的链速。

装满系数受链速、物料品种、粒度和水分多少等因素影响，对于矸石、煤泥、大粒度煤和含水分大于20%的煤，应选取下限。

当刮板输送机向上运送物料时，其输送能力要低于水平运输，特别是大倾角，输送能力降低的尤为显著。由于考虑这种影响，因而向上运输时，圆环链刮板输送机的输送能力计算公式应为：

$$Q' = cQ \quad (t/h) \tag{20-3}$$

式中 Q——刮板机水平运送的输送能力，t/h；

c——和倾角有关的系数（其数值见表20-5）。

表20-5 倾角对运输量的影响系数

输送机倾角/(°)	5	10	15	20
修正系数	0.90	0.82	0.76	0.70

块煤、块矸石和倾角大于20°时，c值应适量减小。

因圆环链刮板机在大倾角输送机输送能力降低过大，所以选煤厂用它向上运输时，倾角一般在 5°~6°以下。如物料输送量不大，倾角也可达到 20°~30°。

20.3.2 链条张力的计算

为了计算刮板机的电动机功率和验算圆环链的强度，首先应了解刮板链的张力。刮板链的张力可用逐点计算法计算。

图 20-12 为刮板输送机物料由下股向上运输刮板链的最小张力，如产生在点 1 上，以 S 表示链条的张力，从图中可见。

$$S_2 = S_1 + W_{1-2} \tag{20-4}$$

$$S_3 = S_2 + W_{2-3} = K_1 S_2 \tag{20-5}$$

$$S_4 = S_3 + W_{3-4} \tag{20-6}$$

式中 S_1，S_2，S_3，S_4——点 1、2、3、4 上链条的张力，N；

W_{1-2}，W_{2-3}，W_{3-4}——链条在 1-2、2-3、3-4 的运行阻力，N；

K_1——链条绕过链轮时的阻力系数（一般为 1.1）。

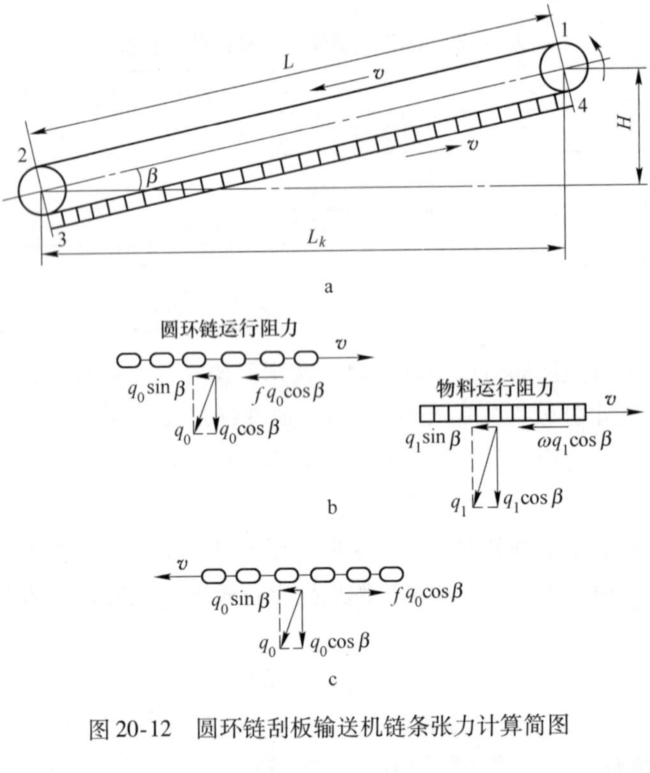

图 20-12 圆环链刮板输送机链条张力计算简图

在上述公式中，链条的运行阻力可根据刮板链和物料的载荷以及它们与槽底的摩擦系数求出（其计算方法将在下面叙述）。由于运行阻力可事先计算出来，所以由方程组式 (20-4)~式 (20-6) 包含四个张力未知数。要解这个方程，必须事先用其他方法确定其中一个张力。因刮板输送机是啮合传动，传动链轮奔离点的张力（即初张力见图 20-12 中 1）与传递的牵引力无关，实际计算时可以按表 20-6 选取。

S_1 确定以后，就根据方程组的关系，把各点的张力求出。

表 20-6　各种宽度刮板输送机初张力值

槽宽/mm	600	800	1000	1200	1400
初张力/N	4000	6000	7000	8000	9000

刮板链重段和空载段的运行阻力 W_{3-4} 和 W_{1-2} 可以用下述方法求出：

重载段的运行阻力 W_{3-4} 包括刮板链的运行阻力和物料的运行阻力两部分。图 20-12b 是 1m 长的刮板链和物料受力情况。由图中可见：

每米刮板机链的运行阻力为：

$$fq_0\cos\beta + q_0\sin\beta \quad (\text{N})$$

每米物料的运行阻力为：

$$\omega q_1\cos\beta + q_1\sin\beta \quad (\text{N})$$

所以重载段的运行阻力为：

$$W_{3-4} = (fq_0\cos\beta + q_0\sin\beta) + (\omega q_1\cos\beta + q_1\sin\beta)\cdot L$$
$$= (fq_0 + \omega q_1)L\cos\beta + (q_0 + q_1)L\sin\beta \quad (\text{N})$$

或

$$W_{3-4} = (fq_0 + \omega q_1)\cdot L_K + (q_0 + q_1)H \quad (\text{N}) \tag{20-7}$$

式中　q_0——每米长度上刮板链的自重（见表 20-7）；

q_1——每米载重段物料的载荷，N/m；

$$q_1 = \frac{Qg}{3.6v} \quad (\text{N/m})$$

Q——刮板机的输送量，t/h；

v——刮板机的运行速度，m/s；

f——圆环链对铸石板的摩擦系数（一般可取 $f=0.3$）；

ω——物料对铸石的摩擦系数；

g——重力加速度，$g=9.8\text{m/s}^2$；

L_K——刮板输送机的水平投影长度，m；

H——刮板的提升高度，m。

表 20-7　选煤厂使用每米长的刮板链载荷

槽宽/mm	600	800	1000	1200	1400
自重/N	195.3	214.8	278.0	312.5	342.0

在上述公式中，物料对铸石板的摩擦系数 ω 因煤种不同而不同，其数值如下：

原煤（不分级）：$\omega = 0.5$。

中煤：$\omega = 0.43 \sim 0.5$。

精煤：当粒度为 0～13mm，水分 >14% 时，$\omega = 0.2 \sim 0.3$，水分大时取下限；当粒度为 0～13mm，水分 <14% 时，$\omega = 0.3 \sim 0.5$，水分大时取下限；当粒度为 13～50mm 时，$\omega = 0.35$。

洗矸石：当粒度为 0～50mm 时，$\omega = 0.5$。

浮选精煤：当水分为 25%～28% 时，$\omega = 0.6$。

空载段的运行阻力 W_{1-2}（参看图 20-12c）为：

$$W_{1-2} = fq_0L_h - q_0H \tag{20-8}$$

水平运输的刮板机，仍可采用式（20-7）和式（20-8），这时候，$L = L_h, H = 0$ 。

图20-13为水平刮板输送机双层运输时，链条张力的计算图。其计算方法与单层运输类似。

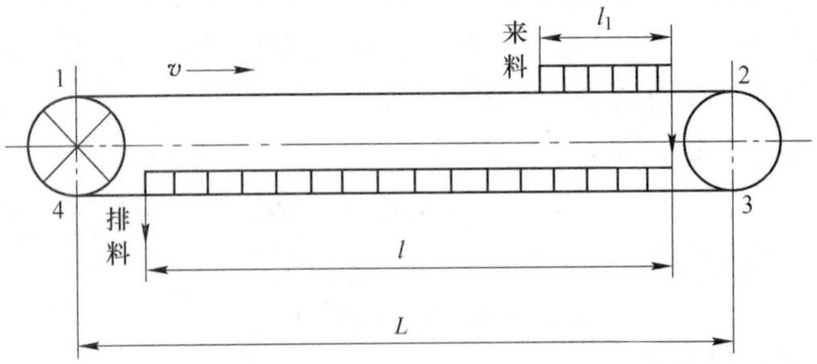

图20-13 水平刮板输送机双层运输链条张力的计算图

各点的张力为 S_i，初张力仍按表20-6确定。

$$S_2 = S_1 + q_0Lf + q_1l_1\omega \tag{20-9}$$

$$S_3 = S_2K_1 \tag{20-10}$$

$$S_4 = S_3 + q_0Lf_1 + q_1l\omega \tag{20-11}$$

式中 l_1——上层物料的有效运距（系指上层入料口至其卸料口的距离），m；

L——下层有效运距，m。

20.3.3 电动机功率的计算

刮板链从点4到点1（即链条绕过头轮时）要克服阻力 W_{4-1}，这个阻力可用下式求出：

$$W_{4-1} = k_2(S_1 + S_4) \quad (\text{N}) \tag{20-12}$$

式中 k_2——链条绕过头轮时的阻力系数（一般取 $k_2 = 0.05$）。

因此，头轮的总牵引力为：

$$W_0 = S_4 - S_1 + W_{4-1} \quad (\text{N}) \tag{20-13}$$

电动机所需的计算功率为：

$$N = \frac{W_0v}{1000\eta} \quad (\text{kW}) \tag{20-14}$$

式中 η——传动效率（根据所选用的减速器的传动系统而定，XGZ系列刮板机选用减速器的 $\eta = 0.96$）。

考虑输送机启动和其他未计入的因数，故选择电动机时，其额定功率应比计算功率大10%。

20.3.4 圆环链强度的验算

选用圆环链时，应根据刮板链计算的最大张力来验算圆环链的强度。刮板链的最大张力产生在点4上（图20-12和图20-13）。上述计算出的最大张力 S_4 是刮板链匀速运动时的张力，这个张力一般称为静张力。由机械零件中可知，当链条由链轮带动，其运行速度是不均匀的，考虑到这个因素，故验算链条的强度时，应该加上一个动张力，链条的动张力一般为静张力的20%，因此，在验算链条强度时，可以将最大静张力乘以1.2的系数。可见，圆环链的最大张力应为1.2S_4。

验算圆环链的强度可以采用以下公式：

$$n = \frac{\lambda[s]i}{1.2s_4} \qquad (20\text{-}15)$$

式中 n——安全系数（以$n \geqslant 3$为宜）；

λ——双链牵引时载荷不均匀系数（可取$\lambda = 0.83$）；

$[s]$——圆环链的破断强度或许用拉力（$\phi 18 \times 64$的圆环链的$[s] = 275\text{kN}$）；

i——牵引链条的数目。

20.3.5 张紧力的计算

刮板输送机张紧装置的张紧力可以按下式计算：

$$P_0 = S_1 + S_2 + W_c \qquad (20\text{-}16)$$

式中 P_0——张紧力，N；

S_1——张紧链轮上刮板链趋入点张力，N；

S_2——张紧链轮上刮板链奔离点张力，N；

W_c——张紧装置移动阻力，N。

其值可按下式计算：

$$W_c = k_3 G_c \qquad (20\text{-}17)$$

式中 k_3——摩擦阻力系数（张紧装置装在滚轮上时，$k_3 = 0.05$；张紧装置装在滑轨上时，$k_3 = 0.4$）；

G_c——包括张紧链轮和轴在内的移动部分的载荷，N。

例20-1 已知某选煤厂原煤仓上作配煤用的水平刮板输送机，运输原煤粒度为0～300mm，堆积密度为0.85t/m^3，含水分为7%。双层运输，运输能力为930t/h。链条速度为0.76m/s。计算所需的功率及验算刮板链的强度。受料点在刮板机上层，距离尾轮中心线6m，下层卸料点距离尾轮中心2m。刮板运输机水平投影长度为31.83m，其运输简图如图20-13所示。

解：

（1）确定输送机中间槽的宽度。考虑输送物料其含水分为7%，则实际运输量为：

$$Q = \frac{Q_0}{1 - 0.07} = \frac{930}{1 - 0.07} = 1000 \quad (\text{t/h})$$

式（20-2）表示了输送机宽度与运输能力的关系：

$$Q = 3600Fv\gamma\psi \quad (\text{t/h})$$

因为运输物料为原煤，故选取装满系数$\psi = 0.75$，则：

$$F = \frac{Q}{3600v\gamma\psi} = \frac{1000}{3600 \times 0.76 \times 0.75 \times 0.85} = 0.57\text{m}^2$$

据XGZ系列刮板输送机的标准，槽宽与有效装载面积关系见表20-3，选取槽宽为1400mm。

（2）各点张力计算。S_1按表20-6选取9000N时：

$$S_2 = S_1 + q_0Lf + q_1l_1\omega$$

式中，q_0 经表20-7选取，为3420N/m。

$$q_1 = \frac{Qg}{3.6v} = \frac{1000 \times 9.8}{3.6 \times 0.76} = 3581.9\text{N/m}$$

$$f = 0.3$$

$$\omega = 0.5$$

$$l_1 = 4m$$

则 $$S_2 = 9000 + 342.0 \times 31.83 \times 0.3 + 3581.9 \times 4 \times 0.5 = 19429.6\text{N}$$

$$S_3 = K_1S_4 = 1.1 \times 19429.6 = 21373.0\text{N}$$

$$S_4 = S_3 + q_0Lf + q_1l\omega = 21373.0 + 342.0 \times 31.83 \times 0.3 + 3581.9 \times (31.8 - 2) \times 0.5 = 78063.1\text{N}$$

（3）电动机功率计算。机头链轮处阻力：

$$W_{4-1} = K_0(S_1 + S_4) = 0.05 \times (9000 + 78063.1) = 4353.2\text{N}$$

机头链轮总牵引力：

$$W_0 = S_4 - S_1 + W_{4-1} = 78063.1 - 9000 + 4353.2 = 73416.3\text{N}$$

电动机的计算功率：

$$N = \frac{W_0v}{1000\eta} = \frac{73416.3 \times 0.76}{1000 \times 0.96} = 58.2\text{kW}$$

考虑电动机的富裕系数：

$$N_0 = 1.1N = 64\text{kW}$$

（4）刮板链强度的验算。

$$n = \frac{\lambda[s]i}{1.2S_4} = \frac{0.83 \times 275 \times 1000 \times 2}{1.2 \times 78063.1} = 4.9 > 3 \quad \text{（安全）}$$

20.4 链条啮合驱动的运动学

刮板输送机中，驱动链轮通过轮齿与链条上链节的啮合，将圆周力传递给链条，形成牵引力。虽然驱动链轮是匀速转动，由于链轮是多边形体，上面各处的半径是周期性变化，因此链轮周边上各点的圆周速度是不相同的。随着半径的周期性变化，各点的圆周速度的大小也是周期性变化。半径大处圆周速度大，半径小处圆周速度小。与链轮啮合的链条在啮合传动中，也周期性的远离或靠近链轮中心，链条的牵引速度也将周期性变化。速度的变化引起加速度，从而在链条中产生动载荷。

输送机启动和制动时，链条的加速度和减速运动也引起动载荷。

验算链条的强度时，除在计算链条中的最大张力外，还应计入动载荷。启动和制动所引起的动力不大，因此在计算动力载荷时，可将其略去，只考虑运转时链条运动速度周期变化而引起的动力载荷。

如图20-14所示，驱动链轮有 Z_1 个齿，链条的节距为 l_0，则链轮的最大半径 R_{max} 可表示为：

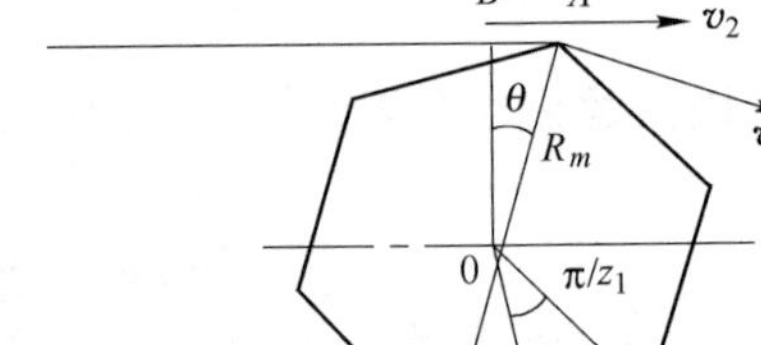

图20-14 链条啮合传动图

$$R_{max} = \frac{l_0}{2\sin\frac{\pi}{z_1}}$$

链轮的最小半径为：

$$R_{min} = \frac{l_0}{2\tan\frac{\pi}{z_1}}$$

从上述两式可得到：

$$\cos\frac{\pi}{z_1} = \frac{R_{min}}{R_{max}}$$

驱动链轮作等速转动时，与其啮合的链条作不等速的平移运动。链速变化是由于链轮瞬时回转半径的不同，即从最大回转半径 R_{max} 到最小回转半径 R_{min} 周期性变化，也引起链速周期性变化。

如图 20-14 所示，当链轮转过 θ 角时，其回转半径及链条瞬时速度为：

$$R = R_{max}\cos\left[\theta - 2(n-1)\frac{\pi}{z_1}\right]$$

$$v = \omega_1 R_{max}\cos\left[\theta - 2(n-1)\frac{\pi}{z_1}\right] \tag{20-18}$$

式中 v——链速，m/s；

ω_1——驱动链轮的角速度，rad/s；

θ——驱动链轮转角（$\theta = \omega_1 t$），rad；

t—时间，s；

n—正整数（1，2，…表示转过多边形链轮的边数）。

将式（20-18）对时间求导数，得到链子平移时加速度为：

$$a = -\omega_1^2 R_{max}\sin\left[\theta - 2(n-1)\frac{\pi}{z_1}\right] \tag{20-19}$$

图 20-15 表示了 $n=1$ 时链条平移速度和加速度，随链轮转动的变化曲线。从式（20-18）和式（20-19）也可以看出，速度和加速度随时间呈周期性变化。

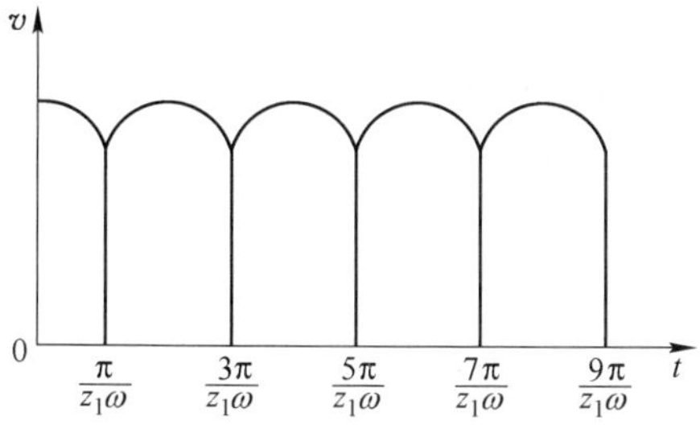

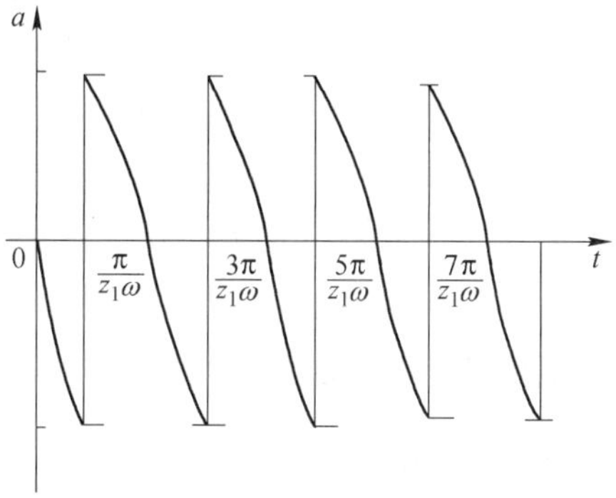

图 20-15 链条运动速度和加速度的变化曲线

假设链条移动的平均速度为 v_0，则链轮转动一个节距的时间 $t = \frac{l_0}{v_0}$，转过一个节距对应的中心角 $\theta = \frac{2\pi}{z_1}$，根据 $\theta = \omega_1 t$，于是有：

$$\omega_1 = \frac{2\pi}{z_1 l_0} v_0 \tag{20-20}$$

将此值代入式（20-18）及式（20-19）中，并考虑到 $R_{max}\sin\frac{\pi}{z_1} = \frac{l_0}{2}$，当 $t=0$ 时，则 $\theta = 0$ 时得到链条的最大移动瞬时速度 v_1 和绝对值最小的瞬时加速度 a_1 为：

$$v_1 = \omega_1 R_{max} = \frac{2\pi}{z_1 l_0} v_0 R_{max} \tag{20-21}$$

$$a_1 = 0 \tag{20-22}$$

当链轮转过时间 $t = \frac{\pi}{\omega_1 z_1}$，链轮的转角 $\theta = \frac{\pi}{z}$ 时，得到链条移动的最小瞬时速度 v_2 和绝对值最大的瞬时加速度 a_2，并考虑到：

$$\cos\frac{\pi}{z_1} = \frac{R_{min}}{R_{max}}$$

$$v_2 = \omega_1 R_{max}\cos\frac{\pi}{z_1} = \frac{2\pi}{z_1 l_0} v_0 R_{min} \tag{20-23}$$

$$a_2 = -\omega_1^2 R_{max}\sin\frac{x}{z_1} = -\frac{2\pi^2}{z_1^2 l_0} v_0^2 \tag{20-24}$$

当 $t = \frac{\pi}{\omega_1 z_1}$ 时，$\theta = \frac{\pi}{z_1}$，多边形链轮第二个尖点开始与链条啮合时，即 $n=2$，链条速度不变，但加速度突然变为：

$$a_2 = -\omega_1^2 R_{max}\sin\left(-\frac{\pi}{z_1}\right) = \frac{2\pi^2}{z_1^2 l_0} v_0^2 \tag{20-25}$$

$$v_2 = \omega_2 R_{max}\cos\left(-\frac{\pi}{z_1}\right) = \frac{2\pi}{z_1 l_0} v_0 R_{min}$$

即链轮瞬时回转半径从最大转到最小时，链条作减速运动，速度由最大变为最小，加速度从零变到负最大值；链轮继续转动，从最小回转半径向最大回转半径变化，链条突然加速，加速度变为正最大值，链条移动速度开始增加。当链轮又转到瞬时回转半径为最大时，链轮加速运动停止，加速度为零，速度达到最大值。

从上述分析可以看出，由于链轮是多边形，在与链条啮合传动中，其瞬时回转半径是变化的。当链轮作匀速转动时，链条的移动速度从最大值到最小值重复性地变化，在一个周期内一半时间加速度为正值，作加速运动；另一半周期内作减速运动，其加速度为负值。

20.5 刮板输送机的安装和使用

20.5.1 刮板输送机的安装

刮板输送机的安装需要进行以下工作：

（1）定位。首先定出机头和机尾的位置，然后再定出刮板输送机的中心线。

（2）铺设中间槽。根据定出输送机的中心线，铺设中间槽。如采用非金属槽箱，则中间槽由铺砌的砖和水泥预制板再黏结铸石衬板组成。铸石衬板铺设时，要注意平直，接缝尽量少，纵向缝隙要错开，防止工作时将缝隙磨成沟。

输送机表面铺设需要平直，如输送机平面内有过大的弯曲，势必导致两条链受力不均匀，加速链子与槽壁铸石之间的磨损，甚至卡链。各段槽体连接应平整无台阶。由于槽体本身结构限制，相邻中间槽在垂直方向偏转不应过大。若输送机铺设不平直，运输功耗将会增加。

（3）安装机头和机尾。机头和机尾应留有一定空间，便于维护及检修。链轮中心线要与输送机中心线垂直，并保证水平。

（4）装刮板链。刮板链在安装前，应预先连接好，刮板均匀地分布在链条中。如果是两条链条，要选择长度相等，或按出厂时的配对链条组装。链条不得有扭转现象。圆环链焊缝边朝上，防止链条与链轮发生阻卡现象。

（5）检查和空运转。输送机安装好后，应进行全面检查并开动输送机，空运转 2h，主要检查驱动装置和刮板运转是否正常。同时，紧固相邻中间槽螺栓。再次张紧，调节链条长度。

刮板输送机工作的最初两周内，应特别注意链条的松紧程度。检查的方法是：如果机尾有驱动装置，则点动该驱动装置，当机尾链轮的上股链条有两个以上完全松弛的链环时，需紧链或拆链减环，减小链环长度。如果仅有机头驱动装置，则需要将电机反转点动，当机头链轮处的上股链条有两个以上完全松弛链环时，同样需要紧链或拆链减环。

20.5.2 铸石的切割方法

铸石质坚性脆，加工困难。当需要改变其大小或形状时，可采用以下几种方法：

（1）敲击法：先划出加工线，然后进行敲击。敲击从一角开始，用力击破一点，再轻轻逐步敲裂。

（2）烧割法：利用铸石制品耐急冷急热性能差的特点进行切割。在铸石衬板上划加工线，两边放上在水中浸过的石棉或棉布。然后，用氧炔焰在加工线上烧 1～2min，即可沿加工线处断裂开。此法适用于 40mm 以下的铸石板。

（3）电割法：电阻丝绕在加工线上，用调压器逐渐给电阻丝加电压，加热 3～5min，去掉电阻丝，用冷水急冷，即可沿加工线断裂。此法适用于 20mm 以下的铸石板。

20.5.3 刮板输送机常见故障、原因和消除的方法

刮板输送机常见故障、原因和消除的方法，见表 20-8。

表 20-8 刮板输送机常见故障、原因和消除的方法

故障内容	原因	消除的方法
飘链	槽底不平，细粒物料进入链条下面	平整槽底；在链条上安装清扫板
链条脱轨或串位	卸料不彻底，块状物料挤入链轮支承窝内	在卸料口与机头之间增加清扫器
双链条输送机两者松紧不同	机体不平直给料偏向一侧	调整槽体改进给料槽位置
连接环断裂	连接螺栓松脱，拉力集中连接环一边	检查连接环的螺栓，防止松动
链条在链轮内夹卡	链条与链轮加工精度不够；链条中有一部分焊口没有朝上；链轮支承窝内存有物料	检查链条焊口是否朝上；在链条下加清扫板
断链	冲击及疲劳断裂；严重磨损或腐蚀，强度降低；链条制造质量差	减低动载荷；更换严重磨损、腐蚀和不合格的链条

20.5.4 链条的检测和更换

为了防止链条在使用过程中，承载能力消弱、变形或发生断裂，需要使用测链规定期检测链条。如图20-16所示，国外有的厂家测量10～15个链环，其伸长量极限值为1.5%～2%。我国有的煤矿制定的链长伸长量更换标准为2%。

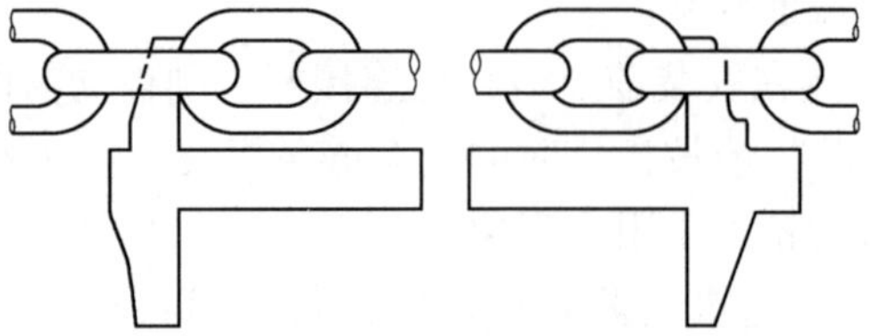

图20-16 测链规

21 斗式提升机

21.1 斗式提升机的构造与分类

21.1.1 概述

带式输送机和刮板输送机只能完成水平或倾角较小时的运输任务。在垂直或倾角很大的条件下运送物料就要采用提升机。斗式提升机是提升机中的一种，适用于输送碎散物料，在各种建筑材料、化学工业、食品工业、面粉厂、粮食仓库、耐火材料、冶金和煤炭工业等部门，斗式提升机获得了广泛的应用。在选煤厂和型煤厂中，斗式提升机也是一种常用的机械设备。

斗式提升机的构造是：固接着一系列料斗的牵引构件（胶带、链条），环绕在提升机的头轮与尾轮之间构成闭合系统。驱动装置与头轮相连，使斗式提升机获得动力并驱使其运转。物料从提升机底部供入，通过一系列料斗向上提升至头部，并在头部进行卸载，从而实现在竖直方向或大倾角方向上运送物料。斗式提升机的料斗、牵引构件、头轮、尾轮等均安装在全封闭的罩壳之内，如图 21-1 所示。

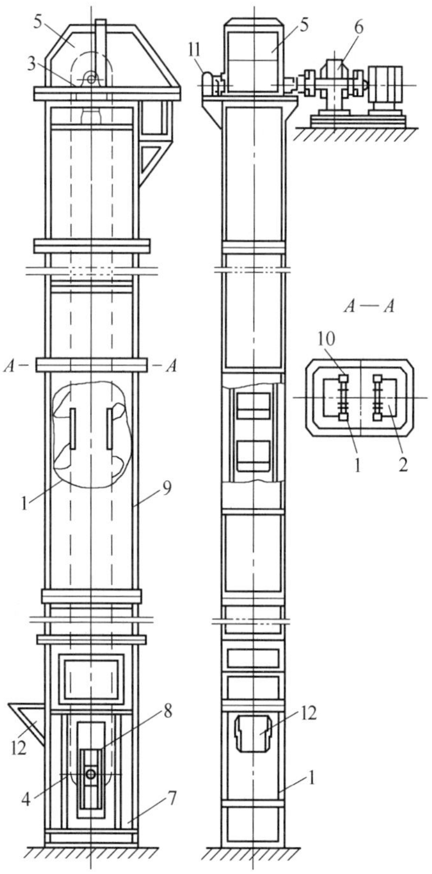

图 21-1 斗式提升机构造简图

1—牵引构件；2—料斗；3—驱动滚筒；4—张紧滚筒；5，7，9—罩壳；6—驱动装置；8—导轨；10—导向装置；11—停止器；12—观察孔

斗式提升机与带式输送机或刮板输送机相比，由于斗式提升机能在垂直方向上输送物料，所以它占用厂房面积较小，可以使整个运输系统布置更加紧凑。若与倾斜带式输送机相比，在提升同样高度时，输送路程大为缩短。由于输送物料是在全封闭罩壳内进行，故不扬灰尘，避免污染环境。选煤厂使用脱水斗式提升机在完成物料提升输送的同时，还可进行产品的脱水。斗式提升机的缺点：过载敏感性大；料斗和牵引构件易损坏；输送物料受块度的限制，难于运送大块物料。

由于斗式提升机存在着这些缺点，故使其发展受到了限制。它提升高度可达 30 ~ 60m，常用高度为 12 ~ 20m。最大输送能力为 300t/h。国外采用钢绳胶带作为牵引件，强度大大提高。提升高度可达500m左右，生产率达2000t/h。

斗式提升机的分类：

（1）按使用范围分：有常用斗式提升机和脱水斗式提升机两种。前者仅起提升运输作用，选煤厂用以运送原煤；后者有脱水运输双重作用，选煤厂用于洗后产品的运输。

（2）按运送物料的方向分：有直立式和倾斜式。常用斗式提升机为直立式（很少采用倾斜式），脱水斗式提升机是倾斜式。

（3）按运动速度分：有高速、中速、低速三种。选煤厂主要使用后两种。

（4）按装载方式分：有掏取式和流入式两种。选煤厂使用掏取式为多。

（5）按卸载形式分：有离心式、离心-重力式和重力式。选煤厂的脱水斗式提升机为重力式卸载。

（6）按牵引构件型式的不同，又分为带式和链式。

除此以外，料斗的几何形状也各有不同，有圆底和尖底之分，圆底又分为深斗式和浅斗式。圆底多用于高速提升机，其料斗排列稀疏。尖底的斗排（实际上底部仍有圆角，但半径很小）主要用于低速提升机，料斗是紧密排列的。

目前国内常用斗式提升机均为垂直式，有D型、HL型、PL型和ZL型。它们的用途和特征见表21-1～表21-3。

虽然常用斗式提升机都是垂直安装，结构也大体相似，但是，为满足不同的使用要求，具体各部件仍有差异，如料斗的形状和容积分为深圆底料斗和浅圆底料斗，进料口的料面与水平之间的夹角有成40°的，也有成60°的等。在常用斗式提升机中将这种区别统称为制法和装法。四种常用斗式提升机各具有不同的制法和装法，见表21-2。

应当指出，虽然斗式提升机分类繁多，但它们的工作原理、基本结构及参数计算却都是相同或相似的，只不过由于使用条件的不同才各具有一定的特征。

表21-1　常用斗式提升机的主要特征、用途及型号

形式	D型斗式提升机	HL型斗式提升机	PL型斗式提升机	ZL型斗式提升机
结构特征	采用橡胶带作为牵引构件	采用锻造的环形链条作为牵引构件	采用板式套筒滚子链条作为牵引构件	采用锻造链条作为牵引构件
卸载特征	间断布置料斗快速离心卸料	间断布置料斗快速离心卸载	连续布置料斗慢速重力卸载	连续布置料斗慢速重力卸载
适用输送物料	粉状、颗粒状及小块状的无磨琢性或半磨琢性的散状物料，如：煤、砂、焦末、水泥、碎矿石等	粉状、颗粒状及小块状的无磨琢性的物料，如：软煤、水泥、石块、砂、黏土等	块状、比重较大、磨琢性的物料，如：硬煤、碎石、矿石、卵石；易碎物料，如：焦炭、木炭等	块状和粉状物料，如：矿石、石灰石、水泥、碎石、卵石、白灰、煤等
适用温度	被输送物料温度不得超过60℃；如采用耐热橡胶带，允许150℃	允许输送温度较高的物料	被输送物料的温度在250℃以下	被输送物料的温度在300℃以下
型号	D160、D250、D350、D450	HL300、HL400	PL250、PL350、PL450	ZL25、ZL35、ZL45、ZL60
提升高度	约在4～30m范围内	约在4.5～30m范围	约在5～30m范围内	约在8～29m范围内
输送量	3.1～66m^2/h	16～47.2m^2/h	22～100m^2/h	55～160m^2/h

表 21-2　四种常用斗式提升机的制法和装法

各种制法和装法		斗提机型式				制法和装法的解释
		D 型	HL 型	PL 型	ZL 型	
料斗	S 制法	√	√			
	Q 制法	√	√			带有深圆底形料斗
	三角斗			√		带有浅圆底形料斗
	梯形斗			√	√	
进料口	J_1 制法	√	√	√		进料口的斜面与水平成 45°
	J_2 制法	√	√	√		进料口的斜面与水平成 60°
卸料口	X_1 制法	√	√	√		带有与水平成 45°倾斜法兰盘的卸料口
	X_2 制法	√	√	√		带有水平法兰盘的卸料口
机壳端面检视门	Z_1 制法	√	√	√		中间机壳端面带有下端检视门
	Z_2 制法	√	√	√		中间机壳端面带有上端检视门
机壳侧面检视门	K_1 制法	√	√	√ *		中间机壳侧面带有下端左检视门
	K_2 制法	√	√	√ *		中间机壳侧面带有下端右检视门
	K_3 制法	√	√	√ * *		中间机壳侧面带有上端左检视门
	K_4 制法	√	√	√ * *		中间机壳侧面带有上端右检视门
斗提机链条	L_1 制法			√		链条带油杯（注油式）
	L_2 制法			√		链条不带油杯（非注油式）
驱动装置	左装	√	√	√	√	驱动装置对斗提机相对位置（见左装平面图）
	右装	√	√	√		驱动装置对斗提机相对位置（见右装平面图）
	$C_1 \sim C_4$ 制法	见表 21-3				由不同的电动机功率区分

注：1. 表中有“√”者均为允许的制法和装法。

2. 有 * 的均称 K_1 制法，有 * * 的均称 K_2 制法。

表 21-3　$C_1 \sim C_4$ 制法

驱动装置 $C_1 \sim C_4$ 制法	D 型				HL 型		PL 型			ZL 型			
	160	250	350	450	300	400	250	350	400	25	35	45	60
	驱动装置电动机功率/kW												
C_1	2.2	3.0	5.5	7.5	5.5	5.5	2.2	3.0	5.5	7.5	7.5	13.0	13.0
C_2	—	5.5	7.5	10.0	7.5	10.0	3.0	5.5	7.5	10.0	10.0	17.0	17.0
C_3	—	5.5	10.0	—	7.5	—	5.5	7.5	10.0	13.0	13.0	22.0	22.0
C_4	—	7.5	10.0	—	10.0	—	—	10.0	17.0	—	—	—	—

21.1.2　常用斗式提升机的构造

常用斗式提升机的构造如图 21-1 所示。主要由牵引构件 1 和固定在它上面的料斗 2，驱动滚筒 3，驱动装置 6，张紧滚筒 4，罩壳 5、7、9，导轨 8 等部件组成。各主要部件的构造分述如下。

21.1.2.1　驱动装置

斗式提升机的驱动装置是由电动机、减速器和驱动滚筒（或驱动链轮）组成。提升机的驱动装置设在上部。牵引构件为输送带时，可以采用摩擦驱动，驱动滚筒的直径为：

$$D \geqslant 125z \quad (\mathrm{mm}) \tag{21-1}$$

式中 z——输送带帆布层数。

当链条作为牵引件时，则采用啮合驱动，驱动链轮的直径为：

$$D = \frac{t}{\sin\dfrac{180^\circ}{z}} \tag{21-2}$$

式中 t——链条的节距；

z——链轮的齿数（通常 $Z = 16 \sim 20$，如速度慢，齿数可取少些。若速度很低时，可以采用更少的齿数四方轮或五方轮）。

21.1.2.2 牵引构件

斗式提升机的牵引构件有输送带和链条两种型式。输送带式提升机具有成本低、自重小、构造简单、工作平稳、适于高速（0.8～3.5m/s）输送粉状或粒状物料的优点。

缺点是带条、带条与料斗的连接强度低，易撕裂，不适于输送大块和易于划伤胶带的物料。带条的宽度比料斗宽30～40mm。帆布的层数根据强度决定，可采用与带式输送机相同的方法计算，但在料斗的固定处是个薄弱环节。因此，在装卸难于挖取的物料（包括中等块度的物料）时，应采用链式提升机。

链式提升机有单链式和双链式两种，链条有标准套筒滚子链、圆环链、板状链和铸造的链条等。由于链条强度高，所以，链式提升机可具有较高的生产率（达 $300\mathrm{m^3/h}$）和较大的提升高度（40～50m）。但其速度较慢（0.4～1.2m/s），适于大块、潮湿等难于挖取的物料以及工作条件繁重的场合。

21.1.2.3 料斗

料斗用焊接或冲压的方法制造，钢板厚度为2～6mm。用于运输磨磋性物料的料斗，其前缘采用附加钢板来补强，防止边缘很快磨损。

根据料斗的形状可分深斗（图21-2a）、浅斗（图21-2b）与导槽料斗（图21-2c）三种。

深斗用于输送干燥、易流动的物料；浅斗用于输送潮湿黏稠不易流动的物料。深斗与浅斗都是以适当的间距固定在牵引构件上，料斗的间距 $a = (2 \sim 3.5)H$，H 为料斗的高度。

导槽料斗是采取密集布置的，间距为 $a = H + (5 \sim 10)\,\mathrm{mm}$。导槽料斗的前缘有延伸的侧壁，当绕上滚筒后，前面料斗的侧壁与前壁构成导槽，引导后面料斗中的物料卸料。它主要用来输送沉重、大块磨磋性强的物料。

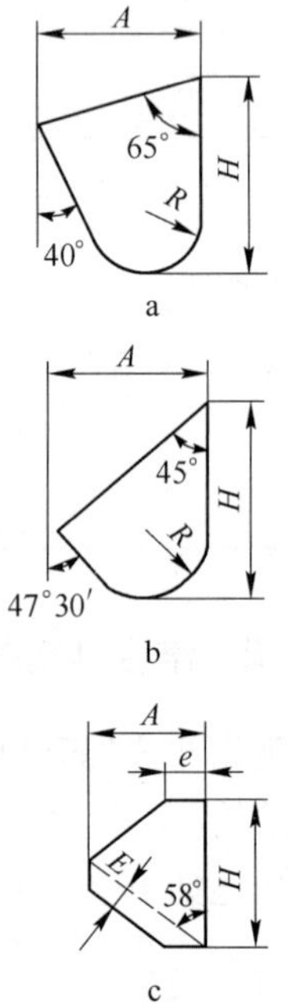

图21-2 料斗的型式

21.1.2.4 机壳

斗式提升机的所有部件都安装在一个封闭的金属外罩内，外罩由头部、中间段和下部机座组成。机壳是用2~4mm的薄钢板焊制的长方形壳体。在低速提升机中，中间段机壳常常制成单体结构，即重段及回空段的料斗共用一个机壳。在高速提升机中，为了防止料斗群上升和下降的双向运动，使机壳中的粉尘产生涡流，容易引起爆炸，因而制成双体结构，即上升段和下降的回空段各有一个中间段机壳。

斗式提升机尾部底座机壳的型式，应与底部物料的装载情况相适应。张紧轴的轴承装在机壳两侧的导槽内，并可上、下移动（参阅图21-1）。为了便于观察和维修，在机壳壁上开有观察孔，并安装有可拆卸的孔盖。头部机壳的形状应与卸载曲线相适应。使从料斗中所抛出的物料能完全卸入导出管中。

驱动装置可安装在机头悬臂的机座上，也可安装在建筑物的专用梁上。这里必须注意由于温度差异而使机壳产生的伸缩应采用若干措施进行补偿，如在减速器与驱动轴间安装挠性联轴节或采用链传动，便可达到目的。

国产常用的有D型、HL型、PL型及ZL型四种斗式提升机的主要技术性能见表21-4和表21-5。

表21-4　D型斗式提升机技术性能

斗提机型号		D160		D250		D350		D450	
		S制法	Q制法	S制法	Q制法	S制法	Q制法	S制法	Q制法
输送量/$m^3 \cdot h^{-1}$		8.0	3.1	21.6	11.8	42	25	69.5	48
料斗	容量/L	1.1	0.65	3.2	2.6	7.8	7.0	14.5	15
	间距/mm	300		400		500		640	
每米长度料斗及胶带质量/$kg \cdot m^{-1}$		4.72	3.8	10.2	9.4	13.9	12.1	21.3	
输送胶带	宽度/mm	200		300		400		500	
	层数	4		5		4		5	
	外胶层厚度/mm	1.5/1.5		1.5/1.5					
料斗运行速度/$m \cdot s^{-1}$		1.0		1.25					
传动滚筒轴转速/$r \cdot min^{-1}$		47.5						37.5	

注：表中的输送量对于S制法的料斗系根据填充系数$\psi=0.6$计算得出，对于Q制法的料斗系根据填充系数$\psi=0.4$计算得出。

表21-5　HL型、PL型及ZL型三种斗式提升机的技术性能

型　号		HL型				PL型						ZL型			
		300		400		250		350		450		250	350	450	600
		S制法	Q制法	S制法	Q制法	$\psi=0.75$	$\psi=1$	$\psi=0.85$	$\psi=1$	$\psi=0.85$	$\psi=1$				
输送量/$m^3 \cdot h^{-1}$		28	16	47.2	30	22.3	30	50	59	85	100	55	80	120	160
料斗	容量/L	5.2	4.4	10.5	10	3.3		10.2		22.4		7	9.8	18	24
	间距/mm	500		600		200		250		320		250	250	300	300
每米长度料斗及链条质量/$kg \cdot m^{-1}$		24.8	24	29.2	28.3	36		64		92.5		48	55	100	100

续表 21-5

型号		HL型				PL型						ZL型			
		300		400		250		350		450		250	350	450	600
		S制法	Q制法	S制法	Q制法	$\psi=0.75$	$\psi=1$	$\psi=0.85$	$\psi=1$	$\psi=0.85$	$\psi=1$				
链条	型式	锻造环形链				板状链						铸造链			
	圆钢直径/mm	18				20		20		24					
	节距/mm	50				200		250		320					
	破断力/N	128000				182000		182000		256000					
料斗运行速度 /m·s⁻¹		1.25				0.5		0.4		0.4		0.58	0.58	0.58	0.58
链轮轴转速 /r·min⁻¹		37.5				18.7		15.5		11.8		27.4	27.4	19	19

注：表中的输送量对于S制法的料斗按填充系数 $\psi=0.6$ 计算得出，对于Q制法的料斗按填充系数 $\psi=0.4$ 计算得出。

21.1.3 斗式提升机的装料与卸载方式

21.1.3.1 斗式提升机的装料

斗式提升机是在尾部装料。装料方法有掏取式和流入式两种（图21-3）。

流入式装料由前方的加料漏斗加料，物料流入迎着向上运动的料斗，加料的漏斗口应高于下滚筒轴线，避免大量物料落入机座内，增加料斗的挖取阻力。采用流入式装料的料斗应该连续和密集地布置，而且料斗的运动速度应小于1m/s，以便使料斗很好的充填。流入式装料主要用于输送沉重和大块物料的提升机。

挖取式装料的料斗是从机座内或露天的料堆中，采用挖取的方法装料，主要适合高速输送粉状、粒状及容易挖取的小块物料。

提升机料斗的充满率应小于100%，即充满率 $\psi<1$。此外，如果料斗过分的满载，在提升过程中，物料往往又洒落到机座中去。表21-6列出了充填率 ψ 的参考值。

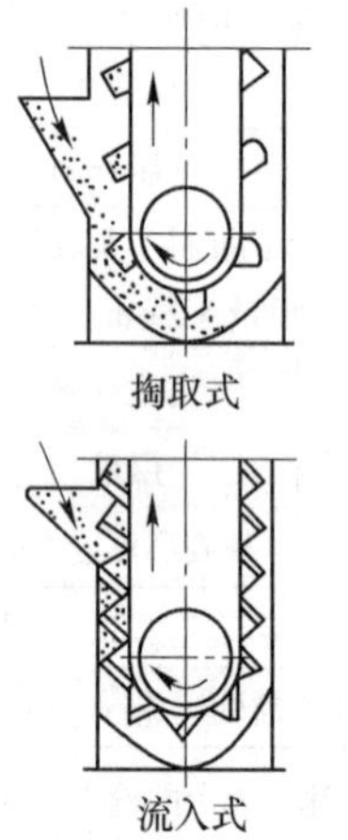

图21-3 斗式提升机的装料方式

表21-6 填充率 ψ 的参考值

物料种类	供料方式	ψ
干燥粉状，粒块和小块的物料	均匀	0.8~0.85
	不均匀	0.7~0.75
中等块度物料	不均匀	0.65~0.7
大块物料	不均匀	0.6~0.65
潮湿物料		0.4~0.6

21.1.3.2 斗式提升机的卸料

斗式提升机是在头部卸料。它的卸料情况与料斗的运动速度有关，因为当料斗绕过上驱动滚筒或星轮后，便由直线运动变为旋转运动，这时斗内的物料要同时受到重力 G 和离心力 F 的作用，如图 21-4 所示，以斗内物料重心 m 作为研究对象。

$$G = mg$$

$$F = mr\omega^2 = m\frac{v^2}{r}$$

式中 m——料斗内物料的质量，kg；

g——重力加速度，m/s^2；

ω，v——分别为料斗内物料重心的角速度、线速度，l/s、m/s；

r——回转半径，从料斗内物料重心 m 到滚筒或星轮中心 o 的距离，mm。

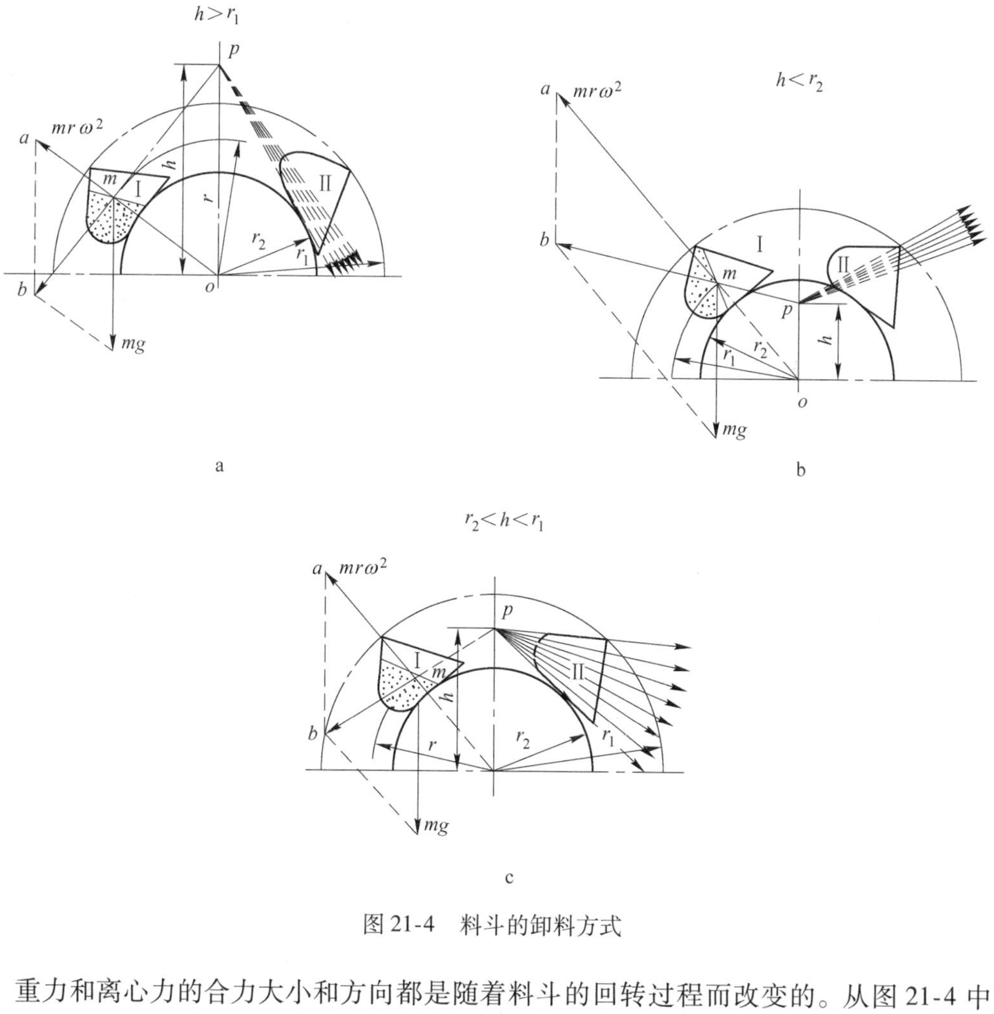

图 21-4 料斗的卸料方式

重力和离心力的合力大小和方向都是随着料斗的回转过程而改变的。从图 21-4 中可见，如果将合力的向量延长并与滚筒或星轮中心线相交，其交点 p 称之为极点，极点到回转轴心 o 的距离 h 称为极距。

从△pmo和△bma的相似关系中得知：

$$\frac{h}{r}=\frac{G}{F}=\frac{mg}{m\frac{v^2}{r}}$$

则$h=g\frac{r^2}{v^2}$。

因为$v=\frac{\pi rn}{30}$，

所以
$$h=\frac{gr^2 30^2}{\pi^2 r^2 n^2}=\frac{895}{n^2}\quad(\mathrm{m}) \tag{21-3}$$

式中 n——滚筒或星轮每分钟转速，r/min。

从式（21-3）可见，当驱动滚筒转速一定时，极距h为常量，并且有一个固定的极点p。转速增大，极距减小；转速减小，极距增大。因极距值的不同，提升机的卸载形式也有差异。设滚筒的半径为r_2（如是方形或六角形星轮，设其节圆半径为r_2），料斗外缘回转半径为r_1。研究表明：根据极点p位置的不同，斗式提升机有下列三种不同的卸料方式。

（1）当$h>r_1$时，料斗中的物料受到的重力比离心力大（图21-4a），料斗内的物料向内壁移动，物料因重力作用而卸载，称之为重力卸载。

重力式卸载的特点是所有物料几乎都是在料斗到达滚筒上顶点以后才比较密集地卸出。重力卸载适合于低速情况（0.4～0.6m/s），输送比重大、磨磋性大的脆性物料，一般采用导槽料斗。例如矿石、焦炭等。

重力卸载的提升机料斗可以连续布置。

在选煤厂用的脱水斗式提升机，由于需要具有一定的脱水时间，所以料斗的运动速度比较慢，根据我国脱水斗式提升机的通用设计，对于最终产品的初步脱水，料斗速度为0.16m/s；对于再洗产品和循环产品，料斗速度为0.27m/s。它们的卸载方式均为重力卸载。

（2）当$h<r_2$时，料斗内的物料受到很大的离心力，物料在离心力作用下向料斗外壁移动（图21-4b），称为离心卸载。

离心卸载的特点是料斗绕上滚筒后，最初在15°～30°转角中只抛出很少的物料，当转过15°～20°才开始大量抛出。离心卸载主要适合采用深斗和橡胶带的高速提升机。该卸载形式适用于输送干燥和流动性强的粉末状细粒物料。为了保持正确卸料，必须适当选择滚筒（或星轮）的转速与直径，料斗速度通常取1～2m/s。

在高速提升机上，料斗应稀疏布置。料斗间距选择原则，料斗内抛出的物料不致打到前面料斗的背上。

（3）当$r_2<h<r_1$时，极点在r_1与r_2两圆之间，如图21-4c所示，料斗内的物料所受离心力与重力的作用相当，重心外侧的部分将沿着料斗外壁运动；重心内侧的物料将沿着料斗内壁运动，形成离心—重力卸载，称为混合卸载。

混合卸载的特点介乎离心卸载和重力卸载之间。混合卸载主要适合采用稀疏布置的浅斗和链式牵引构件，在中速的情况下（0.6～0.8m/s）输送潮湿的和流动性较差的粉状、小粒物料，例如，碎煤、砂和谷物等。

21.2 斗式提升机的设计计算

21.2.1 生产率计算

斗式提升机的货载装入料斗，并连续地由机尾提升到机头，由于料斗在牵引件上的间距是均匀布置，则货载可以认为也是均匀地布置在整个料斗的重段上。于是，生产率可按下式计算：

$$Q = 3.6\frac{i}{a}\psi\gamma v \quad (t/h) \tag{21-4}$$

式中 i——料斗的理论容积，L；

a——料斗的间距（可参考表21-7选取），m；

ψ——料斗的填充率（表21-6）；

γ——物料的堆积密度，t/m^3；

v——料斗的运动速度，带斗提升机的工作速度一般不超过3～3.5m/s，链斗提升机一般不超过1.6m/s。

表21-7 料斗间距 a 的参考值

极距 h	料斗间距 a
$h=(2\sim3)r_2$	$a=(3\sim3.5)H$①
$h=(1.5\sim2)r_2$	$a=(2.5\sim3)H$
$h=(1\sim1.5)r_2$	$a=(2\sim2.5)H$
$h<r_2$	$a\approx2H$
导槽式料斗	$a=H+(5\sim10)$

① H 为料斗高度（图21-2）。

21.2.2 料斗尺寸的确定

在生产率已确定的情况下，可求出料斗的线容积为：

$$\frac{i}{a} = \frac{Q}{3.6\gamma v\psi} \quad (L/m) \tag{21-5}$$

根据料斗的线容积数值和料斗形式，可参照表21-8选取适当的斗宽、斗容和料斗间距。

料斗选定后，还必须根据被运送物料的最大块度 d_{max} 对料斗的斗口尺寸伸距 A 进行验算：

$$A \geqslant d_{max}m$$

式中 A——料斗口尺寸称为伸距（参见图21-2和表21-9），mm；

d_{max}——被输送物料的最大块度平均值，mm；

m——系数。

表 21-8 常用斗式提升机料斗的有关参数，斗宽、料斗间距、料斗容量和料斗制法

斗提机形式	料斗速度/mm	料斗制法	料斗容量 i/L	料斗间距 a/mm	$\frac{i}{a}$/L·m^{-1}
D型	160	S	1.10	300	3.67
		Q	0.65	300	2.16
	250	S	3.20	400	8.00
		Q	2.60	400	6.67
	350	S	7.80	500	15.60
		Q	7.00	500	14.00
	450	S	14.50	640	22.65
		Q	15.00	640	23.44
HL型	300	S	5.20	500	10.40
		Q	4.40	500	8.80
	400	S	10.50	600	17.50
		Q	10.00	600	16.67
PL型	250	三角斗	3.30	200	16.50
	350	梯形斗	10.20	250	40.80
	450	梯形斗	22.40	320	70.00
ZL型	250	梯形斗	7.00	250	28.00
	350		9.80	250	39.00
	450		18.00	300	60.00
	600		24.00	300	80.00

表 21-9 料斗的规格参数

斗宽 B /mm	深斗					浅斗					导槽浅斗				
	伸距 A/mm	斗深 H/mm	斗容 i/L	斗距 a/mm	$\frac{i}{a}$	伸距 A/mm	斗深 H/mm	斗容 i/L	斗距 a/mm	$\frac{i}{a}$	伸距 A/mm	斗深 H/mm	斗容 i/L	斗距 a/mm	$\frac{i}{a}$
160	105	112	1.1	300	3.67	75	102	0.65	300	2.17			1.5	160	9.4
250	140	153	3.2	400	8.0	120	163	2.6	400	6.5	140	195	3.3	200	16.5
350	180	203	7.8	500	15.6	165	223	7.9	500	14.9	166	232	10.2	250	40.8
450	220	244	14.5	600	24.2	215	289	15.0	600	25.0	210	305	22.4	320	79

当d_{max}的颗粒（以质量计）占被运物料的10%~25%时，$m=2\sim2.5$；当d_{max}的颗粒占50%~100%时，$m=3.25\sim4.75$。

21.2.3 阻力和张力的计算

如图21-5所示，其计算方法按逐点张力计算法进行。

$$S_2 = S_1 + W_{1-2}$$

$$S_3 = k_1 S_2 + W_{挖}$$

$$S_4 = S_3 + W_{3-4}$$

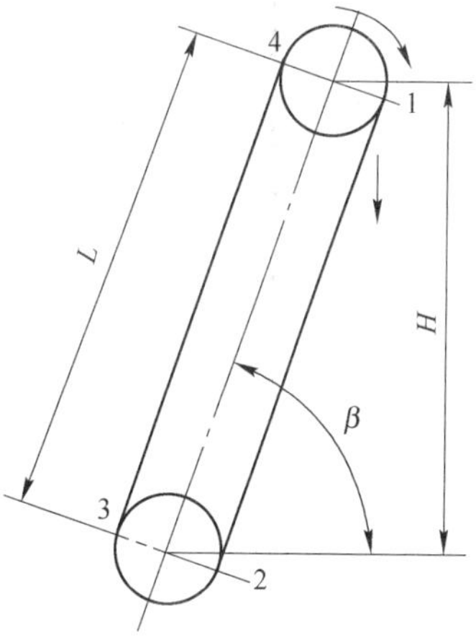

图 21-5 张力计算简图

式中 S_1，S_2，S_3，S_4——分别为各特征点上牵引构件的张力；

W_{1-2}——点 1 至点 2 的运行阻力；

$W_{挖}$——料斗挖取物料时的阻力；

W_{3-4}——从点 3 运行至点 4 的运行阻力；

k_1——尾部改向轮上张力增大系数（对链牵引时，$k_1=1.1$；对胶带牵引时，$k_2=1.05\sim1.07$）。

空段运行阻力：

$$W_{1-2} = q_0 \cdot L(\omega' \cdot \cos\beta - \sin\beta)$$

式中 q_0——每米长度上牵引构件和料斗的载荷，N/m；

L——斗式提升机斜长，m；

ω'——阻力系数（对滚子链，$\omega'=0.1\sim0.2$；对其他牵引件，$\omega'=0.2\sim0.25$）；

β——提升机对水平面的倾角。

料斗挖取物料的阻力可按下式计算：

$$W_{挖} = cq_1$$

式中 c——挖取物料的阻力系数（见表 21-10）；

q_1——每米长度上的物料的载荷，N/m。

重载段运行阻力计算为：

$$W_{1-4} = (q_1 + q_0) \cdot (\omega' \cdot \cos\beta + \sin\beta) \cdot L$$

链牵引时，一般取初张力 $S_1=1500\sim2500$N。

采用输送带牵引斗时，驱动滚筒趋入点和奔离点张力关系应满足欧拉公式。

表 21-10 料斗挖取物料的阻力系数

提升速度/m·s^{-1}	谷物	煤及小块煤	块煤	焦煤
	挖取系数 c			
0.5		1～1.75	2.4～3	1.2～8.4
0.75	0.95～2.4	0.8～1.8	2.2～2.7	1.8～8.4
1	1.0～2.6	1.2～2.4	2.7～3.3	2.8～9
1.25	1.3～3.2	1.6～3.1	4.4	2.2～10.1
1.5	2.1～4.4	2.2～4.4	6	5.4～11.4

21.2.4 功率计算

斗式提升机驱动轴功率按下式计算：

$$N_0 = \frac{Wv}{1000} \quad (\text{kW})$$

式中 W——驱动轮上的圆周力，$W=S_4-S_1$；

v——料斗运行速度，m/s。

21.3 斗式提升机的安装

21.3.1 常用斗式提升机安装要求

常用斗式提升机一般是垂直布置，由于机器自身载荷比较大，工作时往往产生一些颤动，所以，必须严格保证安装的技术要求。

（1）斗式提升机下部区段的支承面，必须保证坐落在基础的水平面上。

（2）斗式提升机的上部驱动轴和下部张紧轴应在同一垂直平面内，并且两轴心线均应与水平面平行。

（3）中间机壳的法兰连接处，不得有显著的错位。法兰间可垫入石棉垫或防水粗帆布，以保证其密封。

（4）斗式提升机的下部区段、中间机壳和上部区段的中心线应在同一垂直线上，其垂直度偏差在1m长度内不允许超过1mm，总高度的累积偏差不允许超过8mm。

（5）料斗在牵引构件上的位置应正确，并紧固可靠。在运行中，不应有偏斜和碰撞机壳的现象发生。

（6）螺旋拉紧装置调整后，应使牵引构件具有均匀的、正常运行所必需的张紧力。为了使在运行中有足够的拉紧行程，螺旋拉紧装置安装完毕后，余下的有效拉紧行程应不少于全行程的50%。

（7）减速器高速轴的轴线与电动机的轴线，应相互平行并在同一水平面内；低速轴的轴线与斗提机驱动轴的轴线，应在同一水平线上，其最大偏移量不得超过0.2mm，最大轴线交角不得超过40°。

（8）斗式提升机应安装起吊设备，起重量不小于2t。起重机的轨底与驱动轴中心线的距离一般为2～2.2m。对于D160、D250斗式提升机取2m；对于D350、D450、HL300、HL400斗提机取2.2m。

（9）斗式提升机的中间应有防止偏移的中间支承装置。支承点的间距不大于8m，最上面的支承点应尽量靠近头部。支承装置的结构形式见表21-11中插图。

21.3.2 安装

斗式提升机因其本身具有相当大的载荷，在运转过程中，往往产生一定的摆动和振动，为了保证设备正常运转，就需要将它固定在坚固的基础上。设备基础的构筑属土建工程。一般由机械人员配合土建人员进行设计和施工。

提升机作用在基础上的压力应包括机器自重和在工作过程中所产生的力。机器自重为静压力，而机器在工作过程中所产生的力则是动载荷。国产的斗式提升机动载荷系数可按1.3考虑，见表21-11。

基础形状和尺寸根据制造厂提供的基础图确定。固定设备用的地脚螺栓直径由载荷大小计算，但也可根据设备底座的螺栓孔确定，一般可小于地脚螺栓孔3～5mm。地脚螺栓数量和埋入深度见表21-11。

斗式提升机高度一般都比较高，往往穿过几层楼板。穿过楼板时，楼板上穿孔尺寸可由表21-11查出。

表 21-11 斗式提升机地脚螺栓孔和楼板穿孔尺寸

斗提机型号			D160	D250	D350	D450	HL300	HL400	PL250	PL350	PL450
地脚螺栓孔/mm	尺寸	A	300	400	450	360	500	360	450	450	380
		B	200	265	325	385	300	360	265	417	485
	数量		6	6	6	8	6	8	6	6	8
楼板穿孔尺寸/mm	C		1000	1200	1300	1500	1400	1600	1250	1300	1500
	C_1		1200	1420	1600	1820	1700	1800	1500	1600	1820
	D		600	700	800	1000	800	900	700	1000	1200
基础承受最大荷重/kN			40	60	80	100	90	130	80	130	200
动载荷系数			1.3								

注：1. 斗提机基础承受最大荷重系按最大高度25m、料斗为深型、物料为煤时计算。

2. 表中尺寸 C_1 在地沟中无吊装设备的洞口时用。

3. 资料来源于三机部第四设计院《工业锅炉房运输设计》，如下图所示。

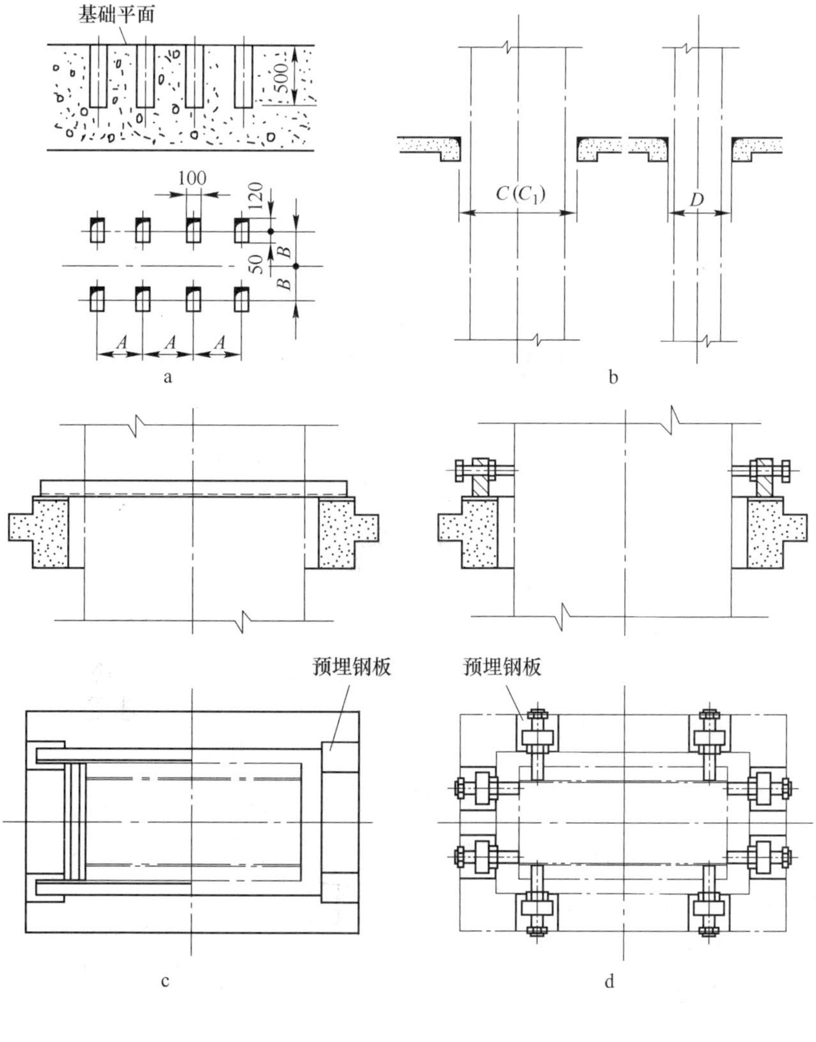

21.4 脱水斗式提升机的构造及设计计算

21.4.1 概述

脱水斗式提升机是指物料在提升过程中，在料斗内能自行脱水。它是选煤厂常用的机械设备，具有结构简单、运转可靠的优点。在选煤厂，脱水斗式提升机与跳汰机配合，用于选后产品（包括中煤、矸石）的提升运输和脱水；与捞坑配合，用于末精煤的初步脱水；也可从污水中捞取污物（如事故捞坑斗式提升机）。

由于脱水斗式提升机在选煤厂应用得很普遍，北京煤矿设计院曾于 1963 年编制了 TSO146—2346 脱水斗式提升机的通用设计，并得到了广泛使用。随着选煤技术发展的需要，1980 年煤炭工业部又委托平顶山选煤设计研究院编制新的部标准设计，共有两个系列：B80—2346 和 B80—2344。脱水斗式提升机系列共有 8 种规格，型号是：T3240、T3260、T4060、T4080、T40100、T50100、T50120、T50140。捞坑斗式提升机系列共有 5 种规格，型号为：L3240、L4060、L40100、L50120、L50140。

型号的意义是：

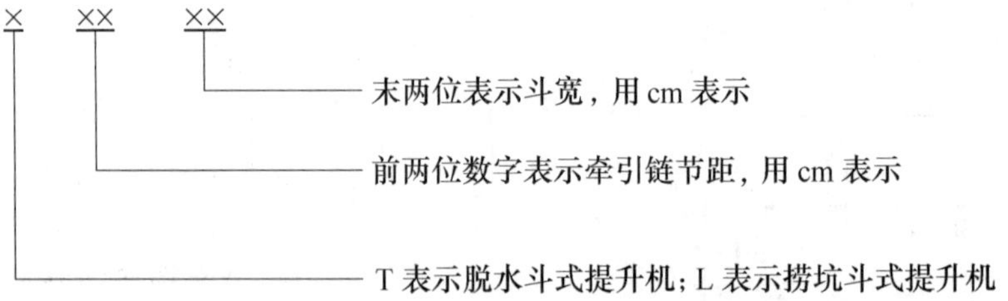

例如：T4060，表示斗链节距为 400mm，斗宽为 600mm 的脱水斗式提升机。L50120 表示斗链节距为 500mm，斗宽为 1200mm 的捞坑脱水斗式提升机。

从系列型谱中，可以看到，捞坑斗式提升机标准设计中斗宽只有 400mm、600mm、1000mm、1200mm、1400mm 的 5 种规格。脱水斗式提升机斗宽有 400mm、600mm、800mm、1000mm、1200mm 和 1400mm 6 种规格。

捞坑斗式提升机又分吊式（又称坑外式）及座式（又称坑内式）两种安装形式。对于 L3240 型可应用于污水捞坑。

脱水用的提升机斗链速度很低，只有 0.16m/s 和 0.27m/s 两种。作为最终产品的脱水，一般选用 0.16m/s；作为中间产品的转载（如主选中煤）可选用 0.27m/s 的斗链速度。

为了达到脱水的目的，斗式提升机必须倾斜安装。其安装倾角是以上一个斗子滴下来的水不流入下一个斗子内为宜，因此倾角 β 不能超过 70°；但也不能太小，太小了造成机身过长。所以，脱水斗式提升机的倾角一般为 55°～70°。

脱水型斗式提升机的长度视工艺布置要求而定。原煤炭工业部标准设计中提升机倾斜长度视不同斗链节距而变，最长为 26m。其各种规格对应的机器长度参见表 21-12。

表 21-12　脱水斗式提升机的使用范围

<table>
<tr><th colspan="2">参数 \ 种类</th><th>脱　水</th><th>捞　坑</th></tr>
<tr><td rowspan="3">斗式提升机倾斜长度/mm</td><td>$t=300$mm</td><td colspan="2">14～20</td></tr>
<tr><td>$t=400$mm</td><td colspan="2">14～23</td></tr>
<tr><td>$t=500$mm</td><td colspan="2">14～26</td></tr>
<tr><td colspan="2">倾角 β/(°)</td><td>55～70</td><td>60～70</td></tr>
<tr><td colspan="2">运输物料最大粒度/mm</td><td colspan="2">100</td></tr>
</table>

21. 4. 2　脱水斗式提升机的构造

脱水斗式提升机的基本结构如图 21-6 所示。它是由驱动装置 13、头部组件 12、尾部

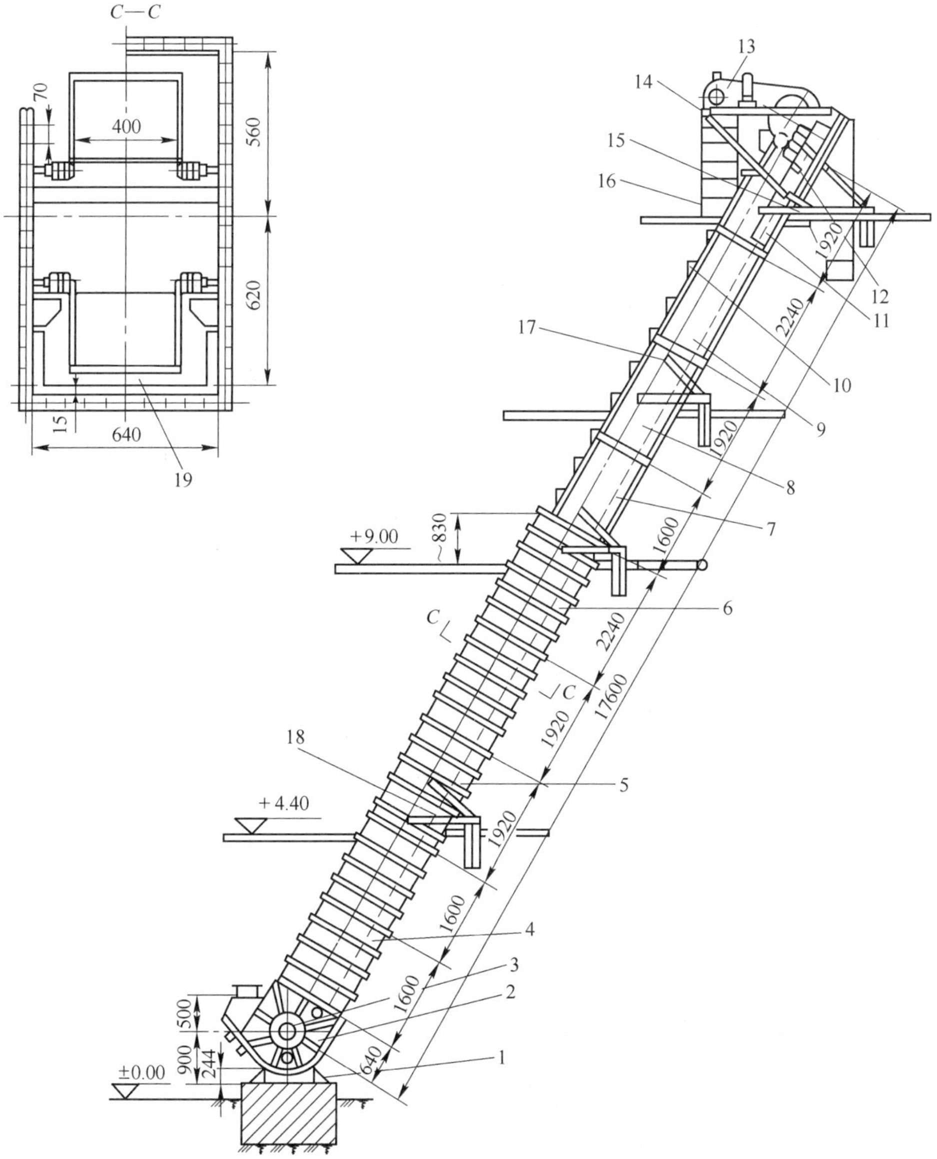

图 21-6　脱水斗式提升机总装图（部件明细见表 21-13）

组件3、斗链10、中间机壳（又称节段）2、4、7、11和机架等几个部分组成。斗链绕过机头的星轮和机尾的滚轮形成无极循环的牵引机构。电动机通过减速器经链轮使装在主轴上的星轮转动，从而拖动斗链在导轨上运行。

驱动装置：驱动装置包括电动机、减速器、驱动链、链轮和紧链装置等。电动机和减速器之间用柱销联轴器连接。减速器和驱动主轴之间用节距 $t=50.8$mm 或 $t=63.5$mm 的套筒滚子链驱动。链条的张紧是用调节压紧轮的位置进行。由于考虑斗链有可能突然被卡住而造成事故，故设置了安全销，它装在从动轮上，如发生故障时，安全销即被切断，从而保护了其他机件不被损坏。驱动装置安设在焊接的驱动支架上，驱动装置为左式安装。当功率 $N\geqslant22$kW 时，又增设了落地式驱动装置。落地式驱动装置可以左右任意安排。

T3240 型脱水斗式提升机（图21-6）部件明细表，见表21-13。

表21-13 T3240 型脱水斗式提升机部件明细表

序号	名称	数量	材料	质量/kg		备注
				单件	合计	
1	尾部支座	1	部件		209	
2	尾部节段	1	部件		599	
3	尾部组件	1	部件		206	
4	封闭节段 $t=1600$mm	2	部件	549	1098	
5	封闭节段 $t=1920$mm	2	部件	657	1314	
6	封闭节段 $t=2240$mm	1	部件		771	
7	敞开节段 $t=1600$mm	1	部件		434	
8	敞开节段 $t=1920$mm	1	部件		513	
9	敞开节段 $t=2240$mm	1	部件		593	
10	斗链	59	部件	45	2655	内有备件2组
11	斗部节段	1	部件		772	
12	头部组件	1	部件		489	
13	传动装置	1	部件		563	
14	传动支架	1	部件		389	
15	头部支架	1	部件		~160	
16	扶梯	1	部件		~20	
17	中间支架	1	部件			
18	中间支架	2	部件	84	168	封闭节段用
19	铸石 $\delta5$，17m^2					

头部组件：头部组件即是驱动部件，也是拉紧装置，包括方轮、驱动轴、轴承以及拉紧丝杠等。

由于脱水斗式提升机的运行速度极慢，所以驱动轮齿数可大为减少。脱水斗式提升机头部及尾部星轮均采用方轮结构，如图21-7所示。用于脱水时，当 $t=320$mm 及 $t=400$mm 时为四方轮；当 $t=500$mm 时为五方轮。用于捞坑斗式提升机则均为五方轮。主轴支承在双列向心球面滚子轴承上，如图 21-8 所示。轴承体放在可移动的钢板制的底座上，借拉紧装置沿头部节段的导槽向上移动，达到斗链的张紧。斗链张紧后，轴承体以及可移动的底座，用螺栓固定在头部节段两侧的槽钢上。主轴的出轴方式，分左式和右式两种。脱水斗式提升机的拉紧装置设在机头。拉紧装置在结构上采用上拉式，这样不易污染丝杠。增设推力轴承使操作省力，并采取拉紧丝杠和千斤顶结合的拉紧方式。

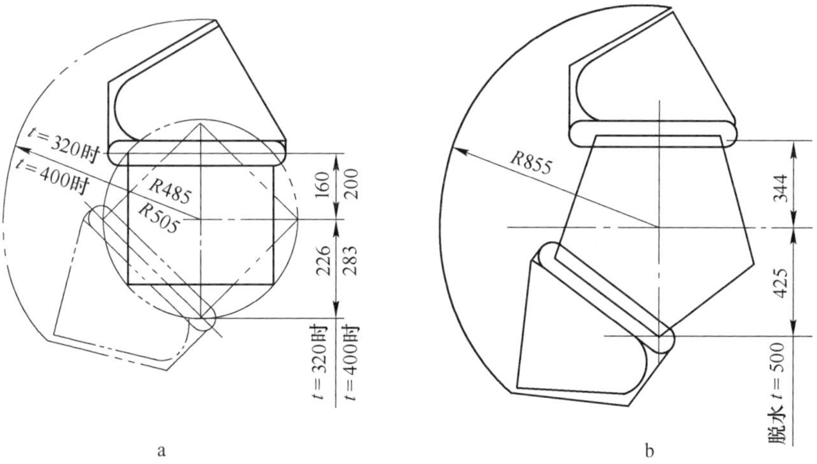

图 21-7　头部及尾部星轮结构

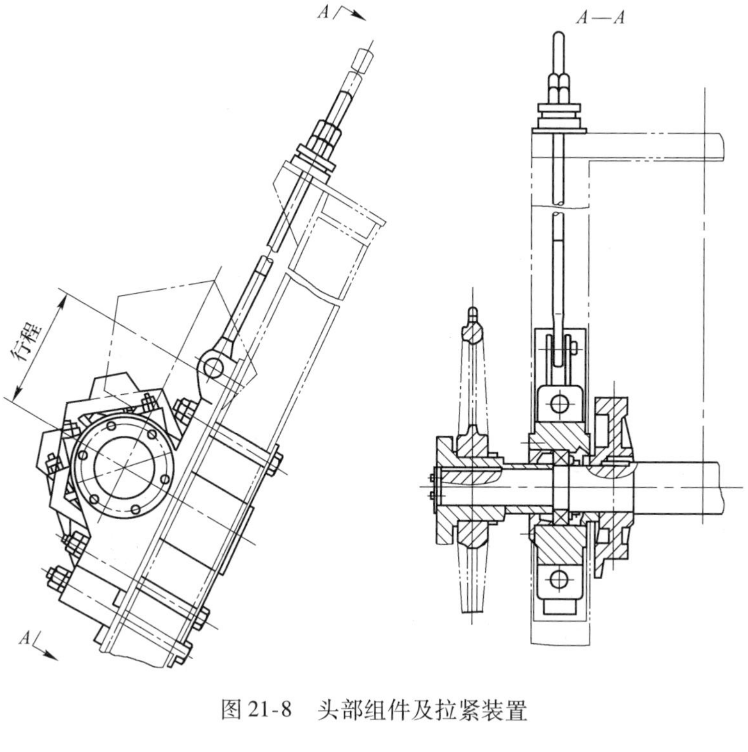

图 21-8　头部组件及拉紧装置

斗链：斗链由杓斗和两条牵引链组成，对于脱水斗式提升机，每一组斗链由一个杓斗和两节链板组成，俗称间断斗，见图 21-9a。对于捞坑斗式提升机，每一组斗链由两个杓斗和两节链板组成，俗称连续斗，见图21-9b。杓斗用钢板制成，其上交错排列着20mm×6mm的长孔，并用扁钢及角钢加强，以改善其刚性。杓斗用铆钉固定在链板上。牵引链是扁钢冲制的板状链。对于$t=400$mm和$t=500$mm两种节距的牵引链，增加了滚轮，依靠滚轮沿导轨滚动避免链板在导轨上的磨损，并减少阻力。

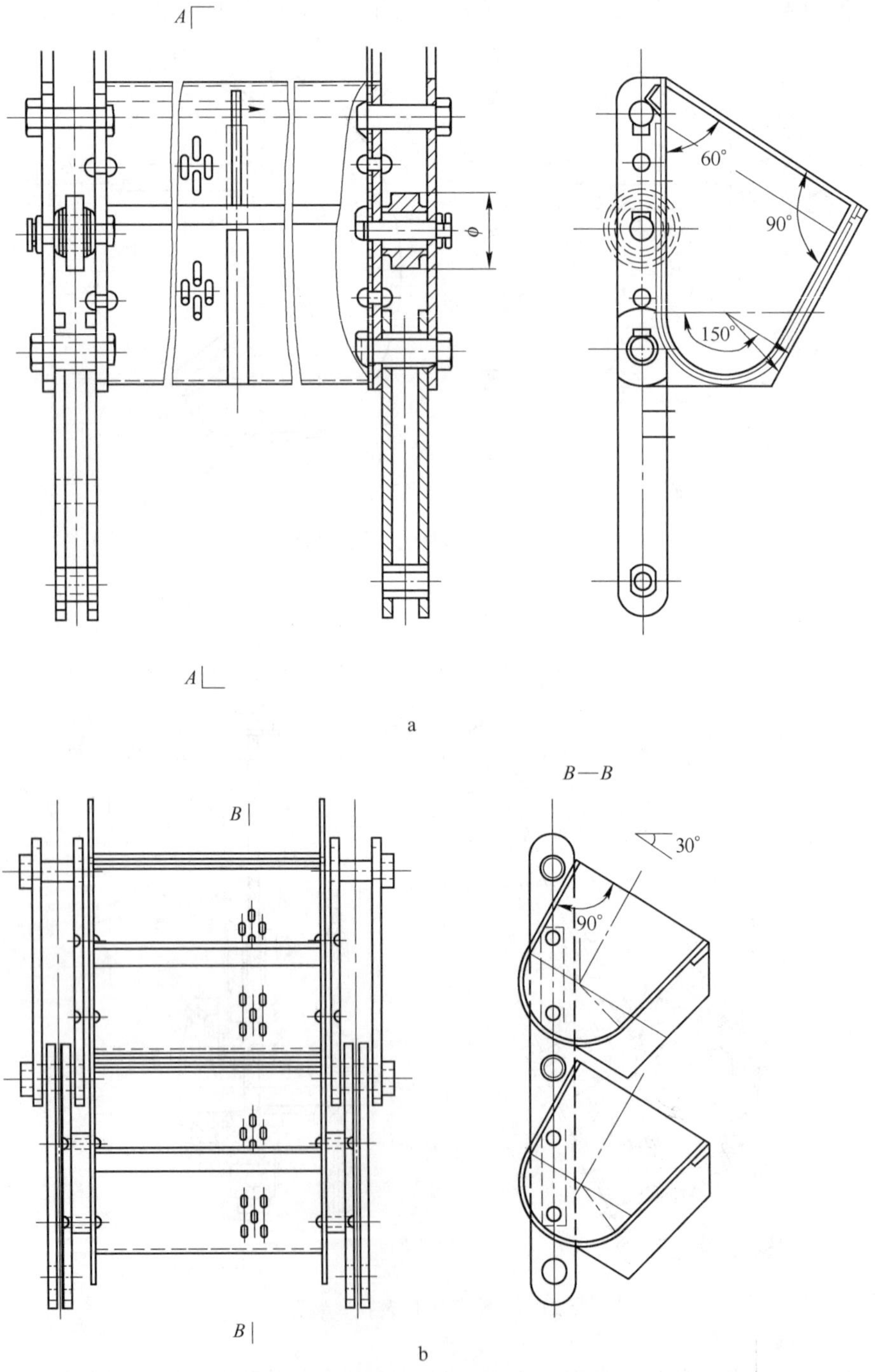

a

b

图21-9 斗链

尾部组件：尾部组件包括尾部轴、尾轮（也称方轮）和轴承等。尾部轴安装在两个法兰盘形凸缘轴承体上，对于捞坑斗式提升机，则通过轴承体装在尾部节段上。尾部轴上的尾轮分四方轮和五方轮两种，其棱边数与头部方轮一致。两个尾轮的其中一个用键与轴固定，另一个则自由装在轴上，可以补偿由于斗链不均匀磨损或不均匀伸长所造成的差异。为了防止轴颈磨损，除轴颈上装有可更换轴套外，轴承体上还装有两个可以更换的尼龙轴承。

机壳：机壳包括头部节段、敞开节段、封闭节段、坑内敞开节段、坑内过渡节段、尾部节段、尾部漏斗等。所有节段均为金属焊接结构，各节段之间设有角钢法兰盘，用螺栓连接。为了防止漏水，在法兰盘的接口衬有胶垫。头部节段除设有卸料口外，还设有拉紧装置使用的支座。脱水斗式提升机的封闭节段为箱形结构，并有角钢箍以增强其刚度。各节段内铺设有由角钢和扁钢组成的导轨，扁钢和角钢用沉头螺栓连接，如扁钢磨损后可以更换。脱水斗式提升机尾部节段除喂料口外，尚设置了检修孔、观察孔以及放水管等。捞坑斗式提升机吊式尾部节段，坐落在仓口下部，是一个呈漏斗状封闭的箱形结构，其上也设置了放水管。为防止磨损封闭节段、敞开节段和头部节段，在其底部连同侧帮（180mm高处），在安装时铺设铸石衬板，并每隔一定距离焊条固定。

安全装置：安全装置除传动装置的安全销外，尚有转动部分的安全罩和捕捉器等。捕捉器包括在敞开节段内，成对地焊接在机壳两侧导轨的上方。链板在导轨与捕捉器之间运动，捕捉器能将斗链挡住，不致向外翻倒造成事故。也可以防止斗链落入机尾。

机架：包括头部支架、尾部支座和中间架等。这些支架均为金属焊接结构件。通过机架将机身固定在基础和各层楼板上。

脱水斗式提升机由于头尾轮采用方轮结构，机身长度的确定受链节距牵制。当采用四方轮驱动时，头尾中心距应为牵引链节距的整数倍（图21-7a）；当采用五方轮驱动时，则应增加 t/z 长度（t 为牵引链节距，z 为星轮的方数）。

B80 型脱水斗式提升机的主要技术特征见表21-14。

21.4.3　斗式提升机的设计计算

21.4.3.1　输送能力的计算

脱水斗式提升机输送干物料时输送能力按下式计算：

$$Q = 3.6\frac{i_0}{a_0}\psi\gamma v$$

式中　Q——输送能力，t/h；

i_0——每个斗子的容积（表21-14），L；

a_0——斗子间距（表21-14），m；

v——斗链速度，m/s；

γ——物料堆积密度（表20-4），t/m^3；

ψ——斗子的充填系数。

计算输送能力时，按 $\psi=0.5\sim0.75$ 选取；计算电动机功率时，考虑到脱水斗式提升机挖料、装载和洗选机排料的不均匀性，一律按 $\psi=1.0$ 计算。

表 21-14 B80 型脱水斗式提升机的技术特征表

主要参数	脱水型								捞坑型				
	T3240	T3260	T4060	T4080	T40100	T50100	T50120	T50140	L3240	L4060	L40100	L50120	L50140
提升机最大长度/m	20		23			26			20	23		26	
提升机倾角/(°)	55 ~ 70								60 ~ 70				
运输物料粒度/mm	0 ~ 100								0 ~ 100				
斗宽/mm	400	600		800	1000		1200	1400	400	600	1000	1200	1400
斗子容量/L	28.3	42.5	66.4	88.6	110.7	173	207.6	242.2	20.8	51.9	86.5	161.7	188.6
斗子间距/mm	640		800			1000			320	400		500	
生产能力/$t \cdot h^{-1}$	15.3 ~ 51.6	23 ~ 77.5	28.7 ~ 96.8	38.3 ~ 129.2	47.8 ~ 161.4	59.8 ~ 201.8	71.8 ~ 242.2	83.7 ~ 282.5	15.9 ~ 56.9	31.8 ~ 80.4	53 ~ 134	79.2 ~ 200.4	92.4 ~ 233.7
堆积密度/$t \cdot m^{-3}$	1.2，1.6								0.85 ~ 1.2	0.85			
斗链速度/$m \cdot s^{-1}$	0.16，0.27								0.16，0.27				
载满系数	0.5 ~ 0.75								0.5 ~ 0.75				
牵引链类型	板状链	带中间滚轮套筒板状链							板状链	带中间滚轮套筒板状链			
链板节距/mm	320	400				500			320	400		500	
链板宽度/mm	65	90				120			65	90		120	
链板厚度/mm	16								16				
链板销轴直径/mm	36					50			36			50	
斗链每米质量 q_m/$kg \cdot m^{-1}$	69	77	121	134	140	177	191	200	91	150	181	250	263
单边牵引链最大允许工作拉力/N	28800		63000			112500			28800	63000		112500	
头部星轮形式	四方轮					五方轮			五方轮				
拉紧装置 形式	丝杠（千斤顶）								丝杠（千斤顶）				
拉紧装置 行程/mm	320		400			500			320	400		500	
电动机型号	JO_2								JO_2				
传动装置 电动机功率/kW	4 ~ 10	5.5 ~ 13	5.5 ~ 17	7.5 ~ 22	10 ~ 30	13 ~ 40	13 ~ 55	17 ~ 55	4 ~ 10	7.5 ~ 17	10 ~ 30	17 ~ 40	17 ~ 55
传动装置 减速机型号	NGW-J								NGW-J				
传动装置 联轴器形式	柱销联轴器								柱销联轴器				
传动装置 传动链条形式	套筒滚子链								套筒滚子链				
传动装置 传动链条节距/mm	50.8		63.5						50.8	63.5			
传动装置 传动链排数	单排				双排	三排			单排		双排	三排	

在选煤厂斗式提升机输送的物料通常为选后水洗产品，输送湿物料时，其输送量为：

$$Q_j = \frac{Q}{1 - W_p} \tag{21-6}$$

式中 Q_j——湿物料计算输送量，t/h；

Q——输送干物料的能力，t/h；

W_p——物料中含水分的百分数（对中煤平均值取 $W_p = 20\%$；对于矸石平均值取 $W_p = 22\%$）。

21.4.3.2 张力及功率计算

脱水斗式提升机所需的驱动装置功率，取决于提升过程中需要克服的一系列的阻力，其中主要有：

（1）提升物料沿斗链运行方向的重力分量；

（2）斗链与导轨之间的摩擦阻力；

（3）当斗链绕过星轮或滚轮时，链条关节处及轴颈处的摩擦阻力；

（4）斗子挖取物料时的阻力。

上列各项阻力用逐点计算法进行计算。

斗式提升机布置如图 21-10 所示。

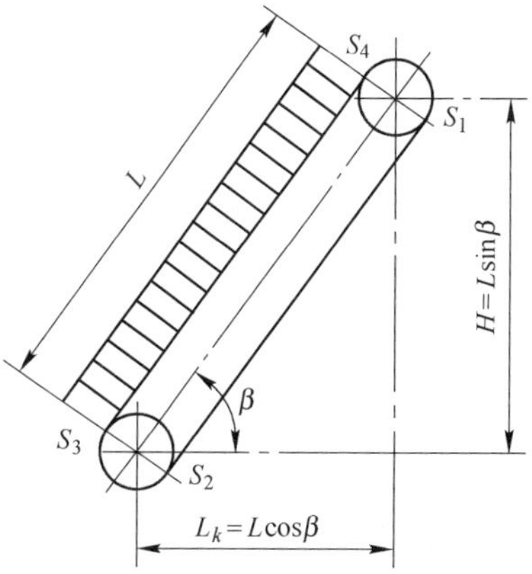

图 21-10 脱水斗式提升机计算简图

（1）空段阻力：

$$W_{1-2} = q_0 L(\omega'\cos\beta - \sin\beta) = q_0(L_k\omega' - H) \tag{21-7}$$

（2）重段阻力：

$$W_{3-4} = (q_0 + q_1)L(\omega'\cos\beta + \sin\beta) = (q_0 + q_1)(L_k\omega' + H) \tag{21-8}$$

（3）挖取物料阻力：

$$W_{挖} = 3q_1 \tag{21-9}$$

（4）斗链绕过尾轮的阻力：

$$W_{2-3} = 0.1S_2 \tag{21-10}$$

（5）斗链绕过头部方轮的阻力：

$$W_{4-1} = K_0(S_4 + S_1) \tag{21-11}$$

式中 q_0——斗链每米自重（$q_0 = q_m g$），N；

q_m——斗链每米质量（表 21-14），kg/m；

q_1——每米斗链上物料的载荷，N；

$$q_1 = \frac{Qg}{3.6v} \tag{21-12}$$

g——重力加速度，m/s^2；

L——提升机倾斜长度，m；

β——提升机倾斜角度（对脱水斗式提升机取 $\beta = 55° \sim 70°$；对捞坑斗式提升机，取 $\beta = 60° \sim 70°$）；

L_k——提升机水平投影长度，m；

H——提升机垂直提升高度，m；

ω'——斗链与导轨的摩擦系数或阻力系数。

对于T3240、T3260、L3240不带滚轮的斗链，取摩擦系数 $\omega'=0.225$。

对于带滚轮的斗链（图21-9），其阻力系数按下式计算：

$$\omega' = \frac{2k + \mu d}{D} \cdot \lambda$$

式中 k——滚轮在导轨上的滚动摩擦系数（取0.05）；

D——滚轮外径，mm；

d——销轴直径，mm；

μ——销轴与滚轮内孔径间的摩擦系数（取0.4）；

λ——考虑部分与滚轮不转系数（取1.2）。

按上式计算所得的 ω' 见表21-15。

表21-15 带滚轮的 ω' 值

型 号	k	μ	D/mm	d/mm	ω'
T4060，T4080，T40100 L4060，L40100	0.05	0.4	120	36	0.145
T50100，T50120，T50140 L50120，L50140			150	50	0.161

为了计算简便，统一取 $\omega'=0.15$。

斗链绕过头部方轮时，轴承处斗链销轴与销套之间摩擦所产生的阻力系数，以 K_0 表示。

$$K_0 = \frac{d_0\mu_0 + d\mu}{D_0}$$

式中 d_0——双列向心球面滚子轴承内外圈的平均中径，mm；

μ_0——双列向心球面滚子轴承摩擦系数（取0.004）；

d——斗链销轴直径，mm；

μ——斗链销轴与销孔或套之间的摩擦系数（取0.4）；

D_0——方轮节圆直径，mm。

计算结果见表21-16。

为计算方便，取 $K_0=0.03$。

表21-16 阻力系数 K_0

型 号	d_0/mm	μ_0	d/mm	μ	D_0/mm	K_0
T3240	155	0.004	36	0.4	452.55	0.0332
T3260					452.55	0.0332
L3240					544.42	0.0276
T4060	195				565.69	0.0268
T4080					565.69	0.0263
T40100	225				565.69	0.0270
L4060	195				680.52	0.0223

续表 21-16

型 号	d_0/mm	μ_0	d/mm	μ	D_0 mm	K_0
L40100	225	0.004	50	0.4	680.52	0.0225
T50100	280				850.65	0.0248
T50120，L50120					350.65	0.0248
T50140，L50140	310				850.65	0.0249

各种阻力算出后，就可计算斗链上的张力。由于脱水斗式提升机安装倾角大，最小张力发生在点 2 的牵引链上，从最小张力点（点 2）开始逐点计算。最小张力 S_2（初张力）起张紧链条的作用，按经验以 3m 长度斗链的重作为初张力计算依据，或参见表 21-17 选取初张力。

表 21-17 斗链的最小张力值

型 号	T3240	T3260	T4060	T4080	T40100	T50100	T50120
杓斗宽度 B/mm	400	600	600	800	1000	1000	1200
杓斗容积 l_0/L	28.3	42.5	66.4	88.6	110.7	173.0	207.6
杓斗间距 a_0/m	640	640	800	800	800	1000	1000
斗链节距 t/mm	320	320	400	400	400	500	500
每米斗链质量 q_m/kg · m^{-1}	69	77	121	134	140	177	191
最小张力 S_2/N	2000	2500	2500	4000	4500	6000	6500

型 号	T50140	L3240	L4060	L40100	L50120	L50140
杓斗宽度 B/mm	1400	400	600	1000	1200	1400
杓斗容积 l_0/L	242.2	20.8	51.9	86.5	161.7	189.6
杓斗间距 a_0/mm	1000	320	400	400	500	500
斗链节距 t/mm	500	320	400	400	500	500
每米斗链质量 q_m/kg · m^{-1}	200	91	150	181	250	263
最小张力 S_2/N	7000	3000	5000	5500	7500	8000

（6）各点张力计算：S_2 = 3m 斗链自重——初张力：

$$S_3 = S_2 + W_{2-3} + W_{挖}$$

$$S_4 = S_3 + W_{3-4}$$

$$S_1 = S_2 - W_{1-2}$$

（7）牵引链强度的计算：强度验算只需验算单条牵引链即可。

单条牵引链上的拉力 S 为：

$$S = \frac{S_4 + F}{2} c \tag{21-13}$$

式中 S_4——牵引链上最大静拉力，N；

c——双链牵引时，负荷不均匀系数（一般取 $c = 1.2$）；

F——牵引链的动拉力。

$$F = \frac{3(q_1 + c'q_0)}{g} La_{max}$$

式中 q_1——每米物料重，N/m；

q_0——每米斗链自重，N/m；

c'——斗式提升机长度系数（取 $c'=2$）；

L——斗式提升机长度，m；

g——重力加速度，m/s^2；

a_{max}——牵引链最大加速度。

$$a_{max} = \frac{2\pi^2 v^2}{z^2 t} \tag{21-14}$$

式中 z——斗式提升机头部星轮的方数；

t——牵引链节距，mm；

v——牵引链速度，m/s。

由式（21-13）计算所得单条链上的拉力 S 若小于牵引链最大拉力的允许值则安全，即：

$$S < [S_{破}]$$

式中 $[S_{破}]$——单边牵引链允许最大工作拉力，可从表21-14查取。

（8）圆周力：

$$P_0 = S_4 - S_1 + W_{4-1} \tag{21-15}$$

（9）轴功率：

$$N_0 = \frac{p_0 v}{1000} \tag{21-16}$$

（10）电动机功率：

$$N = K\frac{N_0}{\eta_1\eta_2} = 1.4\times\frac{N_0}{0.94\times0.96} = 1.55N_0 \tag{21-17}$$

式中 K——功率储备系数（JO_2 电机，$K=1.4$；Y型电机，$K=1.0$）；

η_1——NGW-J减速器传动效率（取0.94）；

η_2——套筒滚子链传动效率（取0.96）。

21.4.3.3 驱动装置选择

驱动装置系统的简图如图21-11所示。电动机通过柱销联轴器与NGW-J型行星齿轮减速器联结，再通过套筒滚子链和大链轮驱动斗链工作。

为了达到斗链平均速度为0.16m/s或0.27m/s，驱动轴的转速为：

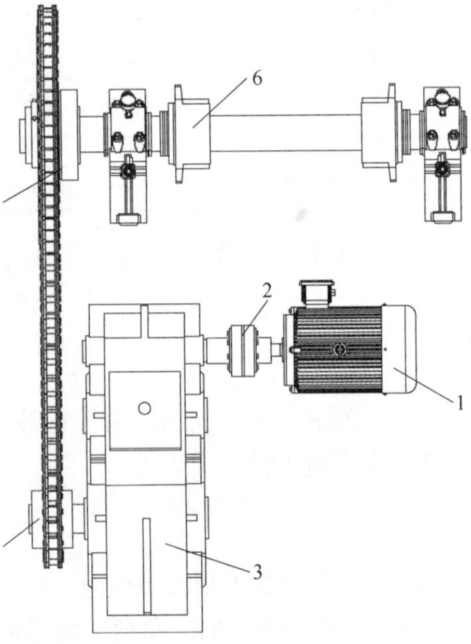

图21-11 提升机驱动装置示意图

1—Y系列电动机；2—柱销联轴器；3—减速器；4—小链轮；5—大链轮；6—方轮

$$n_0 = \frac{60v}{zt}$$

式中 n_0——斗式提升机驱动轴的转速，r/min；

v——斗链平均速度，m/s；

z——驱动轮的方数；

t——牵引链节距，m。

根据上式即可求得各规格提升机的驱动轴转速，见表21-18。

表21-18 提升机驱动轴转速表

型 号	t/mm	z	$v/\mathrm{m \cdot s^{-1}}$	$n_0/\mathrm{r \cdot min^{-1}}$
T3240，T3260	0.32	4	0.16 0.27	7.5 12.66
T4060，T4080，T40100	0.4	4	0.16 0.27	6 10.13
T50100，T50120，T50140	0.5	5	0.16 0.27	3.84 6.48
L3240	0.32	5	0.16 0.27	6 10.13
L4060，L40100	0.4	5	0.16 0.27	4.8 8.1
L50120，L50140	0.5	5	0.16 0.27	8.84 6.48

若选取电机转速为 n，则所需要的总减速比为：

$$i = \frac{n}{\mu_0} = i_{减} i_{链}$$

式中 i——总减速比；

$i_{减}$——减速器的速比；

$i_{链}$——链传动减速比。

根据前面计算确定的斗子宽度 B、斗链速度 v 和电动机计算功率 N，从表21-19选择驱动装置。计算功率 N 应小于表中所选的电机额定功率值。

减速器选用NGW-J型。其高速轴的许用输入功率按下面条件选取：

$$\frac{N_1}{K_1K_2} \geqslant 电动额定功率$$

式中 N_1——按（JB1799—76）规定的NGW减速器高速轴许用输入功率；

K_1——备用系数，选用 JO_2 电机时，取 $K_1 = 1.4$（B80标准设计中采用 JO_2 电机）；

K_2——采用油池润滑时的系数（取1～1.05）。

根据上述计算斗链速度 v，电机功率 N，斗式提升机主轴转速 n_0 和减速比 i 的结果即可选择驱动装置，参见表21-19。

表 21-19 驱动装置表

型号	斗链速度 $/m \cdot s^{-1}$	电动机转速 $/r \cdot min^{-1}$	主轴转速 $/r \cdot min^{-1}$	$i_{总}$	$i_{减}$	$i_{链}$	计算功率 /kW	减速器 规格 NGW-J	减速器 功率 /kW	电动机 规格 JO_2	电动机 功率 /kW	传动装置号
T3240	0.16	1000	7.5	133.33	40	3.33	2.96 ~ 4.91	42-10 42-10	5.36 5.36	42-6 51-6	4 5.5	1 2
	0.27	1500	12.66	118.48	35.5	3.34	5.01 ~ 8.29	42-9 42-9 42-9	9.79 9.79 9.79	42-4 51-4 52-4	5.5 7.5 10	4 5 6
T3260	0.16	1000	7.5	133.33	40	3.33	4.15 ~ 7.09	42-10 52-10	5.36 8.00	51-6 52-6	5.5 7.5	2 3
	0.27	1500	12.66	118.48	35.5	3.34	7.01 ~ 11.97	42-9 42-9 52-9	9.79 9.79 14.0	51-4 52-4 61-4	7.5 10 13	5 6 7
T4060	0.16	1000	6	166.67	50	3.33	4.97 ~ 9.79	62-12 72-12 72-12	7.14 11.29 11.29	51-6 52-6 61-6	5.5 7.5 10	8 9 10
	0.27	1500	10.13	148.08	40	3.70	8.38 ~ 16.52	52-10 62-10 72-10	16.4 22.2 30.6	52-4 61-4 62-4	10 13 17	12 13 14
T4080	0.16	1000	6	166.67	50	3.33	6.4 ~ 12.81	72-12 72-12 82-12	11.29 11.29 15.07	51-6 52-6 61-6	7.5 10 13	9 10 11
	0.27	1500	10.13	148.08	40	3.70	10.79 ~ 21.60	62-10 72-10 72-10	22.2 30.6 30.6	61-4 62-4 71-4	13 17 22	13 14 15
T40100	0.16	1000	6	166.67	50	3.33	7.76 ~ 15.72	72-12 82-12 92-12	11.29 15.07 21.43	61-6 62-6 71-6	10 13 17	16 17 18
	0.27	1500	10.13	148.08	40	3.70	13.09 ~ 26.53	72-10 72-10 82-10	30.6 30.6 46.3	62-4 71-4 72-4	17 22 30	19 20 21
T50100	0.16	1000	3.84	260.42	63	4.13	9.73 ~ 21.93	92-14 102-14 102-14	15.57 23.07 23.07	62-6 71-6 72-6	13 17 22	36 37 38
	0.27	1500	6.48	231.48	56	4.13	16.42 ~ 37.01	92-13 102-13 112-13	24.79 34.01 47.21	71-4 72-4 82-4	22 30 40	40 41 42
T50102	0.16	1000	3.84	260.42	63	4.13	11.49 ~ 26.08	92-14 102-14 102-14 112-14	15.57 23.07 23.07 33.57	62-6 71-6 72-6 81-6	13 17 22 30	36 37 38 39
	0.27	1500	6.48	231.48	56	4.13	19.38 ~ 44.02	92-13 102-13 112-13 122-13	24.79 34.01 47.21 65.99	71-4 72-4 82-4 91-4	22 30 40 55	40 41 42 43

续表 21-19

型号	斗链速度 /m·s⁻¹	电动机转速 /r·min⁻¹	主轴转速 /r·min⁻¹	$i_{总}$	$i_{减}$	$i_{链}$	计算功率 /kW	减速器		电动机		传动装置号
								规格 NGW-J	功率 /kW	规格 JO_2	功率 /kW	
T50140	0. 16	1000	3. 84	260. 42	63	4. 13	13. 21 ~ 30. 18	102-14 102-14 112-14	23. 07 23. 07 33. 57	71-6 72-6 81-6	17 22 30	44 45 46
	0. 27	1500	6. 48	231. 48	56	4. 13	22. 29 ~ 50. 94	102-13 112-13 122-13	34. 01 47. 21 65. 99	72-4 82-4 91-4	30 40 55	47 48 49
L3240	0. 16	1000	6	166. 67	50	3. 33	3. 28 ~ 5. 6	42-12 62-12	4. 00 7. 14	42-6 51-6	4 5. 5	22 23
	0. 27	1500	10. 13	148. 08	40	3. 70	5. 54 ~ 9. 45	42-10 52-10	11. 7 16. 4	51-4 52-4	7. 5 10	24 25
L4060	0. 16	1000	4. 8	208. 33	63	3. 31	5. 69 ~ 8. 65	72-14 82-14	8. 29 11. 93	52-6 61-6	7. 5 10	23 27
	0. 27	1500	8. 1	185. 19	56	3. 31	9. 6 ~ 14. 61	72-13 82-13	13. 00 18. 21	61-4 62-4	13 17	28 29
L40100	0. 16	1000	4. 8	208. 33	63	3. 31	8. 90 ~ 13. 71	82-14 92-14 92-14	11. 93 15. 57 15. 57	61-6 62-6 71-6	10 13 17	30 31 32
	0. 27	1500	8. 1	185. 19	56	3. 31	15. 02 ~ 23. 12	82-13 92-13 92-13	18. 21 24. 79 24. 79	62-4 71-4 72-4	17 22 30	33 34 35
L50120	0. 16	1000	3. 84	260. 42	63	4. 13	13. 13 ~ 22. 59	102-14 102-14	23. 07 23. 07	71-6 72-6	17 22	37 38
	0. 27	1500	6. 48	231. 48	56	4. 13	22. 15 ~ 38. 13	102-13 112-13	34. 01 47. 21	72-4 82-4	30 40	41 42
L50140	0. 16	1000	3. 84	260. 42	63	4. 13	15. 10 ~ 26. 04	102-14 102-14 112-14	23. 07 23. 07 33. 57	72-6 72-6 81-6	17 22 30	44 45 39
	0. 27	1500	6. 48	231. 48	56	4. 13	25. 47 ~ 43. 94	102-13 112-13 122-13	34. 01 47. 21 65. 99	72-4 82-4 91-4	30 40 55	47 48 49

注：实际从动链齿为 Z_2，主动链齿为 Z_1，$i_{链}=3.31\sim3.34$ 取 $i=3.29$，此时 $Z_2=56$，$Z_1=17$；$i_{链}=3.70$，取 $i=3.71$，此时 $Z_2=63$，$Z_1=17$；$i_{链}=4.13$，取 $i=4.12$，此时 $Z_2=70$，$Z_1=17$。

21.5　脱水斗式提升机的安装、调试和维护

21.5.1　安装顺序和要求

21.5.1.1　安装前的准备

在安装前，首先应准确地将提升机的中心线配置好，它是所有部件在安装过程中的定

位基准线。然后检查基础和各层楼板上预留吊装孔和螺栓孔的位置是否正确，如发现有错误或缺陷，必须在安装前消除。

对提升机的所有部件要进行清点和检查，确定所有安装部件备齐后，方可安装。

21.5.1.2 安装顺序和要求

（1）机壳安装。

1）根据总图，先从尾部支架和机尾开始安装，然后依次往上装封闭节段、敞开节段、头部节段以及机头部分和驱动支架等。斗式提升机一般需穿过几层楼板，因此安装时应特别注意，使各支架均匀地承担荷重。

2）斗式提升机各节段的连接应对准中心线，倾斜角度和导轨间距，根据图纸严格校准，并临时固定在楼板孔中，最后用螺栓连接，并固定各节段。

3）各支架在楼板或基础上的安装，应根据总图进行。当各支架配置就绪并校准后，即可浇灌混凝土。在浇灌层固结后，用螺栓固定支架，待10～12天后，可将支架进行焊接，将临时固定件拆除。

（2）头部组件安装。头部组件经安装和调整后，应符合下列要求：

1）头部组件主轴能自由转动。

2）轴承盖固定后，应保证轴瓦与轴之间的正常工作间隙。

3）两驱动星轮的对应边应在同一平面上。

4）紧链装置的导轨，应互相平行，其两轨面在同一平面内，丝杆在螺母内顺利转动，但不许松动。

（3）尾部组件安装。尾部组件轴的中心线应保持水平，并且垂直于尾部节段的侧板，安装后的轴应能自由转动，不允许有抱轴现象或其他毛病。

（4）挂设斗链。斗链安装前应进行检查，凡有损伤处，均应检修。斗链的装配工作是单独进行的，全部装好后再往机身上挂设。

斗链的挂设步骤如下：

1）先用绳索将斗链牵引到主轴的星轮上，并将斗链挂在星轮上（图21-12a）。

2）启动提升机，使星轮主轴运转，将斗链运转到图21-12b所示的位置。

3）电动机反转，使斗链反向运转，达到图21-12c所示的位置。

4）在点1处将斗链断开，并在1、2处将斗链下段临时固定，斗链上段重新与等待安装的斗链相接（图21-12d）。

5）重新启动提升机，使星轮主轴正转，将斗链运转到图21-12e所示的位置后，在点1和点2处将斗链接上。

斗链安装前应将紧链装置放在极限位置，使主动星轮与尾部滚轮的中心距为最短；斗链安装后，再利用紧链装置，使斗链处在张紧状态。斗链与两条导向角钢的侧面间隙应保持相等，并使链板的铰链运作灵活。

21.5.2 空运转

脱水斗式提升机安装结束后，应进行不少于24h的空运转，其目的是检查安装质量。每

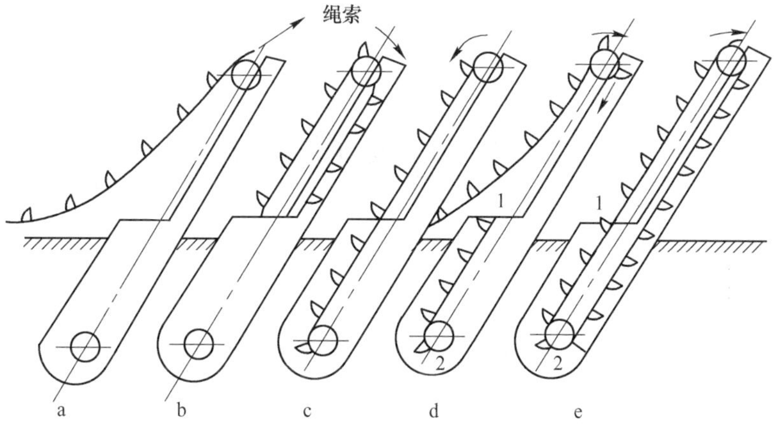

图 21-12 斗链的安装方法

次连续工作 8h，试车过程中不允许有卡链、颤动、碰撞以及其他毛病，斗链运行要求平稳。

经 8h 运行后停机，检查各紧固件、斗链销轴是否松动脱落，同时检查各部润滑、轴承和导轨。驱动装置轴承温升不得超过 35℃。

21.5.3 维护使用

为保证脱水斗式提升机能连续可靠地工作，在斗式提升机的维修中应注意以下各点：

（1）在斗式提升机停机之前，必须先停止给料，将输送物料全部卸出。

（2）严禁满载启动。

（3）安全销是超负荷时能自动切断的安全装置，因此绝对禁止随意加大安全销。如经试验，在一般正常启动和运转时，安全销切断频率可酌情加大。

（4）斗链松弛时，应通过紧链装置顶紧至正常状态。斗链部分在维护中需特别注意，发现毛病应及时检修或更换。

（5）各转动部件要及时润滑。

22 螺旋输送机

22.1 概述

螺旋输送机是由带有螺旋叶片的转动轴在封闭的料槽内旋转，使装入料槽内的物料，沿水平、倾斜或垂直向上运输。

螺旋输送机被广泛地应用于轻重工业中，主要运输散粒或小块物料。在选煤厂中可输送粉煤和细粒煤。它不适合输送黏性大或易结块的物料。该输送机适宜的环境温度为 -20～50℃，但物料不许结冻。

螺旋输送机主要分水平式（倾角小于20°）和垂直式两种类型。水平输送机长度应小于40m，生产率一般不超过100t/h，最大有时可达到380t/h。垂直向上输送高度不超过15m，生产率不超过50t/h。

水平输送时，料槽中的物料由于自身的重力及料槽摩擦力的作用，使物料不随螺旋叶片一起旋转，而被叶片推向前移。

在垂直螺旋输送机中，当螺旋叶片旋转时，位于叶片表面上的物料随之转动，物料转动时产生离心力。当该离心力大于螺旋表面与物料间的摩擦力时，物料向外壳靠拢，压向外壳，发生摩擦。物料与外壳之间的摩擦力大于物料与螺旋之间的摩擦力和由物料自重引起的沿螺旋面下滑的分力时，物料将在螺旋叶片表面产生滑动，并沿螺旋形轨迹上升，即物料被螺旋面推动而上移，达到垂直输送的目的。

该输送机与其他输送机相比较，具有结构简单、紧凑、横截面尺寸小；密封性能好，物料不会溢出槽体，减少物料对环境的污染；可以在输送线路上多点装载或多点卸料；操作简单，工作可靠，维修简便，制造成本低廉；运输方向可逆的；对一台输送机，只要两段螺旋方向相反，可以同时向两个方向输送物料（即同时向中心或远离中心）；输送物料过程中，同时可以进行物料的混合、搅拌或冷却；料槽刚度较大，可承受一定的外力等优点。它的主要缺点是在运输过程中物料对螺旋叶片、物料对料槽的摩擦严重；物料本身的搅拌作用强烈，易于破碎；运输的功耗大；螺旋输送机一般输送量小，运距较短；此外，对超载敏感，易产生堵料现象。

22.2 螺旋输送机的结构

螺旋输送机，我国已有定型产品。图22-1为水平或微倾斜螺旋输送机的结构图。它由输送机，进料口、出料口和驱动装置等三大部分组成。

机体包括首端轴承、末端轴承、中间轴承、螺旋、槽体等部件。

螺旋是该输送机的主要部件，是由轴和叶片组成。叶片多由厚度2～8mm的钢板分段冲压而成，然后将它们与轴焊接起来或铆接在一起。当运输磨琢性小的物料时，叶片厚度可取2～4mm；输送煤炭、矿石、建筑材料时，螺旋直径为200～300mm，叶片厚度取4～

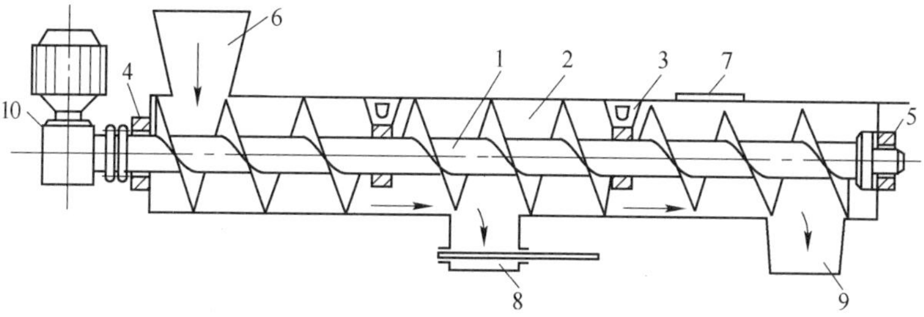

图 22-1　水平及微斜螺旋输送机示意图

1—轴；2—料槽；3—中间轴承；4—末端轴承；5—首端轴承；6—装载漏斗；
7—中间装载口；8—中间卸载口；9—末端卸载；10—驱动装置

5mm；螺旋直径为 500～600mm，叶片厚度可取 6～8mm。

螺旋叶面的母线一般均为直线。靠近螺旋轴处的物料圆周速度较外层的大，而该处的输送速度（即轴向速度）却很低。因此，促使内层物料绕轴转动，可形成附加的物料流，降低了运输能力，增加功率消耗。为此，采用弯曲母线的螺旋叶面，但因制造困难而未能获得实际应用。

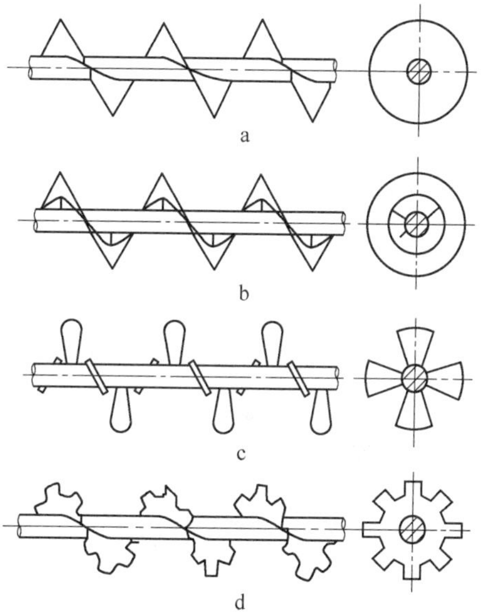

图 22-2　螺旋形状

螺旋分右旋、左旋、单头或多头几种。最常用的是单头右螺旋。在运输物料同时，还需要搅拌和混合，物料的输送方向取决于螺旋的旋向和轴的回旋方向。

根据被输送物料的种类及其物理性质，螺旋形状有各种类型（见图 22-2）。其中以实体螺旋为最常用，适用于输送流动性好、干燥、小颗粒或粉状物料，如图 22-2a 所示。带式螺旋适用于输送块状或黏性的物料，如图 22-2b 所示。叶片式和齿形两种螺旋适用于输送容易被挤压的物料，以及运输途中同时要求进行物料搅拌，揉捏和松散等作业。表 22-1 列出了各种形状螺旋应用的实例。

表 22-1　各种螺旋形状应用的举例

被输送物料的特性	螺旋形式	推荐的充填系数 ψ	许用的螺旋转数 $/r \cdot mim^{-1}$
无磨琢性的、半磨琢性的（煤粉、面粉、石灰、石墨等）	实体的	0.45～0.30	50～120
磨琢性的（干的灰、水泥、石膏粉、白粉等）	实体的	0.35～0.25	50～120
土质或粒状的、无磨琢性的、半磨琢性的（谷物、锯木屑、泥煤）	实体的	0.40～0.30	50～120
土质或粒状的、无磨琢性的、半磨琢性的（谷物、锯木屑、泥煤），磨琢性的（砂、型砂、粒状的渣等）	实体的	0.30～0.25	50～100

续表 22-1

被输送物料的特性	螺旋型式	推荐的充填系数 ψ	许用的螺旋转数 /r·mim^{-1}
小块的（$a<60$mm）、无磨琢性的、半磨琢性的（栗煤、石灰块等）	实体的或叶片式的	0.40～0.25	50～100
小块的（$a<60$mm）、无磨琢性的、半磨琢性的（栗煤、石灰块等），磨琢性的（石子、砂石、干的渣等）	实体的或带式的	0.30～0.25	50～100
中块的（$a>60$mm）、无磨琢性的、半磨琢性的（块煤、块状石灰等）	实体的或带式的	0.40～0.25	50～100
中块的（$a>60$mm）、无磨琢性的、半磨琢性的（块煤、块状石灰等），磨琢性的（干的黏土、硫磺、矿石等），有黏性的（湿的白糖等）	实体的、带式的或齿形的	0.30～0.25	40～80
有黏性的（湿的白糖等）	带式的、叶片式的或齿形的	0.40～0.20	20～60
面团状的（面粉团等）	带式的、叶片式的或齿形的	0.40～0.20	20～60
易变质的与烧余物（生的黏土、沥青状的物料）	带式的、叶片式的或齿形的	0.40～0.20	20～60
絮状的及纤维状的（泥炭的下脚料、化工品等）	带式的	0.30～0.25	20～60

如使用实体形螺旋时，给料量的增加可使输送机的负荷显著加大，带式螺旋就可以减轻如此影响的程度。如图22-3所示，由于给料量的增加，螺旋埋入量从 ab 和 a_1b_1 变化到 de 及 $d_1d_2e_1e_2$，当埋入深度变化相同时，输送负荷量的变化分别为螺旋叶片的断面面积之比 $\frac{dce}{abc}$ 及 $\frac{d_1d_2e_1e_2c_1}{a_1b_1c_1}$，后者比前者小得多。因此，带式螺旋当给料量增加时，防止输送机过载的性能好。

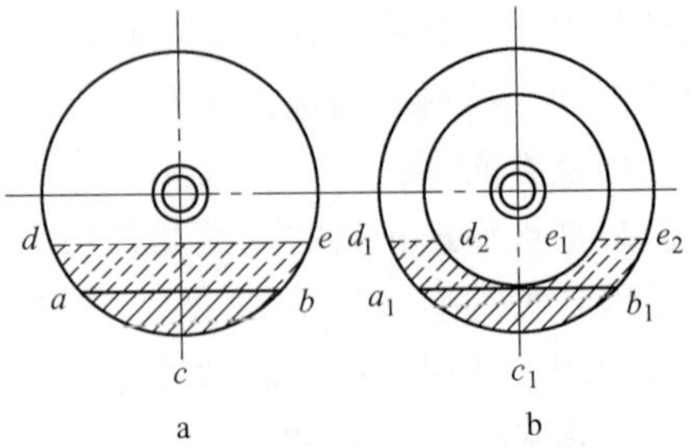

图22-3 实体和带式螺旋断面比较

螺旋的螺距是由输送机的布置、物料性质以及螺旋的直径大小来决定的。对于倾斜（倾角大于20°）布置的输送机，输送流动性差和有磨蚀性的物料时，螺距可取直径的0.8倍；对于水平布置的输送机，输送流动性好和磨蚀性小的物料时，可取螺距等于轴的直径。因此可归为：

$$s=\phi D$$

式中 s——螺距；

D——螺旋的直径；

ϕ——螺旋的长细比（即螺旋的螺距与外径之比，输送摩擦系数大的物料时，取0.7～0.8；运输易于流散的物料时，取0.9～1）。

为了便于制造和安装，螺旋一般制成长度2～4m为一节，以便逐段安装中间轴承，轴可以制成实心的或空心的。轴的直径一般取100～600mm的整数，空心轴常由无缝钢管制成，其质量轻，用圆钢连接方便，故使用较多。只有输送距离较长时，为了增加强度，才制成实心体。

GX 型螺旋输送机适用于倾角小于 20°的单向运送物料，螺旋轴直径有 150mm、200mm、250mm、300mm、400mm、500mm 和 600mm 七种规格。螺旋叶片形状有实体和带式两种。实体的螺旋为直径的 0.8 倍；带式的螺距与直径大小相等，通常为单头螺旋。

输送机的螺旋是通过中间轴承和两端轴承只承受螺旋的径向力，防止螺旋过于弯曲，故多采用青铜及巴氏合金轴衬的滑动轴承，为了减少阻力也可采用球面双列轴承。两个端部轴承主要承受输送物料产生的轴向力，一般采用止推轴承。为了防止被运送物料中的微小颗粒进入轴承内，必须采取可靠的密封。滑动轴承要装设油杯，滚动轴承设加油孔。轴承支架可采用铸造或焊接结构。由于螺旋叶片在中间轴承处应该断开，所以沿轴承前的尺寸尽可能减小，以防物料在轴承处堵塞。当输送磨琢较大的物料时，接近中间轴承前的叶片承受推力较大，故该处的叶片往往需加厚。

轴承的间距是根据螺旋直径的大小来确定的。为了避免螺旋的轴过分弯曲，螺旋直径为 200 ~300mm 时，轴承间距取 2 ~2.5m；直径更大时，间距取 2.5 ~3m，甚至可以取 4m。

料槽多由钢板焊接而成，横截面为上方下圆，钢板厚度由螺旋直径及被输送物料的磨琢性大小来决定，一般约等于螺旋叶片的厚度。输送磨琢性小的物料而螺旋直径又不大时，料槽厚度可取 2 ~3mm；输送磨琢性大的物料，而且螺旋直径又较大时，钢板厚度可取 6 ~8mm。料槽一般作成 2 ~4m 为一节，采用法兰或其他办法连接起来。

为了增加料槽的刚度和便于加盖，以及各节料槽相互的连接，在料槽的横向和纵向焊有角钢。槽盖制成可拆卸的，以便打开后装拆螺旋，但要保证装配后的密封性能。

料槽下部圆柱部分的内径比螺旋直径略大，二者之间的间隙一般为 7 ~10mm。为了避免将物料挤在料槽与螺旋之间，当两者制造和装配精度越高时，间隙可以尽可能地减小，或者用加大间隙防止挤锲物料，其间隙为被输送物料最大块度的数倍。一般间隙随螺旋直径增加而加大。

料槽一端的上部开有进料口（图 22-1），另一端或中间下部开有卸料口。在卸料口装有闸门，可开闭卸料口，用以调节物料流量的大小或更换卸料部位。闸门有沿料槽轴线横向开闭和纵向开闭的两种。横向闸门可部分开闭，使物料能在多处卸下物料。GX 型螺旋输送机的闸门可采用手动闸门，也可以通过链轮、齿轮传动开启闸门。

料槽下部装有底座，其间距大约与料槽长度相等，通过底座下部的螺孔，用螺栓将其固定在地基上。

螺旋输送机的驱动装置是由电动机、减速器和联轴器组成。电动机与减速器间一般用弹性柱销联轴器，减速器与螺旋器之间一般用十字滑块式的浮动联轴器进行连接。

布置一台螺旋输送机时，如果条件允许，最好布置成如图 22-4 所示，驱动装置及卸料口在头节（有止推轴承）较为合理，可使螺旋轴处于受拉状态。另外，各段料槽：头部节段（与驱动装置相连）、中间节段、尾部节段（与入料口相连）的布置次序最好应注意，不要使支承料槽的底座或出料口布置在各节料槽接头的法兰处，进料口也不应布置在机盖接头处或中间轴承的上方。

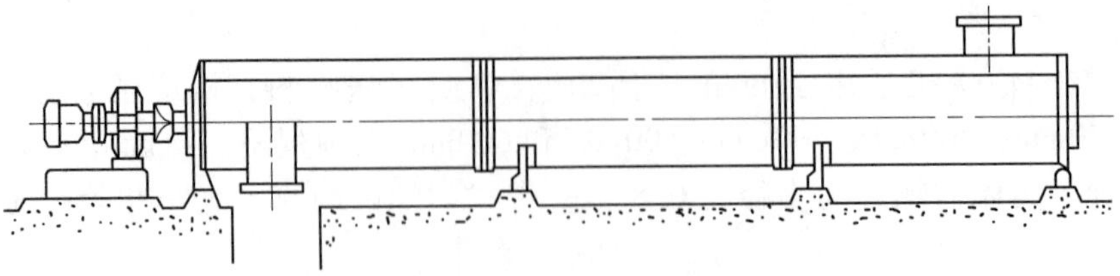

图 22-4 螺旋输送机布置图

22.3 螺旋输送机的计算

22.3.1 物料的运动分析

物料在螺旋输送机中运动的情况，由于受螺旋旋转的影响并非单纯地向前输送，而是作为一种空间运动。

当叶片螺旋面的升角为 α，该螺旋面的展开如图 22-5 所示。螺旋线的方向为与轴线成 α 角的斜线。物料颗粒 A 距离螺旋轴线为 r，螺旋作用在颗粒 A 上的力为 $P_{合}$，由于摩擦力的作用，$P_{合}$ 力的方向与该点螺旋线法线方向偏离了 ρ 角，ρ 角即为摩擦角。$P_{合}$ 之力可分解为沿螺旋线方向的 $P_{切}$ 和垂直螺旋线方向的 $P_{法}$ 两个分力。

物料 A 在力 P 的作用下，在料槽中作空间运动，既具有圆周速度 $v_{圆}$，又具有轴向速度 $v_{轴}$（图 22-6）。

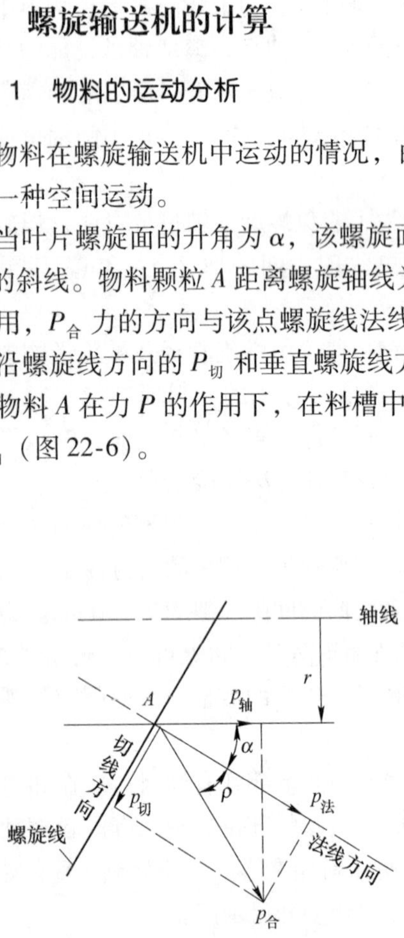

图 22-5 螺旋面作用于物料颗粒的力

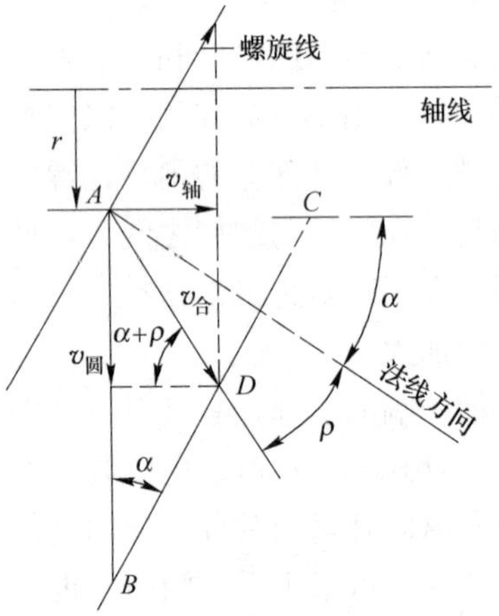

图 22-6 物料运动速度的分解

若螺旋的转数为 n，物料 A 的运动速度从图 22-6 的三角形关系可得：

$$v_{合}\cos\rho = AB\sin\alpha$$

因为：

$$AB = \frac{2\pi rn}{60}$$

所以：

$$v_{合} = \frac{2\pi rn}{60}\cdot\frac{\sin\alpha}{\cos\rho}$$

圆周速度为：

$$v_{圆} = v_{合}\sin(\alpha+\rho) = \frac{2\pi rn}{60}\cdot\frac{\sin(\alpha+\rho)\cdot\sin\alpha}{\cos\rho}$$

以摩擦系数 $\mu=\tan\rho$ 代入上式得：

$$v_{圆} = \frac{2\pi rn}{60}\sin\alpha\cdot(\sin\alpha+\mu\cos\alpha)$$

如果螺旋的螺距为 s，则：

$$\tan\alpha = \frac{s}{2\pi r} \tag{22-1}$$

$$\sin\alpha = \frac{\frac{s}{2\pi r}}{\sqrt{1+\left(\frac{s}{2\pi r}\right)^2}}$$

$$\cos\alpha = \frac{1}{\sqrt{1+\left(\frac{s}{2\pi r}\right)^2}}$$

将上述两方程式代入 $v_{圆}$ 关系式中，经变换后便可得到物料颗粒的圆周速度计算公式：

$$v_{圆} = \frac{sn}{60}\cdot\frac{\frac{s}{2\pi r}+\mu}{\left(\frac{s}{2\pi r}\right)^2+1} \tag{22-2}$$

式中 s——螺旋的螺距，m；

n——螺旋的转速，r/min；

r——被研究的物料颗粒离螺旋轴线的距离，m；

μ——物料与螺旋面之间的摩擦系数，$\tan\rho=\mu$。

将上式对 r 求一次导数，并令其值 $\frac{dv_{圆}}{dr}=0$ 便可求得具有最大圆周速度 $v_{圆}$ 的物料到螺旋轴线的距离为：

$$r_{v_{圆\max}} = \frac{\mu+\sqrt{1+\mu^2}}{2\pi}s$$

同理，根据图 22-6 的几何关系，可得到物料颗粒的轴向运动速度为：

$$v_{轴} = \frac{sn}{60}\cdot\frac{1-\mu\cdot\frac{s}{2\pi r}}{\left(\frac{s}{2\pi r}\right)^2+1} \tag{22-3}$$

物料的轴向速度对输送物料是有用的，而圆周速度不能导致物料向前运动。在螺旋输送机中，实际上物料是沿 $v_{合}$ 方向作一空间螺旋形运动。

从 $v_{圆}$ 和 $v_{轴}$ 公式的计算可以看出，其值的大小与物料颗粒距离螺旋轴线远近有关。该关系曲线见图 22-7，曲线是在螺旋转速 $n=100$r/min，摩擦系数 $\mu=0.477$ 条件下绘制的，并取螺距为 235mm、182mm、116.5mm 三种情况，得到三组关系曲线。从图 22-7 可以看出，处于直线 $0B_1B_2B_3m$ 以右半径范围内的物料，其圆周速度 $v_{圆}$ 随半径的增加（即离螺旋线越远）而减小，即靠近螺旋轴线处的物料之圆周速度 $v_{圆}$ 比外层大。从图22-7中还可以看出，物料离轴线越远，其轴向移动速度随半径增加而加大。因此，可以看出在直线 $0A_1A_2A_3g$ 以左半径范围内的物料，即内层的物料绕轴线转动的速度快，但轴向输送的速度慢，该线以右即外层物料的情况相反，绕轴线旋转得慢，轴向移动得快。这种物料间的相对滑动不仅对运输物料产生不良影响，而且增加了输送机无用的功率消耗。这是由于采用直母线螺旋面所造成的。

为了避免上述问题，又能获得物料最大的轴向输送速度，可以采用如图22-8所示的弯曲母线螺旋面。这种螺旋面在靠近螺旋轴处的升角为正 α，而在靠近料槽壁处的升角为负 α。这种在靠近螺旋轴线区域内的物料将具有指向槽壁的径向速度 $v_{径}$，增加了内层物料对外层物料的压力和摩擦力，致使螺旋轴线附近内外层物料的相对滑动减小。在靠近料槽壁处，由于螺旋面具有负升角，因此，具有指向螺旋轴线的径向速度 $v_{径}$，使该处的物料对料槽壁的压力降低或消除，从而减弱或避免了该处物料输送速度的降低。上述两点都能使输送物料的能量消耗减少。

料槽中物料的充填量也影响输送过程和能量的消耗。图22-9为输送卵石，在不同充填量的大小以物料占一个螺距空间的百分数表示，成充填系数。图22-9a为充填系数 $\psi=5\%$ 时物料堆积高度较矮，大部分物料靠近槽壁，而且有较低的圆周方向运动显著得多。所以，此时物料之间在垂直输送方向的相对流动不严重，输送物料的无用能耗较小。当充填系数增高，

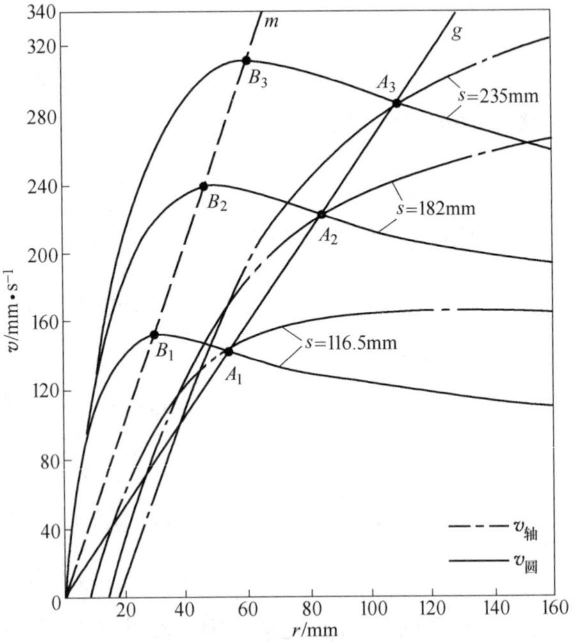

图22-7 当 $n=100$r/min、$\mu=0.477$ 时，速度 $v_{圆}$ 和 $v_{轴}$ 随半径 r 的变化曲线

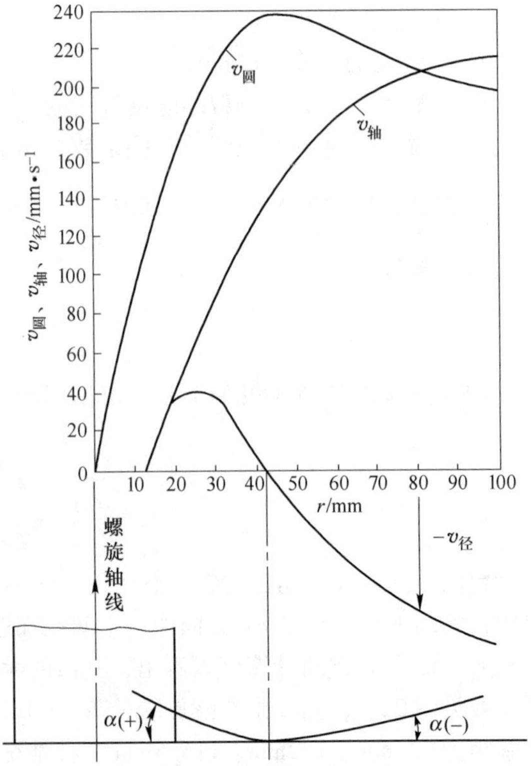

图22-8 弯曲母线螺旋面的形状和速度曲线

如图 22-9b、c 所示，分别为 $\psi = 13\%$ 、$\psi = 40\%$ 时，各层物料输送时的滑动面将变陡。此时，在圆周方向的运动将比输送方向的运动强烈，导致输送速度较低和附加能耗增加。因此，对于螺旋输送机，物料的填充系数取小值有利，一般 $\psi < 50\%$ 。如果填充系数太小，在同样输送能力时，机器尺寸需要加大。各种散粒物料的充填系数推荐值见表 22-1 和表 22-2。

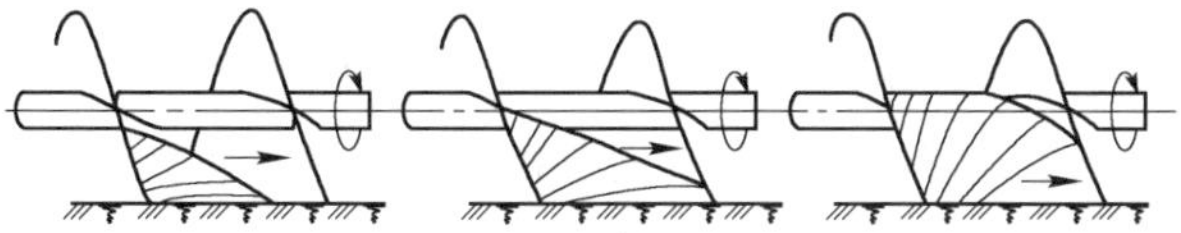

图 22-9 不同充填系数时，物料层堆积情况及滑移面

a—$\psi = 5\%$；b—$\psi = 13\%$；c—$\psi = 40\%$

螺距的大小也直接影响物料的输送情况，使各物料层滑移面的方向发生改变。所以，应考虑螺旋叶片与物料的摩擦系数以及物料速度各分量间的适当分布关系两个条件，来确定最佳螺距大小。

从图 22-5 可得到物料颗粒 A 受叶片在轴线方向的作用力为：

$$P_{轴} = P_{合} \cos(\alpha + \rho)$$

为了使 $P_{轴} > 0$，则必须满足 $\alpha < \pi/2 - \rho$。

根据前面的讨论可知：在螺旋轴径 d，即螺旋叶片的最小半径处（$r = d/2$），螺旋升角 α 值为最大，此时物料轴向输送的作用力 $P_{轴}$ 为最小。按此条件，代入式（22-1），最大许用螺距值应为：

$$S_{max} \leqslant \pi d \tan\left(\frac{\pi}{2} - \rho\right)$$

或

$$S_{max} \leqslant \frac{\pi d}{\mu}$$

若以 $k_1 = \dfrac{d}{D}$ 代入上式，最大许用螺距应满足第一个条件，则：

$$S_{max1} \leqslant \frac{\pi k_1 D}{\mu}$$

式中 D——螺旋叶片的外径；

μ——物料与叶片间的摩擦系数。

确定最大的许用螺距，还应该满足使物料颗粒具有最合适的速度分量关系，即物料具有尽可能大的轴向输送速度，也就是使螺旋叶片面上各点物料的轴向输送速度大于圆周速度。从图 22-7 可以看出，螺距大小将影响速度各分量的分布关系。当螺距增加时，虽然轴向输送速度增大，但会出现圆周速度不恰当地分布；相反，当螺旋较小时，速度各分量的分布情况较好，但是轴向输送速度较小。于是，根据 $v_{圆} \leqslant v_{轴}$ 的条件，并利用式（22-2）及式（22-3）可得：

$$\frac{sn}{60} \cdot \frac{\dfrac{s}{2\pi r} + \mu}{\left(\dfrac{s}{2\pi r}\right)^2 + 1} \leqslant \frac{sn}{60} \cdot \frac{1 - \mu \dfrac{s}{2\pi r}}{\left(\dfrac{s}{2\pi r}\right)^2 + 1}$$

即
$$s \leqslant 2\pi r \frac{1-\mu}{1+\mu} = \tan\left(\frac{\pi}{4} - \rho\right) 2\pi r$$

又因为 $2r = d$，故求得最大许用螺距应满足的第二个条件为：

$$S_{\max 1} \leqslant \tan\left(\frac{\pi}{4} - \rho\right) \pi d$$

分析了填充系数和螺距对物料输送过程的影响后，可以看出，对于较大的填充系数，应取较小的螺距值；反之，较小的充填系数，螺距应取较大值。

螺旋转速对物料输送的影响：通过试验得知，螺旋的转速在一定数值以下，对物料运动的影响并不显著了；当超过一定值时，转速增高，螺距对物料的搅拌作用增强，部分物料由于与螺距叶片之间的摩擦作用，被带起沿料槽壁上升，甚至将物料抛过螺旋轴。这些现象都将引起能量的额外消耗，还可能使物料堵塞中间轴承处的料槽。因此，在满足输送能力的条件下，螺旋的转速不宜过高。转速的极限值可由下列经验公式确定：

$$n \leqslant n_j = \frac{A}{\sqrt{D}}$$

式中 n——螺旋轴转速，r/min；

n_j——螺旋轴的极限转速，r/min；

A——物料综合转速特性系数（见表22-2）。

表22-2 各种散粒物料的经验系数A值

物料的块度	物料的磨琢性	物料的典型例子	推荐的填充系数	推荐的螺旋面形式	K值	A值
粉状	无磨琢性，半磨琢性	面粉，石墨石粉，纯碱煤	0.35～0.40	实体螺旋面	0.0415	75
粉状	磨琢性	干炉粉，水泥，石膏粉，白粉	0.25～0.30	实体螺旋面	0.0565	35
粒状	无磨琢性，半磨琢性	谷物，锯木屑，泥煤，颗粒状食盐	0.25～0.35	实体螺旋面	0.0400	50
粒状	磨琢性	造型土型砂，砂成粒的炉渣	0.25～0.30	实体螺旋面	0.0600	30
小块状	无磨琢性，半磨琢性	渣煤，石灰石	0.25～0.30	实体螺旋面	0.0537	40
小块状	磨琢性	卵石砂岩，干炉渣	0.20～0.25	实体螺旋面或带式螺旋面	0.0645	25
中等及大块度	无磨琢性，半磨琢性	块煤，块状石灰	0.20～0.25	实体螺旋面或带式螺旋面	0.0600	30
中等及大块度	磨琢性	干黏土，硫矿石，焦煤	0.125～0.20	实体螺旋面或带式螺旋面	0.0795	15
固状	黏性、易结块	含水的糖，淀粉质量的团	0.125～0.20	带式螺旋面	0.0710	20

根据上式计算得出的转速一般要圆整为下列数值：20r/min、30r/min、35r/min、45r/min、60r/min、75r/min、90r/min、120r/min、150r/min、190r/min。根据圆整后的转速和螺旋叶片的外径，还必须按下式计算充填系数。

$$\psi = \frac{Q}{47D^3 n\gamma c\phi}$$

式中 Q——螺旋输送机的运输能力，t/min；

D——螺旋叶片的外径，m；

n——螺旋的转速，r/min；

γ——物料的堆积密度，t/m^3；

ϕ——螺旋的长细比；

c——螺旋输送机倾角系数（见表 22-3）。

表 22-3 倾角系数

输送机的倾角	0°	≤5°	≤10°	≤15°	≤20°
c	1.0	0.9	0.8	0.7	0.65

按上式求得的充填系数 ψ 应在表 22-1 及表 22-2 所推荐的范围内；若 ψ 值高于表中所列数值的上限，则应加大螺旋直径；若 ψ 值低于表列数据下限，则应降低螺旋转速。

22.3.2 螺旋输送机的参数计算

22.3.2.1 输送能力的计算

螺旋输送机的输送能力是按连续运输机生产能力的一般公式计算，即：

$$Q = 3600Fv\gamma\beta_0 \quad (t/h) \tag{22-4}$$

式中 F——被输送物料流的横断面积，可按下式计算，

$$F = \frac{\pi}{4}D^2\psi \quad (m^2) \tag{22-5}$$

D——螺旋叶片的外径，m；

ψ——物料在螺旋中的充填系数；

v——被输送物料的轴向移动速度，m/s；

γ——被输送物料的堆积密度，t/m^3；

β_0——输送机倾斜布置时对物料流横截面积的影响系数，$\beta_0 = 1 - 0.02\beta$；

β——螺旋输送机的倾角，(°)。

物料被输送的速度可根据螺旋的螺距和转速，按下式计算：

$$v = \frac{sn}{60} \quad (m/s) \tag{22-6}$$

式中 s——螺距，m。

以 $s = \varphi D$ 代入式（22-6）中，然后将式（22-6）和式（22-5）代入式（22-4）中得：

$$Q = 47\psi\varphi n\gamma D^3 \quad (t/h) \tag{22-7}$$

给定螺旋输送机的输送能力，从式（22-7）可确定螺旋叶片的外径：

$$D = 0.28\sqrt[3]{\frac{Q}{\psi\varphi n\gamma}} \quad (m) \tag{22-8}$$

在选用螺旋输送机时，计算螺旋叶片外径之前，往往还未选定螺旋的转数，则可用下列公式计算螺旋外径：

$$D = K\left(\frac{Q}{\psi\gamma c}\right)^{\frac{2}{5}} \quad (\mathrm{m}) \tag{22-9}$$

式中 K——螺旋输送机运送物料的综合性系数。某些物料的 K 值见表 22-2。

根据式（22-9）计算出的螺旋叶片外径值，应圆整为下列标准螺旋直径：150mm、200mm、250mm、300mm、400mm、500mm、600mm。

圆整后的螺旋直径值还需按被输送物料的块度进行验算，对未经筛分的物料，应满足：

$$D \geqslant (4 \sim 6)\alpha$$

对于筛分后的物料，应满足：

$$D \geqslant (10 \sim 12)\alpha$$

式中 α——被输送物料的典型粒度。

如果根据输送物料的粒度需要选择较大的螺旋叶片直径时，在保证输送能力不变条件下，可以选择较低的螺旋轴转速，从而延长螺旋的使用寿命。

22.3.2.2 螺旋输送机驱动功率的计算

螺旋输送机的驱动功率，用于克服物料被输送过程中各种阻力所消耗的能量。它包括下列各部分：

（1）倾斜运输时，物料被提升高度为 H 所需的能耗（见图 22-10）；

（2）物料与料槽和螺旋叶片的摩擦所造成的能量消耗；

（3）物料内部各层之间相对滑动和物料被搅拌与破碎所需的能耗；

（4）螺旋输送机中间轴承，两端径向或止推轴承内部的阻力和物料输送中经过上述各轴承处的摩擦阻力。

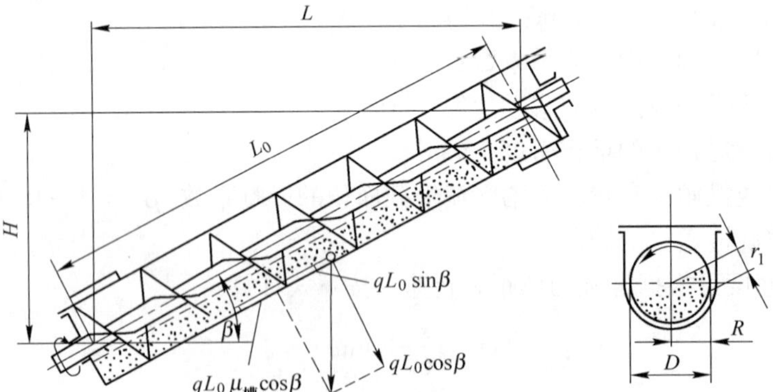

图 22-10 阻力计算简图

由图 22-10 可知，若输送能力 Q 为已知时，输送机单位长度上的载荷为：

$$q = \frac{Q}{0.367v} \quad (\mathrm{N/m})$$

提升高度为 H 以及对料槽壁的摩擦所造成的阻力为：

$$qL_0\sin\beta + qL_0\mu_{槽}\cos\beta = q(H + L\mu_{槽})$$

式中 $\mu_{槽}$——物料与料槽壁之间的摩擦系数（其值见表22-4）；

H——物料提升的高度，m；

β——螺旋输送机的倾角；

L_0——输送机长度，m；

L——输送机水平投影长度，m；

q——输送机单位长度上物料的载荷，N/m。

表22-4 物料与料槽的摩擦系数

物料性质	典型物料	$\mu_{槽}$
干燥无磨琢性物料	谷物、面粉、煤粉、木屑	0.45
潮湿无磨琢性物料	柠籽、麦芽、糖块	0.50
无磨琢性较小的物料	苏打、盐、块煤	0.65
无磨琢性较大的物料	卵石、砂子、水泥、焦煤	0.75
有强烈黏性和无磨琢性物料	炉灰、矿砂、造型土	0.85

物料内部各层颗粒间的摩擦和其被搅拌产生的阻力，可以用阻力系数 k_0 来计算。对于轻的无磨琢性的小颗粒状物料，取 $k_0=1.1\sim1.2$；对于较重的小磨琢性的块状物料，取 $k_0=1.2\sim1.6$；对于重的磨琢性物料，取 $k_0=1.8\sim2$。

上述各项阻力之和可用下式表示：

$$P_1=k_cq(H+L\mu_{槽})$$

当螺旋叶片的升角为 α，物料与叶片表面之间的摩擦角为 ρ 时，为克服阻力 P_1 需要施于螺旋轴上的力矩为：

$$M=k_0q(H+L\mu_{槽})\gamma_1\tan(\alpha+\rho)\quad(\text{N}\cdot\text{m}) \tag{22-10}$$

式中 γ_1——被输送物料横断面重心（即阻力 P_1 对螺旋的作用点）到螺旋轴中心线的距离，对实体螺旋可令 $\gamma_1=k_1R=k_1\dfrac{D}{2}$；

k_1——与充填系数有关的系数（$k_1=0.7\sim0.9$，如当充填系数 ψ 大时，k_1应取小值；当充填系数 ψ 小时，k_1 取大值）。

将 q 与 γ_1 的表达式代入式（22-10），则力矩可表示为：

$$M=\frac{k_0k_1Q}{0.72v}(H+L\mu_{槽})\tan(\alpha+\rho)\quad(\text{N/m})$$

克服上述阻力所需的功率为 $N_1=M\omega$，将 M 值代入上述公式，并考虑到 $v=\dfrac{sn}{60}$，$s=\pi D\tan\alpha$，$\omega=\dfrac{\pi n}{30}$，则得：

$$M=\frac{k_0k_1Q(H+L\mu_{槽})\tan(\alpha+\rho)}{0.36\tan\alpha}\quad(\text{W})$$

由机械原理可知，螺旋机构的效率 $\eta=\dfrac{\tan\alpha}{\tan(\alpha+\rho)}$，因此，所需功率 $N_1=\dfrac{k_0k_1Q(H+L\mu_{槽})}{367\eta}(\text{kW})$。

物料沿料槽运动时，在止推轴承处摩擦所引起的能耗为：

$$N_2 = \mu_{止}[k_0 q(H + L\mu_{槽}) + G_0 \sin\beta] \frac{\pi d_{止} n}{60000} \quad (kW)$$

式中 $\mu_{止}$——止推轴承的摩擦系数（一般取 $\mu_{止}=0.15\sim0.2$）；

G_0——螺旋输送机回转部分的重力，N；

$d_{止}$——止推轴承的平均直径（在初步计算中，小直径的螺旋取 $d_{止}/D=0.5$；大直径的螺旋可取 $d_{止}/D=0.2$），m；

n——螺旋的转数，r/min。

对于中间和末端径向轴承的内部摩擦阻力，是由于输送机回转部分的重力和螺旋叶片与物料间的摩擦阻力的作用而产生的，如果忽略后者的影响，克服这部分能量消耗的功率为：

$$N_3 = \mu_{径} G_0 \cos\beta \frac{\pi d_{径} n}{6120} = \frac{\mu_{径} G_0 \cos\beta \pi D n d_{径}}{6120} \quad (kW)$$

式中 $\mu_{径}$——径向轴承的摩擦系数（对普通油脂润滑的滑动轴承，$\mu_{径}=0.1\sim0.2$；对于有很好密封的滚动轴承，$\mu_{径}=0.02\sim0.05$）；

$d_{径}$——轴承平均直径（初步计算时，对于小直径的螺旋取 $d_{止}/D=1/3$；对于大直径的螺旋取 $d_{止}/D=1/7$），m。

螺旋输送机电机需要的总功率为：

$$N_{总} = \frac{N_1 + N_2 + N_3}{\eta_0} \quad (kW) \tag{22-11}$$

式中 η_0——传动装置的效率（取 $\eta_0=0.94$）。

计算螺旋输送机的驱动功率，也可以采用经验数据的方法，用被输送物料的总阻力系数计算输送机上所发生的全部阻力；加上倾斜运输时，物料被提升需要的功率，可得到螺旋输送机的螺旋轴上需要的功率为：

$$N_0 = \frac{QL\omega_0}{367} \pm \frac{QH}{367} \quad (kW) \tag{22-12}$$

式中 Q——输送机的输送能力，t/h；

L——螺旋输送机水平投影长度，m；

H——螺旋输送机倾斜布置时，物料被提升的高度，m；

ω_0——螺旋输送机运送物料的阻力系数（其值见表22-5）。

式（22－12）中的“±”符号，“+”号为螺旋输送机倾斜向上运输；“－”号为向下运输。

表22-5 物料的阻力系数

物料特征	物料的典型例子	阻力系数
干的，无磨琢性	粮食，谷物，锯木屑，煤粉，面粉	1.2
湿的，无磨琢性	棉子，麦芽，糖块，石英粉	1.5
半磨琢性	纯碱，块煤，食盐	2.5
磨琢性	卵石，砂，水泥，焦炭	3.2
强磨琢性或黏性	炉灰，造型土，石灰，硫，砂糖，矿砂	4

电动机的功率为：

$$N = k_1 \frac{N_0}{\eta_0} \quad (\mathrm{kW}) \tag{22-13}$$

式中 k_1——功率备用系数（对 JO2 型电动机 $k_1 = 1.4$；对 Y 型电动机 $k_2 = 1.0$）；

η_0——驱动装置总效率（一般取 0.9 ~0.94）。

当选用 GX 型螺旋输送机时，还应满足如下关系：

$$\frac{N_0}{n} \leqslant \left[\frac{N}{n}\right] \tag{22-14}$$

$$P \leqslant [P] \tag{22-15}$$

式中 n——螺旋轴的转速，r/min；

P——当螺旋轴与驱动装置之间不采用联轴器连接，而采用皮带轮或链轮驱动螺旋轴时，在螺旋轴端部承受的总悬臂载荷，N；

$[P]$——GX 型螺旋输送机螺旋轴端上许用的悬臂载荷（其值见表 22-6）；

$\left[\frac{N}{n}\right]$——GX 型螺旋输送机许用的功率与转速比（其值见表 22-6）。

表 22-6 GX 型螺旋输送机的 $[P]$ 及 $\left[\frac{N}{n}\right]$ 值

螺旋直径 D/mm	150	200	250	300	400	500	600
$\left[\frac{N}{n}\right]$/(kW·min)·r^{-1}	0.013	0.03	0.06	0.1	0.25	0.48	0.85
$[P]$/N	2100	3700	5800	8000	15000	24000	35000

如果需要螺旋输送机满载启动时，装机功率还要适当加大一些。

例 22-1 试选用 GX 型螺旋输送机运送粉煤，已知条件是：

输送物料：粉煤的堆积密度 $\gamma = 1.0\mathrm{t/m^3}$

输送能力：$Q = 20\mathrm{t/h}$

水平输送长度：$L = 24\mathrm{m}$

解：(1) 螺旋叶片外径及螺旋轴转速的计算。

由表 22-2 按输送物料种类查得充填系数 $\psi = 0.35$，$K = 0.0415$，$A = 75$。由于螺旋输送机水平布置，由表 22-3 查得倾角影响输送能力系数 $c = 1.0$。根据表 22-2 推荐采用实体螺旋叶片，GX 型螺旋输送机实体螺旋叶片的螺距为 $s = 0.8D$。

按式（22-9）计算螺旋叶片外径：

$$D = K\left(\frac{Q}{4rc}\right)^{\frac{2}{5}} = 0.0415\left(\frac{20}{0.35 \times 1.0 \times 1.0}\right) = 0.36\mathrm{m}$$

圆整为标准直径，取 $D = 0.3\mathrm{m}$。

按物料块度验算螺旋叶片外径满足要求：

$$D \geqslant (10 \sim 12)\alpha = (10 \sim 12) \times 0.02 = 0.2 \sim 0.24\mathrm{m}$$

根据螺旋极限转速确定螺旋转速：

$$n_f = \frac{A}{\sqrt{D}} = \frac{75}{\sqrt{0.3}} = 137\text{r/min}$$

圆整为标准转速，取 $n = 120\text{r/min}$。

根据下式校验物料充填系数：

$$\psi = \frac{Q}{47D^3 n\gamma\phi c} = \frac{20}{47 \times 0.3^3 \times 120 \times 1.0 \times 0.8 \times 1.0} = 0.656$$

式中 ϕ——螺旋的长细比，$\phi = \frac{s}{D} = \frac{0.8D}{D} = 0.8$。

由于计算所得充填系数 ψ 值超过表 22-2 推荐充填系数的范围 $\psi = 0.35 \sim 0.4$ 的上限，因此需要增加螺旋叶片外径，取 $D = 0.4\text{m}$，显然满足被运送煤粒度要求。

再计算极限转速：

$$n_f = \frac{A}{\sqrt{D}} = \frac{75}{\sqrt{0.4}} = 119\text{r/min}$$

仍然取 $n = 120\text{r/min}$，重新校核充填系数：

$$\psi = \frac{Q}{47D^3 n\gamma\phi c} = \frac{20}{47 \times 0.4^3 \times 120 \times 1.0 \times 0.8 \times 1.0} = 0.276$$

由于计算所得充填系数 ψ 值低于推荐值 $\psi = 0.35 \sim 0.4$ 的下限许多，因此，可以降低螺旋轴转速，以提高螺旋输送机的寿命，取 $n = 90\text{r/min}$。

则：

$$\psi = \frac{20}{47 \times 0.4^3 \times 90 \times 1.0 \times 0.8 \times 1.0} = 0.37$$

此值正好在推荐值范围内，故最后确定 $D = 400\text{mm}$，$n = 90\text{r/min}$。

（2）功率计算。

按式（22-12）计算螺旋轴上需要的功率：

$$N_0 = \frac{Q}{367}(L\omega_0 \pm H) = \frac{20}{367} \times (1.2 \times 24) = 1.57\text{kW}$$

式中 ω_0——阻力系数（从表 22-5 中，按物料种类查得 $\omega_0 = 1.2$）。

按式（22-13）计算所需电动机功率：

$$N = k_1 \frac{N_0}{\eta_0} = 1.4 \times \frac{1.57}{0.9} = 2.44\text{kW}$$

式中 k_1——功率备用系数（取 $k_1 = 1.4$）；

η_0——驱动装置传动总功率（取 $\eta_0 = 0.9$）。

（3）驱动装置的选用根据上述计算结果，查 GX 型螺旋输送机标准规格表，选取 JO2 型电动机，JZQ 型齿轮减速器，弹性联轴器和浮动十字滑块联轴器等组成的 JJ 型驱动装置。

根据螺旋轴转速为 120r/min，选取最大驱动功率为 3kW 的 JJ3235 型驱动装置，该电机为 JO2-32-4 型，额定转速为 1430r/min，质量为 3200kg，极对数为 4。配 JZQ350 型减速器，传动比为 15.75，按螺旋叶片外径 $D = 400\text{mm}$ 和驱动装置型号，选取浮动联轴器图号为 YT06，018，12。其驱动装置组合形式标记为：

J J 32 35 · I

- I：表示电机装配在螺旋输送机右侧，I 表示左侧
- 35：表示减速器的中心距为35cm
- 32：表示电动机机座号为32
- J（第二个）：表示JZQ型减速器
- J（第一个）：表示JO2型电动机

由于采用浮动联轴器（十字滑块）将驱动装置与螺旋轴连接起来，因此螺旋轴端不存在悬臂载荷，故不必验算 $P \leqslant [P]$ 的条件。只需验算，功率转速比：

$$\frac{N}{n} = \frac{3}{90} = 0.035 < 0.25 = \left[\frac{N}{n}\right]$$

式中的 $\left[\frac{N}{n}\right]$ 值是根据螺旋叶片外径 $D = 400\text{mm}$，在表 22-6 中查得的，故驱动装置选择合适。

（4）选择螺旋输送机长度组合和确定安装尺寸。

需要输送机长度为24m，从 GX 型输送机螺旋叶片外径 $D = 400\text{mm}$ 的长度标准组合表，选取长 3.0m 头部节段和尾部节段各一个，配长度 3m 的中间节六段，共组成 24m 长。然后再选用进出料口装置和底座，最后绘出驱动装置和底座在地基上安装的预埋螺栓大小和位置图（本例图略）。

复习思考题

1. 在选煤厂中，有哪些主要的运输机械和运输辅助装置？
2. 简述胶带输送机的基本构造与工作原理。
3. 写出胶带输送机最大牵引力公式，并由此说明胶带输送机增大牵引力的方法。
4. 简要说明胶带输送机的常见故障及纠正方法。
5. 在选煤厂，刮板输送机适应于哪些运输工作？
6. 简述刮板输送机的基本构造与工作原理。
7. 斗式提升机有哪些类型？选煤厂常采用哪种类型的斗式提升机？用于何种物料的运输？
8. 简述斗式提升机的基本构造与工作原理。
9. 选煤厂有哪些类型的给料机？它们各自的适用范围和特点是什么？
10. 简述电磁振动给料机和惯性振动给料机的基本结构与工作原理。

参考文献

[1] 王新文．现代选煤筛分与脱水设备［M］．北京：煤炭工业出版社，2014.

[2] 张恩广．筛分破碎及脱水设备［M］．北京：煤炭工业出版社，1989.

[3] 郑兆昌．机械振动［M］．北京：机械工业出版社，1980.

[4] 闻邦椿，刘凤翘．振动机械的理论及应用［M］．北京：机械工业出版社，1982.

[5] 王启广，等．选煤机械［M］．徐州：中国矿业大学出版社，2008.

[6] 杨立忠，等．选煤机械［M］．徐州：中国矿业大学出版社，2009.

[7] 陈建忠，沈丽娟，赵跃民．选矿机械［M］．徐州：中国矿业大学出版社，2012.

[8] 段希祥．碎矿与磨矿［M］．北京：冶金工业出版社，2006.

[9] 严锋，谢锡纯．选煤厂运输提升设备［M］．北京：煤炭工业出版社，1992.

[10] 郎宝贤．破碎机［M］．北京：冶金工业出版社，2008.

[11] 李启衡．碎矿与磨矿［M］．北京：冶金工业出版社，2002.

[12] 王新文．直线激振力机械振动振幅及方向的确定［J］．煤炭学报，2013（1）.

[13] 王新文，韦鲁滨，孙大庆．基于振幅稳定的煤用反共振离心机的设计［J］．煤炭学报，2013（6）.

[14] 王新文．单轴振动筛运动模拟及筛面上单颗粒运动规律［J］．煤炭学报，2013（12）.

[15] 王新文，胡云龙，马超，等．双轴振动筛刚体平面运动的几何解析方法［J］．煤炭学报，2014（5）.

[16] 王新文，姚凯旋，张春节，等．进口振动弛张筛的工作机理分析［J］．矿山机械，2014（5）.

[17] 王新文，胡云龙，李圣，等．等螺距刮刀离心机卸料速度及料层厚度的研究［J］．矿山机械，2014（4）.